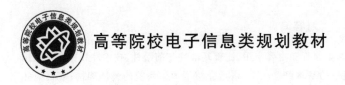

高等院校电子信息类规划教材

现代通信技术导论
（第 3 版）

主　编　陈嘉兴　黄军霞　王　丹

副主编　于　婷　王　平　刘亮亮

参　编　任　亮　吴　超　董　琪　张　建

U0282527

北京邮电大学出版社
www.buptpress.com

内容简介

本书介绍了各类通信系统的技术特点、基本原理和主要应用,注重基础性与前沿性、技术性和探索性相结合。全书共 11 个项目:项目 1 和项目 2 从通信的基本概念入手,概括介绍了通信系统的整体架构;项目 3 和项目 4 重点介绍了计算机网络体系中的 OSI、TCP/IP 和分组交换,还讲述了光交换的发展趋势;项目 5 和项目 6 重点介绍了移动通信组网技术和物联网架构;项目 7 至项目 10 详细介绍了光纤通信、微波通信、卫星通信、接入网的基本原理和关键技术;项目 11 介绍了值得关注的一些通信新技术。

本书可作为高等职业院校通信类专业的高职生教材或高等院校管理信息系统专业、电子信息专业的本科生教材,也可作为通信系统、网络工程相关工程技术人员的参考书。

图书在版编目(CIP)数据

现代通信技术导论 / 陈嘉兴,黄军霞,王丹主编. - - 3 版 . - - 北京:北京邮电大学出版社,2022.8
ISBN 978-7-5635-6707-2

Ⅰ. ①现… Ⅱ. ①陈… ②黄… ③王… Ⅲ. ①通信技术 Ⅳ. ①TN91

中国版本图书馆 CIP 数据核字(2022)第 148786 号

策划编辑:彭 楠 责任编辑:刘 颖 责任校对:张会良 封面设计:七星博纳

出版发行:北京邮电大学出版社
社 址:北京市海淀区西土城路 10 号
邮政编码:100876
发 行 部:电话:010-62282185 传真:010-62283578
E-mail:publish@bupt.edu.cn
经 销:各地新华书店
印 刷:唐山玺诚印务有限公司
开 本:787 mm×1 092 mm 1/16
印 张:19
字 数:494 千字
版 次:2015 年 1 月第 1 版 2018 年 1 月第 2 版 2022 年 8 月第 3 版
印 次:2022 年 8 月第 1 次印刷

ISBN 978-7-5635-6707-2   定价:45.00 元

· 如有印装质量问题,请与北京邮电大学出版社发行部联系 ·

前　言

"现代通信技术导论"作为衔接专业基础课到专业选修课的关键枢纽,构建现代通信网络与支撑前沿技术知识体系,是通信类专业的一门重要课程。

本课程从信息通信网络分层架构(端到端)和网络融合体系的角度出发,注重联系实际,同时突出基础性、研究性、前沿性,让学生全面掌握通信的基本概念及未来发展方向,树立大网络、全局观、方法论的意识,同时增强学生对更深一步专业学习的热情与兴趣,提高职业敏感性和适应性。

一、本书特色

(1) 内容丰富,有深度、广度和强度

本书内容丰富、条理清晰,全书采用项目化教学。本书通过对实际的通信过程进行逻辑抽象,提出面向业务与终端、交换与路由、接入与传送的分层架构,在此基础上重点分析了典型的功能应用和关键的实现技术。本书贴近现实的应用需求,对培养学生的工程研究能力和职业适应能力具有重要意义。

(2) 本书配套的立体化资源丰富,方便教与学

本书是现代移动通信技术专业教学资源库配套教材之一,同时配有在线开放课。课程内容对所涉及通信技术的概念与原理展开详细介绍,注重基础性与前沿性、技术性和探索性相结合,讲解深入浅出,使读者轻松掌握。配套的微课、动画、任务单、拓展任务、归纳与思考、习题及答案、PPT 等资源,为教师教学和学生学习提供了良好的资源保障。

(3) 有机融入"通信园地"元素

根据通信专业课程的性质和特点,"人""事""物"多维度的课程思政元素可以润物无声地融合到教学过程中。增强学生民族自信心,加深对科学创新、奉献精神和职业道德的体会,增强国家安全、国家忧患意识,形成对中国的自主科技创新的迫切渴望。

二、本书结构

项目 1 从通信的基本概念入手,概括介绍了通信技术的发展以及通信系统的组成。

项目 2 介绍了数字信号、数字通信系统及数字信号传输,旨在建立数字通信的整体架构。

项目 3 从计算机网络入手,重点介绍了计算机网络体系中的 OSI、TCP/IP 和 IPv6,讲述了网络新技术及网络安全。

项目 4 介绍了电路交换的特点,重点介绍了 MPLS 技术和 IP 多媒体子系统,讲述了光交换的发展趋势。

项目 5 简要介绍了移动通信组成、应用范围及发展历程,重点介绍了组网技术和第五代移动通信技术。

项目 6 从物联网的定义和关键技术入手,重点介绍了网络架构和物联网在家居、交通、农业等行业的应用。

项目 7 从光纤通信的概念及发展入手,介绍了光纤通信的技术架构、关键技术以及光纤通信的应用。

项目 8 讲述了微波通信的概念、特点及波道,简要介绍了微波通信在移动回传和应急通信中的应用。

项目 9 讲述了卫星通信的概念、特点及关键技术,重点介绍了北斗卫星通信系统。

项目 10 讲述了接入网的概念及特点,重点介绍了各种接入技术,包括光纤接入技术、无线接入技术等。

项目 11 介绍了值得关注的一些通信新技术,包括量子通信、可见光通信和水下通信,让学习者了解通信新技术的发展趋势。

三、本书编写分工

本书为河北正定师范高等专科学校和中国移动通信集团、南京华苏科技有限公司校企"双元"合作开发教材,注重知识性与实用性的有机结合。企业专家负责各章的方案设计、教学情境开发和企业案例提供,学校教师负责内容文本的汇总、编写与开发。

本书项目 1 由河北正定师范高等专科学校陈嘉兴教授编写,项目 2 和项目 4 由河北正定师范高等专科学校王平编写,项目 3 和项目 8 由河北正定师范高等专科学校于婷编写,项目 5 和项目 9 由河北正定师范高等专科学校黄军霞副教授编写,项目 6 和项目 11 由河北正定师范高等专科学校王丹编写,项目 7 由中国移动集团刘亮亮编写,项目 10 由河北正定师范高等专科学校任亮编写。中国移动集团董琪和南京华苏科技有限公司张建负责提供企业案例和方案开发,河北正定师范高等专科学校吴超负责教学情景的开发,全书由陈嘉兴教授统稿。

由于编者水平有限,书中难免存在一些缺点和欠妥之处,恳请广大读者批评指正。

陈嘉兴

2022 年 4 月

目　　录

项目1　认识通信

项目介绍

　　通信是人类文明发展史中一个永恒的话题。通俗地讲,通信就是人们在日常生活中相互传递信息的过程。古代社会人们通过驿站、飞鸽传书、烽火报警、符号等方式传递信息,现代社会人们用各种电子产品和网络传递信息,这些都属于通信的范畴。现代移动通信的发展始于20世纪20年代,从电报业务到5G商用,一代代通信人见证了移动通信的腾飞,也见证了中国建设科技强国的坚实脚步。

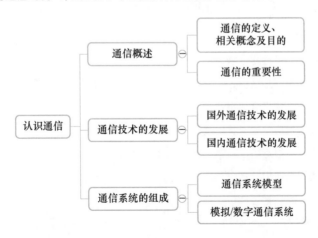

项目引入

科技发展到今天,手机已成为人人必备之物,离开手机,我们寸步难行。

20 世纪六七十年代,还没有手机,通信方式就是用纸笔写书信往来。书信作为远程通信手段时效性差,民用电报应运而生,与书信相比电报快如闪电。无论书信还是电报基本都是纸面上的通信。

电话的出现完全打破了这种通信方式。拿起听筒,远在千里之外的亲朋好友立刻近在咫尺,几乎无延时。有线电话开启了即时通信的时代,"大哥大"开启了可移动即时通信的篇章。进入 21 世纪,我国通信行业梦幻般地起飞,我国的通信设备等产业已处于国际领先地位。

本项目会跟大家一起来探讨学习通信。

微课

认识通信

项目目标

- 了解通信技术的发展史以及未来发展趋势;
- 掌握通信的定义;
- 掌握简单通信系统的基本模型;
- 能对比分析不同通信技术实现信息传送的过程;
- 能梳理出简单的通信过程;
- 弘扬爱国情怀、践行工匠精神;
- 弘扬中国通信人自主创新、砥砺前行的精神。

本项目学习方法建议

- 通过"智慧职教"平台进行网络学习;
- 将课前预习与课后复习相结合;
- 将研究通信发展史与课堂学习相结合;
- 通过网络搜索国内电信企业发展现状;
- 将小组协作与自主学习相结合;
- 将教师答疑与学习反馈相结合。

本项目建议学时数

4 学时。

1.1　通信概述

通信(communication)在不同的环境下有不同的解释,在出现电波传递消息后,通信被单一解释为信息的传递,是指由一地向另一地进行信息的传输与交换,其目的是传输消息。然而,通信是在人类实践过程中随着社会生产力的发展对传递消息的要求不断提升使得人类文明不断进步。在各种各样的通信方式中,利用"电"来传递消息的通信方法称为电信(telecommunication),这种通信具有迅速、准确、可靠等特点,且几乎不受时间、地点、空间、距离的限制,因而得到了飞速发展和广泛应用。

重点掌握

> ➤ 通信的概念;
> ➤ 消息、信息与信号的概念。

1.1.1　通信的定义、相关概念及目的

通信按传统理解就是信息的传输与交换,信息可以是语音、文字、符号、音乐、图像等。任何一个通信系统,都是从一个称为信息源的时空点向另一个称为信宿的目的点传送信息。以有线电话网(包括光缆、同轴电缆网)、无线电话网(包括卫星通信、微波中继通信网)、有线电视网和计算机数据网等各种通信技术为基础组成的现代通信网,通过多媒体技术,可为家庭、办公室、医院、学校等提供文化、娱乐、教育、卫生、金融等广泛的信息服务。可见,通信网络已成为支撑现代社会的最重要的基础结构之一。

微课

通信

1. 通信的定义

通信是传递信息的手段,即将信息从发送器(信源)传送到接收器(信宿)的过程,如图1.1所示。

图 1.1　通信的定义

2. 相关概念

(1) 信息

信息可被理解为消息中包含的有意义的内容。信息一词在概念上与消息的意义相似,但它的含义却更普通化,更抽象化。

(2) 消息

消息是信息的表现形式,消息具有不同的形式,如符号、文字、话音、音乐、数据、图片、活动图像等。也就是说,一条信息可以用多种形式的消息来表示,不同形式的消息可以包含相同的信息。例如,分别用文字(访问特定网站)和话音(拨打121特服号)发送的天气预报,所含信息内容相同。

微课

信息、消息和信号

如何评价一个消息中所含信息量为多少呢？既可以从发送者角度来考虑,也可以从接收者角度来考虑。一般我们从接收者角度来考虑,在人们接收到消息之前,对它的内容有一种"不确定性"或者说是"猜测"。当受信者得到消息后,若事前猜测消息中所描述的事件发生了,就会感觉没多少信息量,即已经被猜中;若事前的猜测没发生,发生了其他的事,受信者会感到很有信息量,事件越是出乎意料,信息量就越大。

事件出现的不确定性,可以用其出现的概率来描述。因此,消息中信息量 I 的大小与消息出现的概率 P 密切相关。如果一个消息所表示的事件是必然事件,即该事件出现的概率为 100%,则该消息所包含的信息量为 0;如果一个消息表示的是不可能事件,即该事件出现的概率为 0,则这一消息的信息量为无穷大。

(3) 信号

信号是消息的载体,消息是靠信号来传递的,如图 1.2 所示。信号一般为某种形式的电磁能(电信号、无线电、光)。

图 1.2　信息、消息、信号的关系

3. 通信的目的

通信的目的是完成信息的传输和交换。

1.1.2　通信的重要性

在现代社会,经济高速发展,社会日益前进,广阔的经济前景离不开通信的发展。近几十年,全球通信迅猛发展,走在时代前沿。目前,现代通信已由原先单纯的信息传递功能逐步深入到对信息进行综合处理,如信息的获取、传递、加工等领域。特别是随着通信技术的迅速发展,如卫星通信、光纤通信、数字程控交换技术等的不断进步,以及卫星电视广播网、分组交换网、用户电话网、国际互联网络等通信网的建设,通信作为社会发展的基础设施和发展经济的基本要素,越来越受到世界各国的高度重视。

1. 通信技术对社会生活的影响

通信技术在社会生活中的应用如图 1.3 所示。通信技术使人类进入了虚拟时代、数字时代。虚拟,就其本身来说,是数字化方式的构成,它是人类中介系统的革命。虚拟性激发了人们创造能力的巨大发展。通信技术的进步还改变了人们的某些生活方式。比如:过去人们要上邮局寄信,现在在家发个 E-mail 就行了;过去老师给学生面对面讲课,现在借助光纤通信技术,远程教育已经广泛应用于现代教学,这使得更多的人能够接受良好的教育;还有家庭办公、远程医疗、网络购物等原来看起来不可思议的事,现在借助于高性能的通信网和计算机都已实现。当然现代通信技术对原有的社会秩序和文化也造成了一些冲击。

2. 通信技术对经济、政治的影响

在经济方面,由于新技术的使用,运营商不仅提高了服务质量,还开发出了数据业务、视频

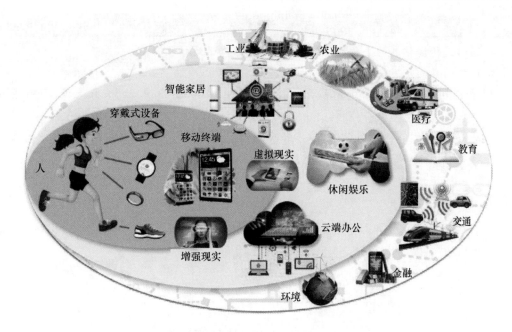

图1.3 通信技术在社会生活中的应用

业务等新服务品种,从而多方面地满足消费者需要,这也使得制造成本、维护成本下降,促进了经济的发展。在政治方面,一个综合实力强的国家往往以先进技术为筹码,科技实力强,经济发展的速度就快,从而可以提高一个国家的国际地位。

3. 通信技术对文化交流的影响

在当代,现代通信(如电视、广播、电子邮件、卫星通信等)与大众媒介一起,共同使一个国家的文化向全国统一性的方向发展。这为国内不同民族文化、不同地域文化的相互借鉴、相互交流创造了机会,促进了全民族文化的共同繁荣和发展。在国与国之间,一方面由于通信手段的发展,既增加了国与国之间在政治、经济、科学技术等领域的竞争,也增加了交流和合作,从而产生了文化融合;另一方面,在宗教、艺术、风俗、生活方式等领域,由于不同国家之间的差别大,独立性强,不易受到它国文化的影响和异化,会保持其传统性。

与此同时,通信技术不仅在预报气象变化、传递气象信息等方面发挥积极作用,而且在战胜洪水等自然灾害方面也有不可低估的作用。此外,通信技术还可用于科学研究、环境保护、资源调查和医疗卫生等领域,促进了这些领域的发展。

由此可见,通信技术不仅在现代社会生活中拥有不可缺少的地位和作用,在经济、政治、文化交流、科研等方面也具有很强的推动作用。并且通信技术作为信息产业核心技术,也获得了前所未有的发展。

微课

我国从通信空白到走向世界前列

中国正式进入 5G 商用元年

2019 年 6 月 6 日,中华人民共和国工业和信息化部(工信部)向中国电信、中国移动、中国联通、中国广电发放 5G 商用牌照,这意味着中国正式进入 5G 商用元年。

➢ 通信是传递信息的手段,即将信息从发送器传送到接收器。

➢ 通信的目的是完成信息的传输和交换。

➢ 通信技术不仅在现代社会生活中占据重要地位,在经济、政治、文化交流、科研等方面也具有很强的推动作用。

➢ 在古代,我们的祖先通过驿站、飞鸽传书等方式进行信息传递,随着科技水平的飞速发展,出现了诸多现代通信方式,那么通信技术在生活中的实际应用有哪些呢?

【随堂测试】

通信概述

1.2　通信技术的发展

人类通信的历史由来已久。自19世纪初电通信技术问世以来,短短的100多年时间里,通信技术的发展可谓日新月异。"千里眼""顺风耳"等古人的梦想得以实现,许多人们过去想都不曾想过的新技术不断涌现。人类的通信史依旧在不断的进化。

➢ 国外通信技术的发展;

➢ 中国通信技术的发展。

1.2.1　国外通信技术的发展

人类进行通信的历史悠久,早期的通信技术有古代非洲的击鼓传信。19世纪中叶后,出现了电报和电话,人类的通信技术发生了巨大的变化。20世纪80年代通信产业已经成为发展最快的领域。通信技术的发展可以分为三个阶段。

1. 第一阶段——语言和文字通信阶段

在语言和文字通信阶段,人类使用最原始的方式传递信息,通信方式简单,内容单一。

2. 第二阶段——电通信阶段

1837年,莫尔斯发明了电报机(如图1.4所示),并设计了莫尔斯电报码。1875年6月2日贝尔和他的助手托马斯·约翰·沃森在波士顿研究多工电报机,他们分别在两个屋子联合试验时,沃森看管的一台电报机上的一根弹簧突然被粘在磁铁上。沃森把粘住的弹簧拉开,这时贝尔发现另一个屋子里的电报机上的弹簧开始颤动起来并发出声音。正是这一振动产生的波动电流沿着导线传到另一个屋子里。贝尔由此得到启发,假如对铁片讲话,声音就会引起铁片的振动,在铁片后面放有绕着导线的磁铁,铁片振动时,就会在导线中产生大小变化的电流,这样，一方的话音就会传到另一方去。当天他们便一起制作出了电话机。6月3日，他们用这个装置进行了发声试验。1876年3月10日，贝尔用他发明的装置，第一次发送了完整的话音：watson，come here。

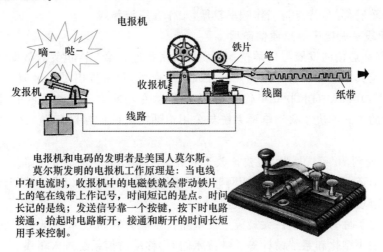

图1.4　电报机示意图

1877年波士顿架设了世界上第一条电话线路。美国伟大的发明家托马斯·阿尔瓦·爱迪生于1877年发明了世界上第一名电话机——炭精送话器（如图1.5所示），通话质量有了明显提高。

图1.5　世界上第一台电话机

如果仅有电话机，那么只能满足两个人之间的通话，无法与第三个人进行通话。将多个用户连接起来进行通话，连线非常多，造价极高，而且两个用户通话时，所连接的其他用户无法隔离。为了解决这个问题，交换机产生了。1878年安装在美国的世界上第一台交换机共有21个用户。这种交换机依靠接线员为用户接线。

美国的阿尔蒙·B.史瑞乔于1891年发明了步进制自动电话交换系统。史瑞乔又于1896年发明了旋转式拨号盘,用户可以在拨号盘上直接拨电话号码进行呼叫。

1897年马可尼用实验证明了运动中的无线通信的可应用性。最初的移动通信应用主要集中在军队和政府部门,特点是工作频率较低,工作在短波频段。

3. 第三阶段——电子信息通信阶段

历史上,移动通信的发展与科学技术的发展紧密相连。第二次世界大战期间,战争的要求使得通信技术及其制造业有了长足的发展。战争结束后,很快推出了大区制的公众移动电话服务。20世纪40年代中期到60年代初期,完成了从专用网到公众移动网的过渡,技术人员采用人工接续的方式解决了移动电话系统与公用市话网之间的接续问题,这一时期通信网的容量较小。

60年代中期到70年代后期,主要是改进和完善了移动通信系统的性能,包括直接拨号、自动选择无线信道、自动接入公用电话网等问题。但由于相关设备以及无线资源的制约,当时整个移动通信市场的发展速度并不是很快。

后来情况有了可喜的变化。大规模集成电路技术和计算机技术的迅猛发展,解决了困扰移动通信的终端小型化和系统设计等关键技术问题,移动通信系统进入了蓬勃发展阶段,如图1.6所示第一台蜂窝移动电话被发明。随着用户数量的急剧增加,传统的大区制的移动通信系统很快达到饱和状态,无法满足服务要求。针对这一情况,美国的贝尔实验室提出了小区制的蜂窝式硬碟通信系统的解决方案。1978年,发明了AMPS(advance mobile phone service)系统,这是第一种真正意义上的具有随时随地通信的大容量的蜂窝移动通信系统。AMPS结合频率复用技术,可以在整个服务覆盖区域内实现自动接入公用电话网,与以前的系统相比AMPS具有更大的容量和更好的话音质量,蜂窝化的系统设计方案解决了移动通信系统的大容量要求和频谱资源受限的矛盾。这就是第一代蜂窝移动通信系统,第一代蜂窝移动通信系统是双工的FDMA模拟通信系统。

图1.6　第一台蜂窝移动电话

尽管模拟蜂窝系统取得了巨大的成功,但是在实际使用过程中也暴露出一些问题:频谱效率较低,有限的频谱资源和无限的用户容量的矛盾十分突出;业务种类比较单一,只有话音业务;存在同频干扰和互调干扰;保密性较差。最主要的问题是容量和日益增长的市场需求之间的矛盾。模拟系统的发展存在着压力。近年来,随着超大规模集成电路、低速话音编码等技术的发展,数字技术得到广泛的应用。1992 年以 TDMA 为基础的数字蜂窝移动通信系统(GSM、DAMPS 等)相继投入使用。与 FDMA 蜂窝系统相比,TDMA 数字蜂窝移动通信系统有许多优势:频谱效率高,系统容量大,保密性能好,话音质量好,等等。

在这之前,美国在移动通信领域的研究一直走在世界前列,美国的 Motorala、AT&T 更是当时移动通信界的巨人;1991 年 7 月欧洲开发的以 TDMA 为接入方式的 GSM 数字蜂窝系统开始投入商用,由于拥有更大的容量和良好的服务质量,很快 GSM 网就遍布欧洲,欧洲的爱立信、诺基亚等企业凭借 GSM 的优异表现成为移动通信界的新巨人,与美国的摩托罗拉并驾齐驱。

世界移动通信界的格局表现为欧洲和北美两强对峙,他们掌握着大部分关键技术的知识产权和市场份额。

第二代数字蜂窝移动通信系统只能提供话音和低速数据业务的服务。为了满足更多高速率的业务以及更高频谱效率的要求,为了解决各大网络之间的不兼容性,一个世界性的标准——未来公用陆地移动电话通信系统应运而生,1995 年更名为国际移动通信 2000(IMT-2000),IMT-2000 支持的网络被称为第三代移动通信系统,简称 3G,它支持速率高达 2Mbit/s 的业务。之后,欧洲提出了 WCDMA,北美提出了 cdma20000 标准,中国提出了 TD-SCDMA 标准。

2008 年 2 月,ITU 发出通函,向各国和各标准化组织征集 IMT-Advanced(4G 的标准族)技术提案。

2009 年 3 月,3GPP 完成 R8 LTE 标准,该标准能够满足 LTE 系统首次商用的基本功能。

2010 年,美国、韩国等国家主流运营商开始大规模地建设 4G 并推出 LTE 商用服务。

2013 年,欧盟开始加快 5G 移动技术的发展,计划到 2020 年推出成熟的标准。

2018 年,3GPP 发布了第一个 5G 标准(Release-15),支持 5G 独立组网,重点满足增强移动宽带业务。

2020 年,Release-16 版本标准发布,重点支持低时延高可靠业务,实现对 5G 车联网、工业互联网等应用的支持。

现如今,我们只要打开计算机、手机、PDA、车载 GPS,很容易就能实现彼此之间的联系,人们的生活变得更加便利。

科技强国

通信作为社会发展的基础设施和发展经济的基本要素,是当代生产力中最为活跃的技术因素之一,对生产力的发展和人类社会的进步起着直接的推动作用。

1.2.2　国内通信技术的发展

在电用于通信之前,人们就开始采用不同的方式向远方传递信息。我国古代战争中采用的烽火台、旌旗、击鼓等就是人们向远方传递信息的方式。早在 2 700 多年前,我国已出现了用烽火传递信息的通信方法,利用自然界的基本规律和人的基础感官(视觉、听觉等)可达性建立通信系统,是人类基于需求的最原始通信方式(如图 1.7 所示)。当时在边防线上,每隔一定距离就筑起一个高高的土台,称为烽火台。台上高高地竖起一根吊杆,杆的上端吊有一个放满易燃干草的笼子,一旦发现敌人入侵,士兵就立即点燃干草,于是白天冒浓烟,黑夜闪火光,以浓烟和火光报警。这虽然只是一种简单的视觉通信方法,但效率比派人送信还是要高得多。其他的广为人知的"信鸽传书""击鼓传声""风筝传讯(以 2 000 多年前春秋时期的公输班和墨子为代表)""天灯""旗语"以及随之发展依托于文字的"信件(周朝已经有驿站出现,传递公文)"都是古代传讯的方式,而信件在较长的历史时期内,都成为人们传递信息的主要方式。这些通信方式,或者是广播式,或者是可视化的、没有连接的,但是都满足现代通信信息传递的要求,或者一对一,或者一对多、多对一。

图 1.7　烽火传信和击鼓传声

1. 中国 1G 时代

中国移动通信业的发展始于 20 世纪 80 年代。1987 年 11 月,中国首个 TACS 制式模拟移动电话系统建成,并在广州投入商用,爱立信为供应商,在网用户 150 人。这就是我国的第一代移动电话。

2. 中国 2G 时代

随着通信业的发展,引入竞争、促进发展成为放在我国电信改革面前刻不容缓的问题。1993 年 12 月,国务院下发(1993)178 号文件,同意组建中国联通公司。1994 年 7 月 19 日中国第二家经营电信基本业务和增值业务的全国性国有大型电信企业——中国联合通信有限公司(简称中国联通)成立。

微课

1G

微课

2G

1994 年 12 月月底,广东首先开通了 GSM 数字移动电话网。

1995 年 4 月,中国移动在全国 15 个省市相继建网,GSM 数字移动电话网正式开通。

1995 年 7 月,中国联通 GSM 130 数字移动电话网在北京、天津、上海、广州建成开放。

1996 年,移动电话实现全国漫游,并开始提供国际漫游服务。

1997 年 10 月 22 日、23 日,广东移动通信和浙江移动通信资产分别注入中国电信(香港)有限公司(后更名为中国移动(香港)有限公司),分别在纽约和香港挂牌上市。

1997 年年底,北京、上海、西安、广州 4 个 CDMA 商用实验网先后建成开通,并实现了网间的漫游。

1999 年 4 月月底,根据国务院批复的《中国电信重组方案》,移动通信分营工作启动。

1999 年 7 月 22 日 0 时,"全球通"移动电话号码升 11 位。

2002 年 1 月 8 日,中国联通"新时空"CDMA 网络正式开通。中国联通计划在未来 3 年内逐步建成一个覆盖全国、总容量达到 5 000 万户的 CDMA 网络，成为世界最大、最好的 CDMA 网。

2002 年 5 月 17 日，中国移动在全国正式投入 GPRS 系统商用。这意味着，世界范围内最先进、应用最成熟的移动通信技术——GPRS 在中国实现大规模应用，中国真正迈入 2.5G 时代。

2008 年 10 月，当时的中国六大运营商（固网运营商中国网通、中国电信、中国铁通，移动运营商中国移动、中国联通，卫星电话运营商中国卫通）重组，形成了现在的中国三大运营商（中国移动、中国电信、中国联通）。其中，中国电信收购了原来联通的 CDMA 网络，形成了现在的中国电信；中国联通 GSM 网与中国网通合并为现在的中国联通；中国铁通被并入了中国移动；中国卫通并入了中国航天科技集团。

3. 中国 3G 时代

2009 年 2 月，工业和信息化部发放 3G 网络牌照。

微课

3G

截至 2011 年年底，我国网民数量达 5.13 亿，互联网普及率为 38.3%，互联网已深入到国民经济和社会发展各领域，我国已成为全球互联网大国。"十二五"期间，我国加快推进经济结构调整和发展方式转变，加快培育和发展战略性新兴产业，推动三网融合，为发展下一代互联网提供了新的战略机遇。国内电信运营企业亟需获取丰富的网络地址资源，设备制造企业亟需寻找新的增长点，服务提供企业亟需开发特色服务，用户迫切需要更先进的网络设施和更安全、优质的业务体验，物联网、云计算、移动互联网、三网融合等新兴交互式应用将大规模发展，产业链各环节形成了对加快发展下一代互联网的迫切需求。我国亟需制定适合国情的下一代互联网技术路线和发展计划，加快培育产业链，实现互联网跨越式发展。

4. 中国 4G 时代

2012 年 10 月，工业和信息化部无线电管理局在 ITU2012 世界电信大会介绍，中国决定将 2.6 GHz 频段的 2 500～2 690 Hz，共 190 MHz 频率资源规划为 TDD 频谱。

微课

4G

2012 年 12 月，中国移动在香港正式启动 4G 网络的商用，并与深圳实现 TD-LTE 网络间数据漫游业务，正式拉开我国 4G 时代的序幕。

2013 年 2 月，中国移动浙江分公司宣布，由我国主导的 4G 国际标准技术 TD-LTE 网络在杭州、温州全面试商用。同月，中国移动在广州和深圳正式启动大规模 TD-LTE 体验活动，标志着广州和深圳的 4G 试商用正式展开。中国移动发布 2012 年年报，同时公布 2013 年资本开支，预计投入超过 400 亿元人民币建设 4G 网络。

2013 年 12 月 4 日，4G 牌照正式发放，中国三大运营商均获 TD-LTE 牌照。

2015 年 12 月月底，全国电话用户总数达到 15.37 亿户，其中移动电话用户总数 13.06 亿户，4G 用户总数达 3.862 25 亿户，4G 用户在移动电话用户中的渗透率为 29.6%。

5. 中国 5G 时代

2016 年 1 月，中国 5G 技术研发试验正式启动，2016—2018 年具体实施，分为 5G 关键技术试验、5G 技术方案验证和 5G 系统验证三个阶段。

微课

5G

2017 年 11 月，工业和信息化部发布通知，正式启动 5G 技术研发试验第三阶段工作，并力争于 2018 年年底前实现第三阶段试验基本目标。

2018 年 12 月 10 日，工业和信息化部正式对外公布，已向中国电信、中国移动、中国联通发放了 5G 系统中低频段试验频率使用许可,进一步推动我国 5G 产业链的成熟与发展。

2019 年 6 月 6 日,工业和信息化部正式向中国电信、中国移动、中国联通、中国广电发放 5G 商用牌照,中国正式进入 5G 商用元年。

2019 年 10 月,5G 基站正式获得了工信部入网批准。工信部颁发了国内首个 5G 无线电通信设备进网许可证,标志着 5G 基站设备将正式接入公用电信商用网络。

2019 年 10 月 31 日,三大运营商公布 5G 商用套餐,并于 11 月 1 日正式上线 5G 商用套餐。

2020 年 9 月 5 日,工业和信息化部表示,将持续推动 5G 大规模商用。

截至 2021 年 9 月,我国已开通建设了 99.3 万个 5G 基站,覆盖全国所有地级市、95% 以上的县区、35% 的乡镇,5G 手机终端连接数超过了 3.92 亿户。当前,我国 5G 网络建设仍处于规模部署阶段。

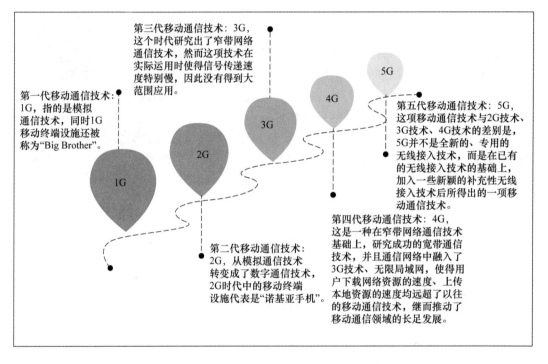

图 1.8　移动通信技术发展史

中国在 5G 技术专利方面具备优势

在 5G 战略制高点的争夺中,我国企业任重道远。中国华为在 5G 技术方面提交的相关专利申请为 30 件,东南大学、中兴通讯、电信科学技术研究院等对 5G 技术也有一定的专利积累。相比我国在 2G 时代技术全面落后的局面,以华为、中兴通讯和大唐电信等为代表的中国企业在 5G 时代正迅速缩小与世界先进水平的差距。

归纳思考

➢ 人类的五次信息革新分别是：语言和烽火、文字的创造、印刷术的发明、电报和电话、无线电广播和电视广播。

➢ 1833 年摩尔斯发明有线电报，开创了人类信息交流的新纪元。1896 年马克尼发明无线电报，为人类通信技术开辟了一个崭新的领域。

➢ 载波通信的出现，改变了一条线路只能传送一路电话的局面，使一个物理介质上传送多路音频电话信号成为可能。

➢ 电视极大地改变了人们的生活，使传输和交流信息从单一的声音发展到实时图像。

➢ 各种通信技术在通信发展史上对人类社会产生了巨大的影响，那么通信技术的发展经历了哪些阶段？

【随堂测试】

通信技术的发展

1.3　通信系统的组成

通信系统是以实现通信为目标的硬件、软件以及人的集合。通信系统是用以完成信息传输过程的技术系统的总称。现代通信系统主要借助电磁波在自由空间的传播或在导引媒体中的传输机理来实现，前者称为无线通信系统，后者称为有线通信系统。

重点掌握

➢ 通信系统的模型；

➢ 数字通信系统；

➢ 模拟通信系统。

1.3.1　通信系统模型

图 1.9 所示是一个基本的点到点通信系统的一般模型。其各部分的功能如下：

① 信息源的功能是把各种可能消息转换成原始电信号。

② 发送设备的功能是为了使原始电信号适合在信道中传输，将原始电信号变换成与传输信道相匹配的传输信号。

③ 信道是信号传输的通道。

④ 接收设备的功能是从接收信号中恢复出原始电信号。

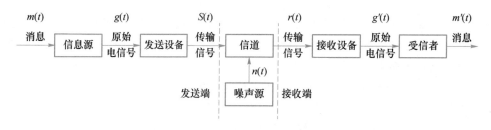

图 1.9　通信系统的一般模型

⑤ 受信者是将复原的原始电信号转换成相应的消息。

要传送的信息(消息)是 $m(t)$,其可以是语言、文字、图像、数据……经输入设备处理,将其变换成输入数据 $g(t)$,并传输到发送设备(发送机)。通常,$g(t)$ 并不是适合传输的形式(波形和带宽),在发送机中,它被变换成与传输媒质特性相匹配的传输信号 $S(t)$,一方面经传输媒质为信号传输提供通路,另一方面衰减信号并引入噪声 $n(t)$,$r(t)$ 是受到噪声干扰的 $S(t)$,是接收机恢复输入信号的依据,$r(t)$ 的质量决定了通信系统的性能,$r(t)$ 经接收设备转换成适合于输出的形式 $g'(t)$,它是输入数据 $g(t)$ 的近似或估值。最后,输出设备将由 $g'(t)$ 传出的信息 $m'(t)$ 提交给终点的经办者,完成一次通信。事实上,噪声只对输出造成影响,可以将整个系统产生的噪声等同成一个噪声源。

根据所要研究的对象和所关心的问题的重点的不同,又可以使用形式不同的具体模型。

微课

通信系统模型

动画

通信系统模型

1.3.2　模拟/数字通信系统

1. 通信系统中的消息分类

① 如果消息状态是连续变化的,则称为连续消息(模拟消息),如语音、图像。

② 如果消息状态是可数或离散的,则称为离散消息(数字消息),如符号、文字、数据。

2. 信号的分类

信号是消息的表现形式,消息被承载在电信号的某一参量上。

信号同样可以分为模拟信号与数字信号。

① 如果电信号的参量取值是连续的,则称为模拟信号,如温度、湿度、压力、长度、电流、电压等。

② 如果电信号的参量取值是离散的,则称为数字信号。在计算机中,数字信号的大小常用有限位的二进制数表示,是用两种物理状态来表示 0 和 1 的。

模拟信号和数字信号可以互相转换。因此,任何一个消息既可以用模拟信号表示,也可以用数字信号表示。

3. 通信系统的分类

通信系统也可以分为模拟通信系统与数字通信系统两大类。

(1) 模拟通信系统

模拟通信系统在信道中传输的是模拟信号,模型如图 1.10 所示。

微课

模拟通信系统模型

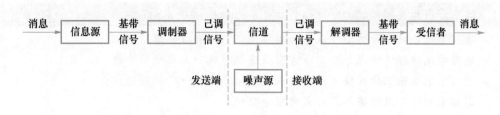

图1.10　模拟通信系统模型

其中,基带信号是由消息转化而来的原始模拟信号,一般含有直流和低频成分,不宜直接传输;已调信号是由基带信号转化来的、频域特性适合信道传输的信号,又称为频带信号。对模拟通信系统进行研究主要就是研究不同信道条件下不同的调制解调方法。

微课

数字通信系统模型

（2）数字通信系统

数字通信系统在信道中传输的是数字信号,模型如图1.11所示。其各部分的功能如下:

① 信源编/解码器的功能是实现模拟信号与数字信号之间的转换。

② 加/解密器的功能是实现数字信号的保密传输。

③ 信道编/解码器的功能是实现差错控制功能,用以对抗由于信道条件造成的误码。

④ 调制/解调器的功能是实现数字信号的传输与复用。

以上各个部分的功能可根据具体的通信需要进行设置,对数字通信系统进行研究主要就是研究这些功能的具体实现方法。

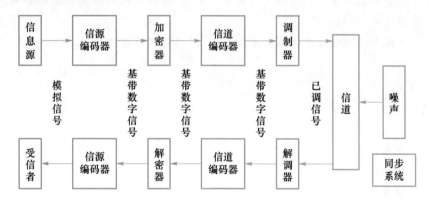

图1.11　数字通信系统模型

我国5G网络建设已进入高速增长期

2021年前三季度,我国5G网络建设和应用持续推进,用户规模不断扩大。据工业和信息化部运行监测协调局统计,截至9月份末,全国移动电话基站总数达969万个,同比增长5.7%,比上年末净增37.7万个。其中,4G基站总数为586万个,占比为60.4%。5G基站总数达115.9万个,占移动基站总数的12%。

归纳思考

➢ 通信系统依据信号类型可以分为模拟通信系统和数字通信系统。

➢ 通信系统依据传输媒介可以分为有线通信系统和无线通信系统。

➢ 通信系统依据工作波段可以分为长波通信、中波通信、短波通信。

➢ 通信系统还可以依据哪些方式进行分类呢?

【随堂测试】

通信系统组成

【拓展任务】

任务1　查询国内知名电信企业情况。

目的:了解国内电信企业的发展历程、主营范围、企业文化等。

要求:查询资料,撰写总结报告。

任务2　查询通信发展史上出现的重大通信技术。

目的:了解各种通信技术在通信发展史上的地位、作用以及对人类社会的影响。

要求:查询资料,撰写总结报告。

任务3　实地走访调研运营商的业务体验厅,并撰写调研报告。

目的:

了解电信新业务;

了解通信业务未来发展方向。

要求:

制订调研方案;

撰写调研提纲;

撰写调研报告。

【知识小结】

通信是传递信息的手段,即将信息从发送器传送到接收器。

通信技术不仅在现代社会中占据重要地位,在经济、政治、文化交流、科研等方面也具有很强的推动作用。

信息可被理解为消息中包含的有意义的内容。信息一词在概念上与消息的意义相似,但它的含义却更普通化,更抽象化。

消息是信息的表现形式,消息具有不同的形式,如符号、文字、话音、音乐、数据、图片、活动图像等。

信号是消息的载体,消息是靠信号来传递的。信号一般为某种形式的电磁能(电信号、无线电、光)。

通信系统也可以分为模拟通信系统与数字通信系统两大类。

模拟通信系统在信道中传输的是模拟信号。

数字通信系统在信道中传输的是数字信号。

【即评即测】

认识通信

项目2 数字通信技术

数字通信是一种用数字信号作为载体来传输信息的通信方式。数字通信可以传输电报、数据等数字信号，也可传输经过数字化处理的语音和图像等模拟信号。

数字通信系统通常由用户设备、编码和解码、调制和解调、加密和解密、传输和交换设备等组成。发信端来自信源的模拟信号必须先经过信源编码转变成数字信号，并对这些信号进行加密处理，以提高其保密性；为提高抗干扰能力需再经过信道编码，对数字信号进行调制，变成适合于信道传输的已调载波数字信号并送入信道。在收信端，对接收到的已调载波数字信号经解调得到基带数字信号，然后经信道解码、解密处理和信源解码等恢复为原来的模拟信号，送到信宿。

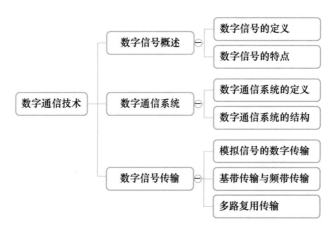

✐ 项目引入

2015 年我国停止模拟广播电视的播出,有线电视实现了数字化整体改造。有线数字电视网络可以提供高质量多频道的广播电视节目,还可以提供交互点播、信息资讯、游戏娱乐、电视商务等多功能服务,双向化改造后的有线数字电视网络还能实现上网、打电话等多种功能。

数字通信具有抗噪声性能好、差错可控、易加密、易与现代技术相结合等优点,因此被应用到各行各业。本项目会跟大家一起来探讨学习数字通信。

微课

数字通信技术

项目目标

- 掌握数字信号的特点;
- 掌握数字通信的概念和特点;
- 理解数字通信系统的基本组成;
- 理解模拟信号的数字化过程;
- 能区分基带传输与频带传输;
- 强化以爱国主义为核心的民族精神;
- 加强对科学创新和职业道德的体会。

本项目学习方法建议

- 登录"超星平台"进行网络学习;
- 课前预习与课后复习相结合;
- 实地走访数字通信业务单位与课堂学习相结合;
- 通过网络搜索数字通信应用案例、数字信号传输案例;
- 小组协作与自主学习相结合;
- 教师答疑与学习反馈相结合。

本项目建议学时数

6 学时。

2.1　数字信号概述

自然界的信号按幅值随时间是否连续变化分为两种,即模拟信号和数字信号。模拟信号的幅值随时间做连续性变化,而数字信号则相反。自 20 世纪 80 年代以来,模拟信号数字化技术、数字信号处理技术、数字集成电路技术已十分成熟,特别是光纤技术的广泛应用突破了带宽的瓶颈。通信迎来了数字通信的辉煌时代,同时也宣告了模拟通信时代的结束。

重点掌握

> ➤ 数字信号的定义;
> ➤ 数字信号的特点。

2.1.1　数字信号的定义

以信号为载体的数据可表示现实物理世界中的任何信息,如文字符号、图像等,从其特定的表现形式来看,信号可以分为模拟信号和数字信号,如图 2.1 所示。

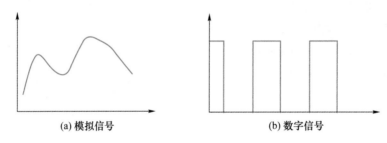

(a) 模拟信号　　　　　　　　(b) 数字信号

图 2.1　模拟信号和数字信号的表示

1. 模拟信号的定义与特点

模拟信号是指某一电参量(如幅度、频率、相位)在一定的取值范围内连续变化的信号,如话筒产生的话音信号、摄像机产生的图像信号等。

模拟信号通常是时间连续函数,也有时间离散函数的情况。无论时间上是否连续,模拟信号的取值一定是连续的,即在一定的取值范围内,可有无限多个取值。

模拟信号的结构比较复杂,易受外界干扰,所占用的带宽较窄。这些属性使模拟通信系统具有设备复杂、抗干扰性差、噪声沿线累积、复用方式落后等先天不足,但因其带宽利用率高而在带宽资源受限的铜缆传输时代成为主要的通信系统。

微课

模拟信号

2. 数字信号的定义

数字信号是指某一电参量在一定的取值范围内跳跃变化,仅有有限个取值的信号,如电报信号、数据信号、遥测指令等。最常用的是二进制数字信号,即由"1"和"0"组成的数字序列。之所以采用二进制数字表示信号,其根本原因是电路只能表示两种状态,即电路的通与断。在实际的数字信号传输中,通常是将一定范围的信息变化归类为状态 0 或状态 1,这种状态的设置大大提

微课

数字信号

高了数字信号的抗噪声能力。不仅如此,在保密性、抗干扰、传输质量等方面,数字信号都比模拟信号要好,且更加节约信号传输通道资源。

2.1.2　数字信号的特点

① 数字信号的抗干扰能力特别强,它不但可以用于通信技术,而且可以用于信息处理技术。在通信上使用了数字信号,就可以很方便地将计算机与通信结合起来,将计算机处理信息的优势用于通信事业。例如,电话通信中采用了程控数字交换机,占地小,效率高,省去不少人工和设备,使电话通信产生了质的飞跃。

微课

数字信号特点

② 数字信号便于存储,CD、MP3 唱盘,VCD、DVD 视盘,以及计算机光盘都是用数字信号来存储的信息。数字通信还可以兼容电话、电报、数据和图像等多类信息的传送,能在同一条线路上传送电话、有线电视、多媒体等多种信息。

③ 数字信号便于加密和纠错,具有较强的保密性和可靠性。由于数字信号是用两种物理状态来表示 0 和 1 的,故其抵抗材料本身干扰和环境干扰的能力都比模拟信号强很多。即使因干扰信号的值超过阈值范围而出现了误码,只要采用一定的编码技术,也很容易将出错的信号检测出来并加以纠正。因此,与模拟信号相比,数字信号在传输过程中具有更高的抗干扰能力,更远的传输距离,且失真幅度小。

④ 数字信号在传输过程中不仅具有较高的抗干扰性,还可以通过压缩,占用较少的带宽,实现在相同的带宽内传输更多数字信号的效果。此外,数字信号还可用半导体存储器来存储,并可直接用于计算机处理。若将电话、传真、电视所处理的图像、文本、视频等数据及其他各种不同形式的信号都转换成数字脉冲来传输,还有利于组成统一的通信网,实现综合业务数字网络(ISDN)。从而为人们提供更灵活、更方便的全新服务。正因为数字信号具有上述突出的优点,它得到了广泛的应用。

数字信号处理器(DSP)——魂芯

魂芯由中国电子科技集团公司第三十八研究所完全自主设计,在一秒钟内能完成千亿次浮点操作运算,单核性能超过当前国际市场上同类芯片性能 4 倍。2012 年,该所推出我国自主研发的首款实用型高性能浮点通用 DSP 芯片——“魂芯一号”,性能高于同期市场同类 DSP 芯片 4~6 倍,并成功应用在我国空警—500 预警机雷达等多个国防科技装备上,成为中国首款广泛应用于国防科技装备的高端自主数字信号处理器。魂芯二号 A,发布于2018 年 4 月 23 日,是中国电子科技集团公司第三十八研究所在首届数字中国建设峰会上发布的业界实际运算性能最高的数字信号处理器。

【任务单】

任务单	对比模拟信号与数字信号			
班级		组别		
组员		指导教师		
工作任务	对比分析模拟信号与数字信号的异同点。			
任务描述	1. 描述模拟信号、数字信号的特点。 2. 列出模拟信号与数字信号的区别。 3. 举例分析数字信号的优点。			
评价标准	序号	评价标准		权重
	1	专业词汇使用规范正确。		20%
	2	模拟信号、数字信号的特点介绍详细。		20%
	3	模拟信号与数字信号的区别描述正确,举例准确。		30%
	4	小组分工合理,配合较好。		15%
	5	学习总结与心得整理得具体。		15%
学习总结 与心得				

	详细描述实施过程：
任务实施	

考核评价	考核成绩		教师签名		日期	

➢ 模拟信号是指某一电参量(如幅度、频率、相位)在一定的取值范围内连续变化的信号,如话筒产生的话音信号、摄像机产生的图像信号等。

➢ 数字信号是指某一电参量在一定的取值范围内跳跃变化,仅有有限个取值的信号,如电报信号、数据信号、遥测指令等。最常用的是二进制数字信号,即由"1"和"0"组成的数字序列。

➢ 与模拟信号相比,数字信号在传输过程中具有更高的抗干扰能力、更远的传输距离,且失真幅度小。

➢ 数字信号在传输过程中通过怎样的方式来尽量占用较少的带宽,实现在相同的带宽内传输更多数字信号的效果呢?

【随堂测试】

数字信号概述

2.2 数字通信系统

数字通信系统传送的是数字信号。与模拟系统相比,数字通信系统的发送和接收端设备应具有适应数字信号传输的能力,在技术上实现起来也较为复杂。

➢ 数字通信系统的模型;
➢ 数字通信系统的构成。

2.2.1 数字通信系统的定义

传输数字信号的通信系统称为数字通信系统,其组成基本模型如图2.2所示。

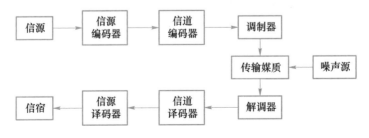

图 2.2　数字通信系统模型

如果信源发出的是模拟信号,经信源编码器后,由模拟信号变为数字信号。再经过信道编码器,使信号变换为利于在信道中传输的信号,经过调制后进入信道以数字信号形式传输,在接收端进行反变换恢复出原始信号。

数字通信系统传输离散的数字信号,在接收端通过取样、判决来恢复原始信号,还可以通过纠错编码来进一步提高抗干扰能力。通过再生中继消除噪声积累,实现远距离高质量传输;便于对数字信息进行处理并进行统一化编码,实现综合业务数字化;采用复杂的非线性、长周期码序列对信号加密,安全性强;数字通信设备向着集成化、智能化、微型化、低功耗和低成本化发展。

微课

数字通信系统模型

模拟信号的数字化为通信系统和网络的数字化奠定了基础。在三网融合的发展历程中,数字通信系统和数据通信系统已经率先融合。

我国全面推进数字中国建设

2021 年 4 月 25 日,以"激发数据要素新动能,开启数字中国新征程"为主题的第四届数字中国建设峰会在福州开幕,来自全国各地的参观者不断涌入福州海峡国际会展中心观展。随着数字技术的深入发展,数字应用正在广泛落地,信息技术与人们生产生活的联系愈加紧密。

在"十四五"规划和 2035 年远景目标纲要中,加快数字化发展、建设数字中国等内容就专设了一章,并提出加快建设数字经济、数字社会、数字政府,以数字化转型整体驱动生产方式、生活方式和治理方式变革。新时代,数字中国建设将全面推进。

2.2.2　数字通信系统的结构

数字通信系统的组成框图如图 2.3 所示。当信源消息是模拟信号时,首先需要进行模拟/数字(analog/digital,A/D) 转换,把模拟信号变换为数字信号,这一过程称为信源编码。其反变换过程数字/模拟(digital/analog,D/A)转换称为信源解码。此外,一对编/解码器可能还包括为提高数字通信的效率和安全性而采取的其他处理技术,如复用/去复用、加密/解密、码型变换/反变换、同步、控制(信令)、维护和管理、开销数据的插入/分出等功能。数字信号在传输过程中往往由于噪声干扰等原因产生误码。为此还需要增加信道编码这一环节,即在信源消息数字码流中加插一些校验码元,使系统具有一定的检错和纠错能力。经过信道编码后形成一个频带变宽的宽带数字码流,称为数字基带信号。把数字基带信号经适当码型变换后直接送入信道传输,称为基带传输。但往往信号码流频带与信道不匹配,还需要利用调制器对数字基带信号进行调制后再进行传输,称为频带传输。无论是基带还是频带传输,经过一定距离的传输后,信号都会有所衰减,此时,利用再生中继器可以完整地恢复衰减变形的信号,从而延长传输距离。

上述发送端信号的变换过程,在接收端都相应地有一个反变换过程。

基带传输和频带传输的区别是有没有"调制"和"解调"过程。因此,图 2.3 中把调制器和解调器以虚线框表示,以表明基带数字传输系统不包括调制和解调过程。

1. 信源与信宿

① 发出消息的一端称为信源,信源把原始信息变换成原始电信号。

② 接收消息的一端称为信宿,信宿接收到的信号性质通常与信源信号是一致的。

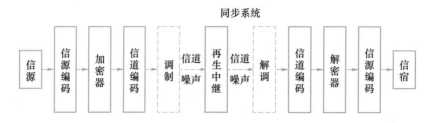

图 2.3 数字通信系统的结构

数字通信系统与数据通信系统是有区别的。一般来讲,数据通信系统中从信源到信宿都是数字信号,而数字通信系统的信源和信宿是模拟信号,需要进行模拟/数字转换之后才能进行数字传输。

2．信源编码器与解码器

① 信源编码器的功能是实现模拟信号的数字化传输,即完成 A/D 变化。

② 信源解码器的功能是在接收端实现数字信号模拟化来恢复原始信号。

3．加/解密器

加/解密器的功能是实现数字信号的保密传输。

4．信道编码器与解码器

① 信道编码器又称差错控制编码器、抗干扰编码器或纠错编码器,它的作用是提高数字信号传输的可靠性。

② 接收端的信道解码器是信道编码器的逆过程。

5．信道

信道是信号传输媒介的总称,传输信道的类型有有线信道(如电缆、光纤)和无线信道(如自由空间)两种。

6．同步系统

同步是指通信系统的收、发双方具有统一的时间标准,使它们的工作步调一致。同步系统用于保证通信系统发送端和接收端相对一致的时间关系。

如果同步存在误差或失去同步,通信过程中就会出现大量的误码,导致整个通信系统失效。同步是数字通信系统正常工作的前提,通信系统能否有效、可靠地工作,很大程度上依赖于同步系统性能的好坏。

7．调制与解调

根据传输媒介的不同,数字基带信号可以调制到光波频率、微波频率或者短波频率上,以适应不同的信道环境。

8．再生中继

把经过一定距离传输后产生幅度下降和变形的数字信号,进行放大整形恢复后继续传送的过程,称为再生中继。

9．信道噪声

信道噪声会导致数字传输产生误码。信道固有的热噪声或自激噪声、相邻信道之间的串杂信号干扰、自然界的雷电、高压电火花等外界因素都是噪声的来源。

与模拟通信系统相比,数字通信系统具有抗干扰能力强、数据形式统一、易于加密处理、便于计算处理等优点,因此数字化通信已经成为当代通信领域中的主要技术手段。

我国数字通信设备制造业发展欣欣向荣

经过多年的发展,我国数字通信设备制造业坚持技术引进和自主开发相结合,已经形成了一个较为完整的数字通信设备制造业产业体系,产业链逐步完善,自主创新能力明显提升,重点核心领域技术取得突破,涌现出了华为技术、中兴通讯等一批具有国际竞争力的数字通信设备集成商。

归纳思考

➢ 传输数字信号的通信系统称为数字通信系统。

➢ 数字通信系统的典型特征就是信源和信宿都是模拟信号,因此在传输之前需要进行模拟/数字变换,之后则需要进行数字/模拟变换。

➢ 数字通信系统传输离散的数字信号,传输有限状态的数字信号,在接收端通过取样、判决来恢复原始信号,还可以通过纠错编码来进一步提高抗干扰能力。

➢ 同步系统用于保证通信系统发送端和接收端相对一致的时间关系。

➢ 信道编码器的作用是提高数字信号传输的可靠性。那么信道编码的原理和分类是怎样的呢?

【随堂测试】

数字通信系统

2.3　数字信号传输

数字通信的信道中传输的信号有基带信号和频带信号之分,数字信号一定是基带信号,而模拟信号一定是频带信号。数字数据可采用数字信号也可采用模拟信号传输,模拟信号也可采用数字信号和模拟信号传输。无论用哪种数据传输方式,都应解决以下问题:数据信息的表示,即信息的编码问题;信息的传输问题,即选用哪种数据传输方式问题;信息正确无误的传输问题,即发送和接受同步和发现及纠错问题。

重点掌握

➢ 数字信号的传输方式;

➢ 模拟信号的数字化过程;

➢ 基带传输和调制传输的特点;

➢ 多路复用技术的特点。

通信方式是指数据在信道上传送所采取的方式。如按数据代码传输的顺序可以分为并行传输和串行传输,按数据传输的流向可分为单工、半双工和全双工数据传输,按数据传输的同步方式可分为同步传输和异步传输。

1. 并行通信和串行通信

并行通信方式是指将数据以成组方式在两条以上的并行信道上同时传输,还可附加一位数据校检位。图 2.4 显示了二进制代码 0101 如何以并行方式从位置 A 传输到位置 B。串行通信方式是指按时间先后将数据依次在一条信道一位一位地传送,图 2.5 显示了二进制代码 0101 如何以串行方式从位置 A 传输到位置 B,它需要在 4 个时钟脉冲周期(4T)来传送。

微课

串并行

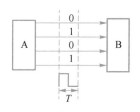

图 2.4　并行通信方式

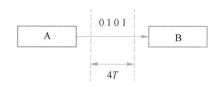

图 2.5　串行通信方式

2. 单工、半双工、全工

单工传输指两地间只能在一个方向进行数据传输,如无线电广播;半双工传输是指两地间能在两个方向进行数据传输,但两者不能同时进行,如民用波段电台;全双工传输是指两地间能在两个方向同时进行数据传输,如电话通信。

微课

单双工

3. 同步传输和异步传输

同步传输与异步传输是串行传输的两种方法。

同步传输是以固定的时钟节拍来发送和接收数据信号的,接收端每一位数据都要和发送端保持同步。

异步传输的发送方和接收方之间无须满足严格的定时关系,适合于并不是经常有大量数据传送的设备。

4. 差错控制

任何一种通信线路上都不可避免地存在一定程度的噪声,噪声使得接收端的二进制位和发送端实际发送的二进制位不一致,造成信号传输差错。

为了减少传输差错,通常采用两种基本的方法:改善线路质量;差错检测与纠正。改善线路质量,使线路本身具有较强的抗干扰能力,这是减少差错的最根本途径。差错检测与纠正也称为差错控制,在数据通信过程中能发现或纠正差错,是一种主动式的防范措施。差错控制编码又称信道编码,通常有检错编码和纠错编码两种形式。最常用的两种检错编码方式是奇偶校验编码和循环冗余校验编码。

微课

差错控制

2.3.1　模拟信号的数字传输

数字通信系统的典型特征就是信源和信宿都是模拟信号,因此需要进行模拟/数字(A/D)变换,把模拟信号转换成数字信号再行传输。而后在接收端再将数字信号转换为模拟信号,即需要进行数/模(D/A)转换。通常把 A/D 转换器称为编码器,把 D/A 转换器称为译(解)码器,编码器和解码器一般集成在一个设备中。

将模拟信源波形变换成数字信号的过程称为信源数字化或信源编码。通信中的电话信号的数字化称为语音编码,图像信号的数字化称为图像编码,两者虽然各有其特点,但基本原理是一致的。这里以话音信号的脉冲编码调制 PCM(pulse code modulation)编码为例介绍模拟数据的数字传输过程,PCM 通信的简单模型如图 2.6 所示。

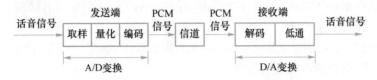

图 2.6 PCM 通信的简单模型

由图 2.6 可知,模拟话音信号变为 PCM 信号要经过抽样(又称采样或取样)、量化和编码3 个过程。

1. 抽样

抽样又称为取样,是指每隔一定的时间间隔抽取模拟信号的一个瞬时幅度值(称为抽样值或样值)。由此得出的一串在时间上离散的抽样值称为样值信号。抽样的实现是在信号的通路上加一个电子开关,按一定的速率进行开关动作。当开关闭合时,信号通过;当开关断开时,信号被阻断。这样,通过开关后的信号就变成了时间上离散的脉冲信号。

PCM 编码是以抽样定理为基础的,即如果一个连续信号 $f(t)$ 所含有的最高频率不超过 F_h,则当抽样频率 $F_s \geq 2F_h$ 时,抽样后得到的离散信号就包含了原信号的全部信息。图 2.7所示为话音信号的抽样。

抽样定理表示公式为:

$$F_s \geqslant 2F_h \tag{2.1}$$

$$或 \quad F_s \geqslant 2B_s \tag{2.2}$$

式(2.1)和式(2.2)中,F_s 为抽样频率,F_h 为原始有限带宽模拟信号的最高频率,B_s 为原始信号的带宽。

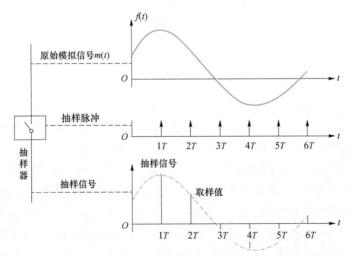

图 2.7 话音信号的抽样

例如,话音信号的最高频率为 3 400 Hz,故抽样频率在 6 800 次/秒以上时才有意义,一般以 8 000 Hz 的采样频率对话音信号进行采样，即抽样周期为 1/8 000 s＝125 μs，则在样值中包含了话音信号的完整特征，由此还原出的话音是完全可理解和被识别的。

2. 量化

模拟信号经过抽样以后，在时间上离散化了，但幅值（即抽样值）仍可能出现无穷多种。如果要想用二进制数字完全无误差地表示这些幅值，就需用无穷多位二进制数字编码才能做到，这显然是不可能的。实际上，只能用有限位数的二进制数字来表示抽样值。这种用有限个数值近似的表示某一连续信号的过程称为"量化"，也就是分级取整。为了提高量化精度，需要细分量化级数，量化级数越多，量化的准确性就越高。

量化又分为均匀量化和非均匀量化两种方式。

把信号幅值均匀地等间隔量化称为均匀量化或线性量化。若被量化信号的幅度变化范围是 $\pm U$，把 $-U \sim +U$ 均匀地等分为 $\Delta = 2U/N$ 的 N 个量化间隔就是均匀量化。其中，N 称为量化级数，Δ 称为量化级差或量化间隔。图 2.8 给出了均匀量化示意图，图中量化值取每个量化级的中间值，即 0.5Δ、1.5Δ、2.5Δ 和 3.5Δ。当抽样幅值 u 落在 $1\Delta < u \leqslant 2\Delta$ 时，量化为 1.5Δ；落在 $2\Delta < u \leqslant 3\Delta$ 时，量化为 2.5Δ，依此类推。很显然，实际抽样值 u 与量化值之间存在误差，这种误差称为量化误差，最大量化误差不会超过 $\Delta/2$，所以 Δ 越小，量化误差就越小。量化误差就好像在原始信号上叠加了一个额外噪声，这个额外噪声称为量化噪声。增加量化级数 N，可减小 Δ，降低量化噪声。

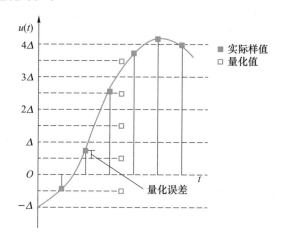

图 2.8　均匀量化示意图

例如，我们将 $-4 \sim +4$V 的抽样值分为 8 级，每级 1V，即：$-4 \sim -3$V 都取为 -3.5V，称为第 0 级；$-3 \sim -2$V 都取为 -2.5V，称为第 1 级；……；$3 \sim 4$V 都取为 3.5V，称为第 7 级。这样就把零散的抽样值整理为 8 个量化值（-3.5V，-2.5V，…，3.5V），对应 8 个量化级（0，1，2，…，7）。采用取中间值法对模拟信号进行抽样、量化和编码时的结果，如图 2.9 所示。

对于均匀分级的量化，其量化噪声也是均匀的，这样对于小信号的影响就会比较大，故要求减少小信号时的量化噪声，或者说要求减少小信号时的量化误差。一般来说，可以有两种解决办法：一是将量化级差分得细一些，这样可以减少量化误差，从而减少量化噪声，但是这样一来，量化级数多了，就要求有更多位编码及更高的码速，也就是要求更高的编码器，这样做不太合算；二是采用非均匀量化分级，是指量化级差随着信号幅值的大小而变化。当输入信号幅值

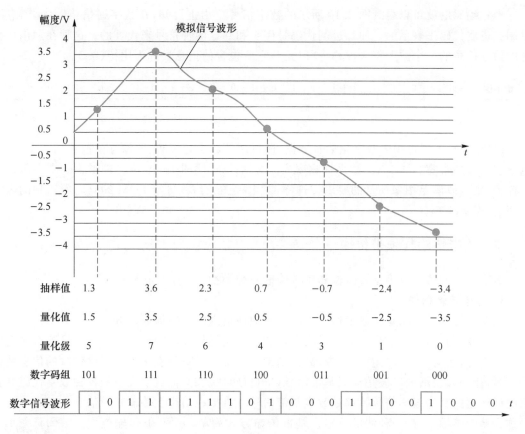

图 2.9　PCM 量化、编码示意图

较小时,量化级差变小,反之则变大。非均匀量化的实现方法通常是采用压缩扩张技术,其特点是在发送端将抽样值进行压缩处理后再均匀量化,在接收端进行相应的扩张处理,目前我国使用的是 A 律 13 折线压缩扩展技术。

3. 编码

编码就是把量化后抽样点的幅值分别用代码表示,经过编码后的信号,就已经是 PCM 信号了。代码的种类很多,采用二进制代码是通信技术中比较常见的。例如,量化级 4 可用二进制码"100"表示,量化级 6 可用二进制码"110"表示。最常用的编码规则是自然码。表 2.1 给出了自然码的编码规则(以 3 位二进制数码为例)。

微课

编码

表 2.1　自然码的编码规则

量化值	0	1	2	3	4	5	6	7
编码	000	001	010	011	100	101	110	111

每一个量化级对应一个代码,量化级数 M 与代码位数 N 的关系是固定的,即 $M = 2N$。在实际应用中,通常用 8 位码表示一个样值,即标准编码位数 $N = 8$,故量化级数应为 $M = 2^8 = 256$。这样,对话音信号进行抽样时的抽样周期为 $T_s = 125\ \mu s$,这就意味着在这个周期里要传送 8 个二进制代码,这样每个代码所占用的时长为 $T_B = 125\ \mu s / 8 = 15.625\ \mu s$。对话音信号进行 PCM 编码后所要求的数据传输速率为 $8\ bit \times 8\ 000\ Hz = 64\ 000\ bit/s = 64\ kbit/s$。

经过编码后就可以得到图 2.10 所示的数字信号。由上可知,在数字通信传输中,信息可以用二进制代码来表示的。而二进制代码是用 1 和 0 这两种符号来代表的。这种在通信中传送的数字信号的一个波形符号被称为"码元",它所包含的信息量称为比特(bit)。

图 2.10　数字编码

PCM 编码不仅可用于数字化话音数据,还可用于数字化视频、图像等模拟数据。例如,彩色电视信号的带宽为 4.6 MHz,采样频率为 9.2 MHz,如果采用 10 位二进制编码来表示每个采样值,则可以满足图像质量的要求。这样,对电视图像信号进行 PCM 编码后所达到的数据速率为 92 Mbit/s。

2.3.2　基带传输与频带传输

数字信号的传输分为基带传输和频带传输两种类型。

1. 基带传输概述

数字信号基带传输是指数字信号不经调制地在信道中传输的通信方式。

信息或消息包含在信号幅度随时间变化和变化快慢等波形特征中,因此,信号除有一定的幅值范围外,还有其固有的基本频带,简称基带。基带信号就是直接表达了要传输的信息特征的信号,比如人说话的声波是模拟基带信号,来自计算机和其他数字设备的各种数字代码和数字电话终端的脉冲编码信号等都是数字基带信号。直接在信道上传输基带信号称为基带传输,它是一种波形传输。基带传输方式简单、方便,但传输效率低,抗干扰性差,传输距离短。基带数字传输系统模型如图 2.11 所示。它主要由发送滤波器(信号成形器)、信道、接收滤波器和抽样判决器组成。为了保证系统可靠有序地工作,还应有同步系统。

微课

基带传输

图 2.11　基带数字传输系统模型

(1)码型变换器

码型变换是基带传输的典型需求,其作用是让数字脉冲信号码型适应信道的传输特性,即把单极性码变换为双极性码或其他形式适合于信道传输的、并可提供同步定时信息的码型。所谓码型是指脉冲数字信号时域特性的波形形状特征。

(2)发送滤波器

发送滤波器的功能是产生适合于信道传输的基带信号波形。因为以矩形脉冲为基础的码型往往低频分量和高频分量都比较大,占用频带也比较宽,直接送入信道传输,容易产生失真。发送滤波器用于压缩输入信号频带,把传输码变成适宜于信道传输的比较平滑的基带信号波形。

(3)信道

信道是允许基带信号通过的媒质,通常为有线信道,如双绞线、同轴电缆等。信道的传输特性一般不满足无失真传输条件,因此也会引起传输波形的失真。另外,信道还会引入噪声。

(4)接收滤波器

接收滤波器用来接收信号,尽可能滤除带外噪声和其他干扰,并对已接收的波形均衡,使输出的基带波形有利于抽样判决。

(5) 抽样判决器

在传输特性不理想及噪声背景下,首先对接收滤波器输出的信号在规定的时刻进行抽样,获得抽样值序列,然后对抽样值进行判决,以确定各码元是"1"码还是"0"码。

(6) 码型还原

码型还原的作用是对判决器的输出"0""1"进行原始码元再生,以获得与输入波形相应的脉冲序列。

(7) 定时脉冲和同步提取

用来抽样的位定时脉冲依靠同步提取电路从接收信号中提取,位定时的准确与否将直接影响判决效果。

2. 基带传输的码型

根据信道频域特性和基带数字信号频域特性匹配的原则,对基带信号进行适当码型变换,使之适合于给定信道的频域特性,有利于延长传输距离、提高可靠性。

我们知道,二进制数字信号的优势在于表达起来非常方便,只要信号能够表现出两种不同状态就可以进行二进制编码。但是并非所有状态的信号都便于基带数字传输。

(1) 数字基带信号的码型设计需要满足的原则

① 因为直流或低频信号衰减快,信号传输一定距离后严重畸变,所以不应含直流或低频频率分量。

② 为了提高信道的频带利用率,减少串扰,码型中高频分量应尽量少。串扰是指不同信道间的相互干扰,基带信号的高频分量越大,对邻近信道产生的干扰就越严重。

③ 为方便从接收到的基带信号中提取位同步信息,码型中应包含定时频率分量。

④ 通过增加冗余码,使码型带有规律性,接收端根据这一规律性来检测传输错误。

⑤ 码型变换过程与信源的统计特性无关,即对信源消息类型无任何限制并具有透明性。

上述各项原则并不是任何基带数字传输码型均能完全满足的,往往是依照实际要求满足其中若干项。在基带传输中,需要对数字信号进行码型变换,即用不同电压极性或电平值代表数字信号的"0"和"1"。

(2) 常见的基本码型

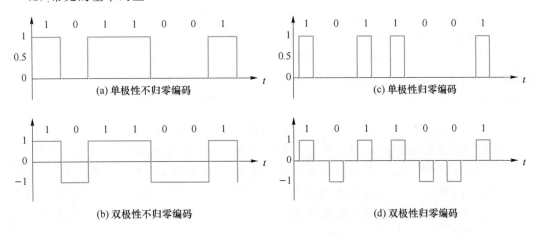

图 2.12　常见数字信号的基带码型

① 单极性不归零码只用一个极性的电压脉冲,有电压脉冲表示"1",无电压脉冲表示"0",如图 2.12(a)所示。

② 双极性不归零码采用两种极性的电压脉冲,一种极性的电压脉冲表示"1",另一种极性电压脉冲表示"0",如图 2.12(b)所示。

③ 单极性归零码也只用一个极性的电压脉冲,但"1"码持续时间短于一个码元的宽度,即发出一个窄脉冲;无电压脉冲表示"0",如图 2.12(c)所示。

④ 双极性归零码采用两种极性的电压脉冲,"1"码发正的窄脉冲,"0"码发负的窄脉冲,如图 2.12(d)所示。

采用不同的编码方案各有利弊。例如,归零码的脉冲较窄,在信道上占用的频带较宽;单极性码会积累直流分量;双极性码的直流分量少。

3. 数字信号频带传输

把信号"搭载(over)"在载波上经信道传输称为调制传输,也可以称为载波传输或频带传输。就像我们搭乘交通工具旅行一样,这种传输方式可以更好地抵挡传输环境的影响。调制传输实现起来比较复杂,但效率高,抗干扰性好,能远距离传输。载波一般是比信号基带频率高得多的高频正弦波,可用幅度、频率和相位三个参数来表征。使这些参数之一模拟基带信号波形特征及其变化的方式称为调制,相应的有幅度调制(AM)、频率调制(FM)和相位调制(PM)三种基本调制方式,除此之外还有复合调制和多重调制等。三种基本调制方式的代表 ASK、FSK 和 PSK 如图 2.13 所示。

微课

频带传输

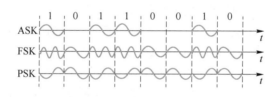

图 2.13 三种基本调制技术

ASK:频率和相位不变,幅值定义为数字的数据变量。在 ASK 方式下,用载波两种不同幅度来表示二进制的两种状态,该方法是一种低效的调制方法。

FSK:幅值和相位不变,频率受数字信号的控制。在 FSK 方式下,用载波频率附近的两种不同频率来表示二进制的两种状态,可实现全双工操作。

PSK:幅值和频率不变,相位受数字信号控制,用载波信号的相位移动来表示数据。PSK可使用二相或多于二相的相移,可对传输速率起到加倍的作用。由 PSK 和 ASK 结合的相位幅度调制称为 PAM,是解决相移数已达到上限但还要提高传输速率的有效方法。

数字通信网络化、智能化

我国已建成全球规模最大的 5G 独立组网网络。产业界积极探索"5G+工业互联网""5G+行业融合应用",培育了一批可复制推广的 5G 应用项目,涉及工业互联网、智慧能源、智慧城市、智慧交通、智慧医疗、智慧农业、智慧电力、智慧文旅等诸多领域,数字通信覆盖范围日趋广泛,叠加倍增效应正在显现,有力地促进了经济社会数字化、数字通信网络化、智能化转型。

2.3.3　多路复用传输

多路复用(multiplexing)技术是将传输信道在频率域或时间域上进行分割,形成若干个相互独立的子信道,每一子信道单独传输一路数据信号。从电信角度看,相当于多路数据被复合在一起共同使用一条共享信道进行传输,所以称为"复用"。复用技术包括复合、传输和分离 3个过程,由于复合与分离是互逆过程,通常把复合与分离的装置放在一起,做成所谓的"复用器"(一般用 MUX 表示),多路信号在一对 MUX 之间的一条复用线上传输,如图 2.14 所示。

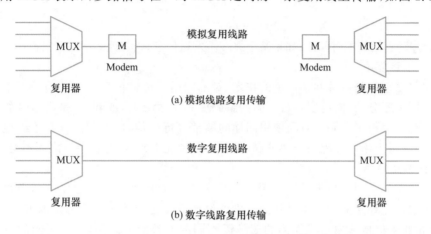

图 2.14　信道的多路复用模型

常用的信号复用方法可以按时间、空间、频率或波长等来区分不同的信号,主要有 4 种形式:频分复用(frequency division multiplexing,FDM)、时分复用(time division multiplexing,TDM)、码分多路复用(code division multiplexing,CDM)和波分复用(wavelength division multiplexing,WDM)

1. 频分多路复用

FDM 是一种模拟复用方案,输入 FDM 系统的信息是模拟的且在整个传输过程中保持为模拟信号。在物理信道的可用带宽超过单个原始信号所需带宽情况下,可将该物理信道的总带宽分割成若干个与传输单个信号带宽相同(或略宽)的子信道,每个子信道传输一路信号。

多路原始信号在频分复用前,先要通过频谱搬移技术将各路信号的频谱搬移到物理信道频谱的不同段上,使各信号的带宽不相互重叠,然后用不同的频率调制每一个信号,每个信号需要一个以它的载波频率为中心的一定带宽的通道。为了防止互相干扰,使用保护带来隔离每一个通道。图 2.15 所示为一个频分多路的例子,图中包含 3 路信号,分别被调制到 f_1、f_2 和 f_3 上,然后再将调制后的信号复合成一个信号,通过信道发送到接收端,由解调器恢复成原来的波形。

2. 时分多路复用

由抽样理论可知,抽样是将时间上连续的信号变成离散信号,其在信道上占用时间的数据传输速率,可采用时分多路复用技术,即将一条物理信道按时间分成若干个时间片轮流地分配给多个信号使用。

时分多路复用分可为同步时分多路复用和异步时分多路复用。同步时分多路复用是指分配给每个终端数据源的时间片是固定的,不管该终端是否有数据发送,属于该终端的时间片都不能被其他终端占用。异步时分多路复用(又称统计多路复用)也像同步时分多路复用一样,通过时间来共享物理链路,一个流的数据先被传送到物理链路上,然后另一个流再传送,依此类推。不

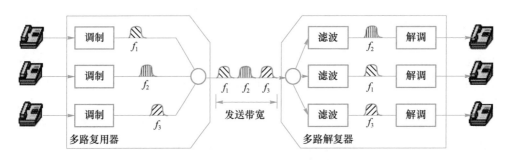

图 2.15　频分多路复用

同的是它允许动态地分配时间片,如果某个终端不发送信息,则其他的终端可以占用该时间片。

3. 码分多路复用

码分多路复用也是一种共享信道的技术,对不同用户传输信息所用的信号不是靠频率不同或时隙不同来区分的,而是用各自不同的编码序列来区分的,或者说,是靠信号的不同波形来区分的。每个用户可在同一时间使用同样的频带进行通信,但使用的是基于码型的分割信道的方法,即给每个用户分配一个地址码,且各个码型互不重叠,通信各方之间不会互相干扰。

4. 波分多路复用

光波的频率(THz)远高于无线电频率(MHz 或 GHz),每一个光源发出的光波由许多频率(波长)组成。光纤通信的发送机和接收机被设计成发送和接收某一特定的波长,波分复用(WDM)技术将不同的光发送机发出的信号以不同的波长沿光纤传输,且不同的波长之间不会干扰,每个波长在传输线路上都是一条光通道。光通道越多,在同一根光纤上传送的信息(电话、图像、数据等)就越多。

WDM 技术的工作原理如图 2.16 所示,通过光纤 1 和光纤 2 传输的频率是不同的,当这两束光进入光栅(或棱镜)后,经处理合成后,就可以使用一条共享光纤进行传输,合成光束到达目的地后,经过接收光栅(或棱镜)的处理,重新分离为两束光,并通过光纤 3 和光纤 4 传送给用户。

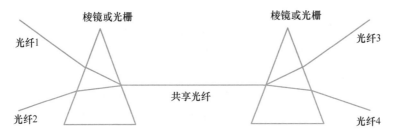

图 2.16　波分多路复用

　　2021 年住房和城乡建设部、中央网信办、文化和旅游部等 16 部门联合印发《关于加快发展数字家庭 提高居住品质的指导意见》,提出满足居民线上获得社会化服务的需求,包括居民更加便利地获得旅游住宿、影音娱乐、交通出行、餐饮外卖等服务。

　　同时指出,数字家庭是以住宅为载体,利用物联网、云计算、大数据、移动通信、人工智能等新一代信息技术,实现系统平台、家居产品的互联互通,满足用户信息获取和使用的数字化家庭生活服务系统。

【任务单】

任务单	模拟信号数字化		
班级		组别	
组员		指导教师	
工作任务	模拟信号数字化需要经过抽样、量化、编码这三个环节,模拟信号如图所示,按照要求模数转换。 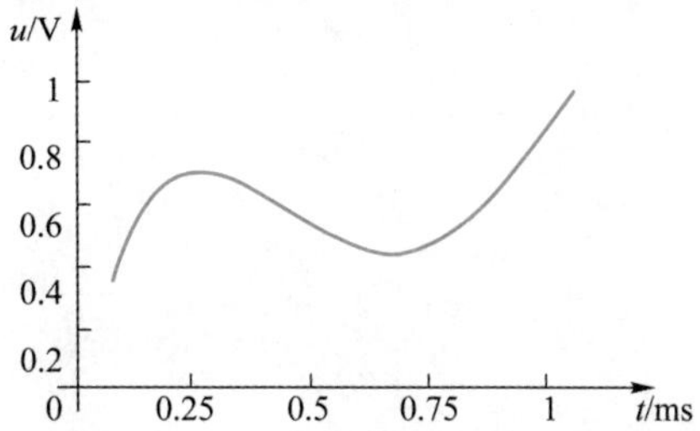 　　量化误差取 $\Delta = 1/8\ \text{V}$,凡数值在 $0 \sim 1/8\ \text{V}$ 之间的模拟电压都当作 0Δ 看待,用 3 位二进制的 000 表示;凡数值在 $1/8 \sim 2/8\ \text{V}$ 之间的模拟电压都当作 1Δ 看待,用二进制的 001 表示等。			
任务描述	1. 按照 8 000 Hz 的频率抽样 8 次; 2. 依据抽样值进行量化; 3. 根据量化结果,进行编码。			

评价标准	序号	评价标准	权重
	1	专业词汇使用规范正确。	20%
	2	抽样间隔及取值正确。	20%
	3	量化和编码结果正确。	30%
	4	小组分工合理,配合较好。	15%
	5	学习总结与心得整理得具体。	15%

学习总结与心得	

	详细描述实施过程:
任务实施	

考核评价	考核成绩		教师签名		日期	

归纳思考

➢ 数据在信道中的传输可分为基带传输和频带传输。

➢ 通常数字信号是经过编码进行传输的。数字编码分为信源编码与信道编码。

➢ 信源编码的目的是提高信源的效率,去除冗余度。信道编码的目的是使信号适于信道传输,增加纠错能力。

➢ 数字传输方式分为串行传输和并行传输。串行传输是指数字信号码元序列按时间顺序一个接一个地在信道中传输;并行传输是指将数字信号码元序列分割成两路或两路以上,同时在信道中传输。

➢ 实现发送端和接收端动作同步的技术称为同步技术。常用的串行传输的同步技术有异步传输方式和同步传输方式两种。请列举生活中同步和异步传输的例子。

【随堂测试】

数字信号的传输

【拓展任务】

任务 1　查询现阶段数字通信的应用情况。

目的:

了解数字通信的发展历程;

掌握数字通信系统的应用场景和系统组成。

要求:

查询资料,撰写总结报告。

任务 2　查询各种数据编码技术。

目的:

了解常用的数据编码技术的类型;

了解各种编码技术的优劣。

要求:

查询资料,撰写总结报告。

任务 3　实地走访有线数字电视营业厅,并撰写调研报告。

目的:

了解现阶段有线电视数字化的新功能;

知道有线电视数字化的优点;

了解有线电视数字化的发展方向。

要求:

制订调研方案;

撰写调研提纲;

撒写调研报告。

【知识小结】

与模拟信号相比,数字信号在传输过程中具有更高的抗干扰能力、更远的传输距离,且失真幅度小。

数字通信系统传输离散的数字信号,传输有限状态的数字信号,在接收端通过取样、判决来恢复原始信号,还可以通过纠错编码来进一步提高抗干扰能力。

数据在信道中的传输可分为基带传输和频带传输。

模拟信号必须经过采样、量化和编码3个步骤后才能转换为数字信号进入数字传输系统。

通常数字信号是经过编码进行传输的。数字编码分为信源编码与信道编码。

信源编码的目的是提高信源的效率,去除冗余度。信道编码的目的是使信号适于信道传输,增加纠错能力。

数字传输方式分为串行传输和并行传输。串行传输是指数字信号码元序列按时间顺序一个接一个地在信道中传输;并行传输是指将数字信号码元序列分割成两路或两路以上,同时在信道中传输。

实现发送端和接收端动作同步的技术称为同步技术。常用的串行传输的同步技术有异步传输方式和同步传输方式两种。

【即评即测】

数字通信技术

项目3　计算机网络

📖 项目介绍

　　随着计算机技术的迅猛发展,人类社会进入了一个崭新的时代,计算机网络技术正在改变人们的学习、生活和工作方式。许多家庭、单位都组建了计算机网络,如家庭网络、办公网络、校园网络和众多商业性网络。计算机网络系统的功能强大、规模庞大,通常采用高度结构化的分层设计方法将网络的通信子系统分成一组功能分明、相对独立和易于操作的层次。随着计算机和网络技术的发展,计算机及网络安全问题日益突出。计算机及网络安全问题涉及方方面面,包括技术问题、法律问题和社会问题。

✎ 项目引入

微课

计算机网络
（项目引入）

通信线路（光缆、WiFi 等）将分布于世界不同位置的能独立实现功能的计算机连接起来，形成了计算机网络。随着互联网的发展，网络已遍布世界各个角落，为全世界人民服务。

网络的主要功能是实现资源共享，各种数据会在偌大的网络海洋中相互传递，而实现这些功能的前提是网络操作系统、通信协议、网络管理软件的管理和协调。

本项目会跟大家一起来探讨学习计算机网络。

项目目标

- 掌握计算机网络的概念、分类、网络拓扑结构；
- 掌握 OSI 参考模型；
- 掌握 TCP/IP 模型；
- 了解 IPv6 协议；
- 了解网络新技术；
- 了解网络安全相关知识；
- 能够正确配置路由器及防火墙；
- 培养学生网络安全的保护意识；
- 培养学生跨领域的团队协作能力。

本项目学习方法建议

- 通过"智慧职教"平台进行网络学习；
- 课前预习与课后复习相结合；
- 制作网线、设置路由与课堂学习相结合；
- 通过网络搜索国内的网络安全规范；
- 小组协作与自主学习相结合；
- 教师答疑与学习反馈相结合。

本项目建议学时数

8 学时。

3.1　计算机网络概述

现阶段全世界范围内使用最为广泛的网络就是互联网，它也是全球范围内最大的计算机网络，特别是在计算机网络技术不断发展的今天，互联网的应用已经可以实现文件传输、远程登录以及电子邮件收发等功能。除此之外，互联网还提供了大量的信息查询功能，以便于用户在互联网上进行更加便捷的信息访问。

> ➤ 计算机网络的概念；
> ➤ 计算机网络的分类；
> ➤ 计算机网络拓扑。

3.1.1　计算机网络的概念

计算机网络是指将地理位置不同的具有独立功能的多台计算机及其外部设备，通过通信线路连接起来，在网络操作系统、网络管理软件及网络通信协议的管理和协调下，实现资源共享和信息传递的计算机系统。

计算机网络的功能主要为：数据通信、资源共享、集中管理、实现分布式处理和负荷均衡。

微课

计算机网络

1. 数据通信

数据通信是计算机网络最主要的功能之一。数据通信是依照一定的通信协议，利用数据传输技术在两个终端之间传递数据信息的一种通信方式和通信业务。它可以实现计算机和计算机、计算机和终端以及终端与终端之间的数据信息传递，是继电报、电话业务之后最大的通信业务之一。数据通信中传递的信息均以二进制数据形式来表现，数据通信的另一个特点是总是与远程信息处理相联系，是包括科学计算、过程控制、信息检索等内容的广义的信息处理。

微课

计算机网络功能

2. 资源共享

资源共享是人们建立计算机网络的主要目的之一。计算机资源包括硬件资源、软件资源和数据资源。硬件资源的共享可以提高设备的利用率，避免设备的重复投资，如利用计算机网络建立网络打印机；软件资源和数据资源的共享可以充分利用已有的信息资源，减少软件开发过程中的劳动，避免大型数据库的重复建设。

3. 集中管理

计算机网络技术的发展和应用，已使得现代的办公手段、经营管理等发生了变化。目前，已经有了许多管理信息系统、办公自动化系统等，通过这些系统可以实现日常工作的集中管理，提高工作效率，增加经济效益。

4. 实现分布式处理

网络技术的发展，使得分布式计算成为可能。对于大型的课题，可以分为许许多多小题目，由不同的计算机分别完成，然后再集中起来，解决问题。

5. 负荷均衡

负荷均衡是指工作被均匀地分配给网络上的各台计算机系统。网络控制中心负责分配和检测,当某台计算机负荷过重时,系统会自动转移待处理工作到负荷较轻的计算机系统去处理。

由此可见,计算机网络可以大大扩展计算机系统的功能,扩大其应用范围,提高可靠性,为用户提供方便,同时也减少了费用,提高了性价比。

3.1.2 计算机网络的分类

计算机网络的类型繁多、性能各异,根据不同的分类原则,可以分为不同类型的计算机网络。例如:按通信距离可分为广域网、城域网和局域网;按信息交换方式可分为电路交换网、分组交换网和综合交换网;按网络拓扑结构可分为星型网、树型网、环型网和总线型网;按通信介质可分为有线网和无线网;按传输带宽可分为基带网和宽带网。凡此种种都是为了从不同角度对计算机网络技术进行研究。

虽然网络类型的划分标准各种各样,但是从地理范围划分是一种大家都认可的通用网络划分标准。按这种标准可以把网络划分为局域网、城域网、广域网三种,如图3.1所示。局域网一般来说只能是一个较小区域内,城域网是不同地区的网络互联,不过在此要说明的一点就是这里的网络划分并没有严格意义上地理范围的区分,只能是一个定性的概念。下面简要介绍这几种计算机网络。

微课

计算机网络分类

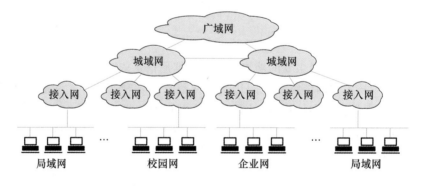

图3.1 计算机网络示意图

1. 局域网

局域网(local area network,LAN),就是在局部地区范围内的网络,它所覆盖的地区范围较小。局域网在计算机数量配置上没有太多的限制,少的可以只有两台,多的可达几百台。一般来说在企业局域网中,工作站的数量在几十到两百台左右。网络涉及的空间距离一般来说可以是几米至10 km。局域网一般位于一个建筑物或一个单位内,不存在寻径问题,不包括网络层的应用。

微课

局域网

这种网络的特点是:连接范围窄,用户数少,配置容易,连接速率高。IEEE的802标准委员会定义了多种LAN网,如以太网(ethernet)、令牌环网(token ring)、光纤分布式接口网络(FDDI)、异步传输模式网(ATM)以及最新的无线局域网(WLAN)。下面简单介绍这些网络。

（1）以太网

以太网最早是由 Xerox(施乐)公司创建的，在 1980 年由 DEC、Intel 和 Xerox 三家公司联合开发为一个标准。以太网是应用最广泛的局域网，包括标准以太网（10 Mbit/s）、快速以太网（100 Mbit/s）、千兆以太网（1 000 Mbit/s）、万兆以太网和 40G/100G 以太网，它们都符合 IEEE 802.3 系列标准规范。

① 标准以太网

初始的以太网只有 10 Mbit/s 的吞吐量，它使用的是 CSMA/CD(带有冲突检测的载波侦听多路访问)的访问控制方法，通常称 10 Mbit/s 的以太网为标准以太网。以太网主要有两种传输介质——双绞线和同轴电缆。所有的以太网都遵循 IEEE 802.3 标准。

② 快速以太网（fast ethernet）

随着网络的发展，传统标准的以太网技术已难以满足日益增长的网络数据流量速度需求。1993 年 10 月，Grand Junction 公司推出了世界上第一台快速以太网集线器 FastSwitch 10/100 和网络接口卡 FastNIC 100，快速以太网技术正式得以应用。随后 Intel、Synoptics、3Com、Bay Networks 等公司亦相继推出自己的快速以太网装置。与此同时，IEEE 802 工程组亦对 100 Mbit/s 以太网的各种标准，如 100BASE-TX、100BASE-T4、MII、中继器、全双工等标准进行了研究。1995 年 3 月 IEEE 宣布了 IEEE 802.3u 100BASE-T 快速以太网标准，就这样开始了快速以太网的时代。

③ 千兆以太网（GB Ethernet）

随着以太网技术的深入应用和发展，企业用户对网络连接速度的要求越来越高。1995 年 11 月，IEEE 802.3 工作组委任了一个高速研究组（Higher Speed Study Group），研究将快速以太网速度增至更高。该研究组研究了将快速以太网速度增至 1 000 Mbit/s 的可行性和方法。1996 年 6 月，IEEE 标准委员会批准了千兆位以太网方案授权申请（Gigabit Ethernet Project Authorization Request）。随后 IEEE 802.3 工作组成立了 IEEE 802.3z 工作委员会。IEEE 802.3z 委员会的目的是建立千兆位以太网标准：包括在 1 000 Mbit/s 通信速率的情况下的全双工和半双工操作、802.3 以太网帧格式、载波侦听多路访问和冲突检测（CSMA/CD）技术、在一个冲突域中支持一个中继器（repeater）、10BASE-T 和 100BASE-T 向下兼容技术、千兆位以太网具有以太网的易移植、易管理特性。千兆以太网在处理新应用和新数据类型方面具有灵活性，它是在赢得了巨大成功的 10 Mbit/s 和 100 Mbit/s IEEE 802.3 以太网标准的基础上的延伸，提供了 1 000 Mbit/s 的数据带宽。这使得千兆位以太网成为高速、宽带网络应用的战略性选择。

④ 万兆以太网

以太网技术在不断发展和进步，传输速率从 10 Mbit/s 到 100 Mbit/s，到 1 Gbit/s，到 10Gbit/s，不断提高，其应用范围也不断扩大。万兆以太网不仅兼容现有的局域网，还能将以太网的应用范围扩展到城域网和广域网。它既能和同步光纤网（SONET）协同工作，又能使用端到端的以太网连接。万兆以太网的局域网、城域网和广域网采用同种核心技术，网络易于管理和维护，同时避免了协议转换，能实现局域网、城域网和广域网之间的无缝连接，并且价格低廉，因此，万兆以太网有着很好的发展前景。

万兆以太网在设计之初就考虑了城域骨干网的需求。首先，带宽（10 Gbit/s）足够满足现阶段以及未来一段时间内城域骨干网的带宽需求。其次，万兆以太网的最长传输距离可达 40km，且可以配合 10Gbit/s 传输通道使用，足够满足大多数城市的城域网覆盖要求。以万兆以太网为城域网骨干可以节约成本,使以太网端口价格远远低于相应的 POS 端口或 ATM 端口的价格。最后,万兆以太网使端到端采用以太网帧成为可能。一方面可以端到端使用数据链路层的 VLAN 信息及优先级信息;另一方面可以省略在数据设备上的多次数据链路层封装、解封装及可能存在的数据包分片,简化网络设备。在城域网骨干层采用万兆以太网链路可以提高网络性价比并简化网络。

⑤ 40G/100G 以太网

2010 年是以太网技术领域最具里程碑的一年:6 月 17 日 IEEE 正式批准了 IEEE 802.3ba 标准,这标志着 40G/100G 以太网的商用之路正式开始。回顾其过程,IEEE 802.3ba 工作组于 2008 年年初正式成立,到标准的正式获批和发布,经历了两年半的时间。

在以太网标准中,40G 是个“另类”的以太网速率。从 10 Mbit/s 到 100 Mbit/s,到 1 000 Mbit/s(1 Gbit/s),到 10 Gbit/s,以太网一直都是以 10 倍的速率来定义更高的接口速率,而 40G 的出现第一次打破了这个规律。

将 40G 以太网作为下一代标准,其支持者有着非常充分的理由:40G 端口的相关技术和产业链相对成熟得多,在芯片成本、光模块成本和端口部署等方面都有着非常现实的意义,可以很快实现规模性的商用。而 100G 的支持者更愿意面临更大的技术挑战:虽然 100G 在诸多方面存在技术和成本问题,但基于 10G×10＝100G 的考虑,不能因为技术上的原因就放弃它。双方的分歧与争论一直持续着,并影响了最终发布的结果——40G 和 100G 同时被定义下来。不过从市场定位来看,两者各有侧重:40G 以太网主要面向数据中心的应用;而 100G 以太网则更侧重应用于网络汇聚和骨干网。

(2) 令牌环网与 FDDI 网

令牌环网是 IBM 公司于 20 世纪 70 年代开发的,这种网络比较少见,结构如图 3.2 所示。在老式的令牌环网中,数据传输速度为 4 Mbit/s 或 16 Mbit/s,新型的快速令牌环网速度可达 100 Mbit/s。令牌环网的传输方法在物理上采用了星型拓扑结构,但逻辑上仍是环型拓扑结构。节点间采用多站访问部件(multistation access unit,MAU)连接在一起。MAU 是一种专业化集线器,它是用来围绕工作站计算机的环路进行传输。由于数据包看起来像在环中传输,所以在工作站和 MAU 中没有终结器。

图 3.2 令牌环网

FDDI 的英文全称为“fiber distributed data interface”,中文名为“光纤分布式数据接口”,它是 20 世纪 80 年代中期发展起来的一项局域网技术,它提供的高速数据通信能力高于当时的以太网(10 Mbit/s)和令牌网(4 Mbit/s 或 16 Mbit/s)的数据通信能力,结构如图 3.3 所示。

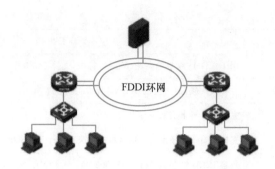

图 3.3　FDDI 网

（3）ATM 网

ATM 的英文全称为"asynchronous transfer mode"，中文名为"异步传输模式"，它的开发始于 20 世纪 70 年代后期。ATM 是一种新型的单元交换技术，同以太网、令牌环网、FDDI 网等使用可变长度包技术不同，ATM 使用 53 字节固定长度的单元进行交换。它是一种交换技术，它没有共享介质或包传递带来的延时，非常适合音频和视频数据的传输。ATM 主要具有以下优点：

① 使用相同的数据单元，可实现广域网和局域网的无缝连接；

② 支持 VLAN（虚拟局域网）功能，可以对网络进行灵活的管理和配置；

③ 具有不同的速率，分别为 25 Mbit/s、51 Mbit/s、155 Mbit/s、622 Mbit/s，从而为不同的应用提供不同的速率。

ATM 采用"信元交换"替代"包交换"进行实验，信元交换的速度快于包交换。信元交换将一个简短的指示器称为虚拟通道标识符，并将其放在 TDM 时间片的开始。这使得设备能够将它的比特流异步地放在一个 ATM 通信通道上，使得通信变得能够预知且持续，这样就为时间敏感的通信提供了一个预 QoS，这种方式主要用在视频和音频上。通信可以预知的另一个原因是 ATM 采用的是固定的信元尺寸。ATM 通道是虚拟的电路，并且 MAN 传输速度能够达到 10 Gbit/s。

（4）无线局域网

无线局域网（wireless local area network，WLAN）是以无线信道作为传输媒体的计算机局域网，是局域网的重要补充和延伸，并逐渐成为计算机网络中一个至关重要的组成部分。它绝不是用来取代有线局域网络的，而是用来弥补有线局域网络的不足，从而达到网络延伸的目的。无线网络技术较为成熟与完善，已广泛应用于金融证券、教育、大型企业、工矿港口、政府机关、酒店、机场、军队等需要可移动数据处理或无法进行物理传输介质布线的场合。大多 WLAN 使用 2.4 GHz 和 5 GHz 频段，该频段在全世界范围内可以自由使用。

目前，WLAN 仍处于众多标准共存的时期，不同的标准有不同的应用。WLAN 标准有 IEEE 802.11 协议簇、WiFi、蓝牙和 ZigBee 等。

IEEE 802.11 是在 1997 年审定通过的，它仅限于物理层和传输介质访问控制子层。WLAN 标准 IEEE 802.11 协议簇如表 3.1 所示。

表 3.1　WLAN 标准 IEEE802.11 协议簇

标准	发布时间	定义内容
IEEE802.11	1997 年	原始 WLAN 标准，支持 1～2 Mbit/s。

续 表

标准	发布时间	定义内容
IEEE802.11a	1999 年	用于 5 GHz 频带的高速 WLAN 标准,支持 54 Mbit/s。
IEEE802.11b	1999 年	2.4 GHz 频段,主流的 WLAN 标准,支持 11 Mbit/s。
IEEE802.11i	2004 年	完善安全性和各种认证机制。
IEEE802.11e	2004 年	支持所有 IEEE 无线广播接口的 QoS 机制,提供风机服务。
IEEE802.11g	2003 年	兼容 IEEE 802.11b 和 IEEE 802.11a,2.4 GHz 频段的高速 WLAN 标准。
IEEE802.11f	2003 年	致力于内部接入点通信的发展。
IEEE802.11h	2004 年	动态频率选择和传输功率控制。
IEEE802.11n	2009 年	使用 2.4 GHz 频段,支持 300 Mbit/s,最高达 600 Mbit/s。

2. 城域网

城域网(metropolitan area network,MAN)的规模介于广域网和局域网之间,其大小通常覆盖一座城市。最初,MAN 的主要应用是连接城市范围内的许多局域网。如今,MAN 的应用范围已大大拓宽,能用来传输不同类型的业务,包括突发和实时数据、语音和视频等。MAN 能有效地工作于多种环境中,如一栋建筑物内、一所学校的校园内和分布于一座城市范围内的园区等。

微课

城域网

MAN 的主要特性如下:

① 地理覆盖范围可达 100 km;

② 传输速率为 45～150 Mbit/s;

③ 工作站数目大于 500 个;

④ 传错率小于 109;

⑤ 传输介质主要是光纤;

⑥ 既可用于专用网,又可用于公用网。

3. 广域网

广域网(wide area network,WAN)这种网络也称为远程网,当人们提到计算机网络时,通常指的是广域网。广域网最根本的特点就是其计算机分布范围广,它一般是在不同城市之间的 LAN 或者 MAN 网络互联,地理范围可从几百 km 到几千 km。网络涉及的范围可为市、地区、省、国家,甚至全世界。广域网的这一特点决定了它的一系列特性。单独建造一个广域网费用极高,

微课

广域网

不现实。因此,常常借用传统的公共传输网(如电话网)来实现。由于这些公共传输网原来是用于传送声音信号的,所以数据传输速率较低,最大不超过 64 kbit/s。由于传输距离远,且依靠传统的公共传输网,所以错误率较高。此外,广域网的布局不规则,使得网络的通信控制比较复杂。尤其在使用公共传输网时,要求连接到网上的所有用户都必须严格遵守控制当局制定的各种标准和规程。

3.1.3 计算机网络拓扑

计算机网络的拓扑结构是指网络中的通信线路和节点间的几何排序,并用以表示网络的

整体结构外貌,同时反映各个模块之间的结构关系。它影响着整个网络的设计、功能、可靠性和通信费用等,是研究计算机网络的主要环节之一。

计算机网络拓扑

计算机网络的节点有两类:一类是转换和交换信息的转接节点,包括节点交换机、集线器和终端控制器等;另一类是访问节点,包括计算机主机和终端等。而线则代表各种传输媒介,包括有形的和无形的。计算机网络的拓扑结构主要有:星型拓扑、环型拓扑、树型拓扑、网状拓扑、总线型拓扑和混合型拓扑。

动画

计算机网络拓扑

1. 星型拓扑

星型拓扑是由中央节点和通过点到点通信链路连接到中央节点的各个站点组成,如图 3.4 所示。中央节点执行集中式通信控制策略,因此中央节点相当复杂,而各个站点的通信处理负担都很小。星型网采用的交换方式有电路交换和报文交换,尤其以电路交换更为普遍。这种结构一旦建立了通道连接,就可以无延迟地在连通的两个站点之间传送数据。流行的专用交换机(private branch exchange,PBX)就是星型拓扑结构的典型实例。

微课

星形拓扑

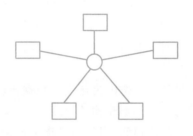

图 3.4　星型拓扑

(1) 星型拓扑结构的优点

① 结构简单,连接方便,管理和维护都相对容易,而且扩展性强。

② 网络延迟时间较小,传输误差低。

③ 在同一网段内支持多种传输介质,除非中央节点故障,否则网络不会轻易瘫痪。

④ 每个节点直接连到中央节点,故障容易检测和隔离,可以很方便地排除有故障的节点。因此,星型网络拓扑结构是应用最广泛的一种网络拓扑结构。

(2) 星型拓扑结构的缺点

① 安装和维护的费用较高。

② 共享资源的能力较差。

③ 一条通信线路只被该线路上的中央节点和边缘节点使用,通信线路利用率不高。

④ 对中央节点要求相当高,一旦中央节点出现故障,则整个网络将瘫痪。

星型拓扑结构广泛应用于网络的职能集中于中央节点的场合。从趋势看,计算机的发展已从集中的主机系统发展到大量功能很强的微型机和工作站,在这种形势下,传统的星型拓扑的使用会有所减少。

2. 环型拓扑

在环型拓扑中各节点通过环路接口连在一条首尾相连的闭合环型通信线路中,环路上任何节点均可以请求发送信息。请求一旦被批准,便可以向环路发送信息,如图 3.5 所示。环型网中的数据可以是单向传输,也可是双向传输。由于环线公用,一个节点发出的信息必须穿越环中所有的环路接口,信息流中目的地址与环上某节点地址相符时,信息被该节点的环路接口所接收,而后信息继续流向下一环路接口,一直流回到发送该信息的环路接口节点为止。

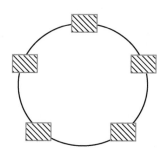

图 3.5 环型拓扑

(1) 环型拓扑的优点

① 电缆长度短。环型拓扑网络所需的电缆长度和总线拓扑网络相似,但比星型拓扑网络要短得多。

② 增加或减少工作站时,仅需简单的连接操作。

③ 可使用光纤。光纤的传输速率很高,十分适合于环型拓扑的单方向传输。

(2) 环型拓扑的缺点

① 节点的故障会引起全网故障。这是因为环上的数据传输要通过连接在环上的每一个节点,一旦环中某一节点发生故障就会引起全网的故障。

② 故障检测困难。这与总线拓扑相似,因为不是集中控制,故障检测需在网上各个节点进行,因此就很不容易。

③ 环型拓扑结构的媒体访问控制协议都采用令牌传递的方式,在负载很轻时,信道利用率相对来说就比较低。

3. 树型拓扑

树型拓扑可以认为是多级星型结构组成的,只不过这种多级星型结构自上而下是呈三角形分布的,就像一颗树一样,最顶端的枝叶少些,中间的多些,而最下面的枝叶最多,如图 3.6 所示。树的最下端相当于网络中的边缘层,树的中间部分相当于网络中的汇聚层,而树的顶端则相当于网络中的核心层。它采用分级的集中控制方式,其传输介质可有多条分支,但不形成闭合回路,每条通信线路都必须支持双向传输。

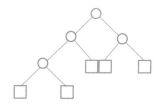

图 3.6 树型拓扑

(1) 树型拓扑的优点

① 易于扩展。这种结构可以延伸出很多分支和子分支,这些新节点和新分支都能容易地

加入网内。

② 故障隔离较容易。如果某一分支的节点或线路发生故障，很容易将故障分支与整个系统隔离开来。

(2) 树型拓扑的缺点

各个节点对根的依赖性太大，如果根发生故障，则全网不能正常工作。从这一点来看，树型拓扑结构的可靠性有点类似于星型拓扑结构。

4. 网型拓扑

网状型拓扑结构也称为分布式结构，如图 3.7 所示。在这种结构中，网络上的每个节点至少与其他节点有两条以上的直接线路连接，网中无中心节点，网络是容错能力最强的网络拓扑结构。通常，网状型网络只用于大型网络系统和公共通信骨干网。

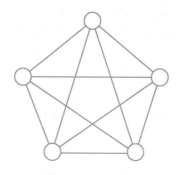

图 3.7 网型拓扑

(1) 网型拓扑的优点

① 节点间路径多，碰撞和阻塞减少。

② 局部故障不影响整个网络，可靠性高。

(2) 网型拓扑的缺点

① 网络关系复杂，建网较难，不易扩充。

② 网络控制机制复杂，必须采用路由算法和流量控制机制。

5. 总线拓扑

如图 3.8 所示，总线拓扑结构采用一个信道作为传输媒体，所有站点都通过相应的硬件接口直接连到这一公共传输媒体上，该公共传输媒体称为总线。任何一个站发送的信号都沿着传输媒体传播，而且能被所有其他站所接收。

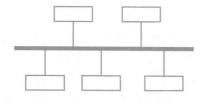

图 3.8 总线拓扑

因为所有站点共享一条公用的传输信道，所以一次只能由一个设备传输信号。通常采用分布式控制策略来确定哪个站点可以发送。发送时，发送站将报文分成分组，然后逐个依次发送这些分组，有时还要与其他站来的分组交替地在媒体上传输。当分组经过各站时，其中的目的站会识别到分组所携带的目的地址,然后复制这些分组的内容。

(1) 总线拓扑结构的优点

① 总线结构所需要的电缆数量少,线缆长度短,易于布线和维护。

② 总线结构简单,又是无源工作,有较高的可靠性。传输速率高,可达 1～100 Mbit/s。

③ 易于扩充,增加或减少用户比较方便,结构简单,组网容易,网络扩展方便。

④ 多个节点共用一条传输信道,信道利用率高。

(2) 总线拓扑的缺点

① 总线的传输距离有限,通信范围受到限制。

② 故障诊断和隔离较困难。

③ 分布式协议不能保证信息的及时传送,不具有实时功能。站点必须是智能的,要有媒体访问控制功能,从而增加了站点的硬件和软件开销。

6. 混合型拓扑

混合型拓扑是将两种单一拓扑结构混合起来,取两者的优点构成的拓扑,如图 3.9 所示。例如,一种是星型拓扑和环型拓扑混合成的"星-环"拓扑,另一种是星型拓扑和总线拓扑混合成的"星-总"拓扑等。在混合型拓扑结构中,汇聚层设备组成环型或总线型拓扑,汇聚层设备和接入层设备组成星型拓扑。

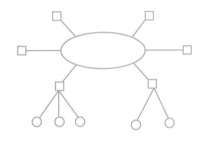

图 3.9　混合型拓扑

(1) 混合型拓扑的优点

① 故障诊断和隔离较为方便。一旦网络发生故障,只要诊断出哪个网络设备有故障,将该网络设备和全网隔离即可。

② 易于扩展。要扩展用户时,可以加入新的网络设备,也可在设计时,在每个网络设备中留出一些备用的可插入新站点的连接口。

③ 安装方便。网络的主链路只要连通汇聚层设备,然后再通过分支链路连通汇聚层设备和接入层设备。

(2) 混合型拓扑的缺点

① 需要选用智能网络设备,实现网络故障自动诊断和故障节点的隔离,网络建设成本比较高。

② 像星型拓扑结构一样,汇聚层设备到接入层设备的线缆安装长度会增加较多。

在线协同办公软件

我国互联网应用在新冠肺炎疫情初期就得到市场检验。以钉钉、飞书、企业微信、蓝信为代表的协同办公软件,在 2020 年"身经百战",克服了 2 亿人同时在线办公产生的种种 bug(漏洞),短时间内取得了裂变式的成长。全球大范围地实行远程办公,使我国的互联网巨头获得了绝佳的市场机会。在日本、意大利、德国、英国、法国等国家,新冠肺炎疫情前在线办公的普及率不及 10%,新冠肺炎疫情暴发时的临时刚需,为远程办公产品开辟了海外新市场。

【任务单】

任务单		网线制作		
班级		组别		
组员		指导教师		
工作任务	使用水晶头制作网线。			
任务描述	1. 整理使用水晶头制作网线的操作步骤； 2. 列出需要使用的工具； 3. 确定网线的线序； 4. 按照操作步骤制作网线； 5. 使用普通网络测试仪测试双绞线的导通性。			
评价标准	序号	评价标准		权重
	1	专业词汇使用规范正确。		20％
	2	工具选用正确，线序正确。		20％
	3	实施过程正确，测试成功。		30％
	4	小组分工合理，配合较好。		15％
	5	学习总结与心得整理得具体。		15％
学习总结 与心得				

任务实施	详细描述实施过程：

考核评价	考核成绩		教师签名		日期	

> 计算机网络的功能主要有：数据通信、资源共享、集中管理、实现分布式处理和负荷均衡。
> 计算机网络按通信距离可分为广域网、城域网和局域网。
> IEEE 的 802 标准委员会定义了多种主要的 LAN 网：以太网（ethernet）、令牌环网（token ring）、光纤分布式接口网络（FDDI）、异步传输模式网（ATM）以及最新的无线局域网（WLAN）。
> 计算机网络的拓扑结构主要有：星型拓扑、环型拓扑、树型拓扑、网状拓扑、总线型拓扑和混合型拓扑。
> 计算机网络拓扑结构的各种类型各有什么特点？

【随堂测试】

计算机网络概述

3.2　计算机网络系统

计算机网络系统的功能强大，规模庞大，通常采用高度结构化的分层设计方法将网络的通信子系统划分成一组功能分明、相对独立和易于操作的层次，依靠各层之间的功能组合提供网络通信服务，从而降低网络系统设计、修改和更新的复杂性。

> OSI 模型的组成以及七层结构的具体功能；
> TCP/IP 模型的概念及结构；
> IPv6 的概念和优势；
> IPv6 的过渡技术；
> IPv6 在中国的使用。

3.2.1　OSI 参考模型

1. OSI 模型的组成

OSI（Open Source Initiative，开放源代码促进会，也译作开放原始码组织）是一个旨在推动开源软件发展的非盈利组织。OSI 参考模型（OSI/RM）的全称是开放系统互连参考模型（open system interconnection reference model，OSI/RM），它是由国际标准化组织 ISO 提出的一个网络系统互连模型。它是网络技术的基础，也是分析、评判各种网络技术的依据，它揭开了网络的神秘面纱，让其有理可依，有据可循。

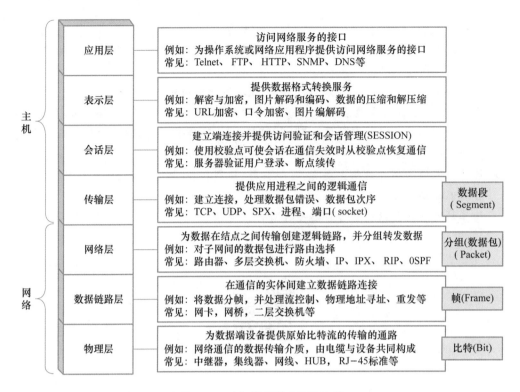

图 3.10　OSI 模型基础知识速览

如图 3.10 所示,模型把网络通信的工作分为 7 层。1 至 3 层被认为是低层,这些层与数据移动密切相关。4 至 7 层是高层,包含应用程序级的数据。每一层负责一项具体的工作,然后把数据传送到下一层。由低到高具体分为:物理层、数据链路层、网络层、传输层、会话层、表示层和应用层。

电子信号传输和硬件接口数据发送时,从第七层传到第一层,接收方则相反。

微课

OSI 的七层结构

各层对应的典型设备如下:

应用层 ………………计算机:应用程序,如 FTP,SMTP,HTTP。

表示层 ………………计算机:编码方式,图像编解码,URL 字段传输编码。

会话层 ………………计算机:建立会话,SESSION 认证,断点续传。

传输层 ………………计算机:进程和端口。

网络层………………网络:路由器,防火墙,多层交换机。

数据链路层…………网络:网卡,网桥,交换机。

物理层………………网络:中继器,集线器,网线,HUB。

2. OSI 的 7 层结构的具体功能

第 1 层是物理层(physical layer)

物理层实际上就是布线、光纤、网卡和其他用来把两台网络通信设备连接在一起的东西。主要功能是确保二进制数字信号 0 和 1 在物理媒体上的正确传输,物理媒介也叫传输媒介。

物理层协议由机械特性、电气特性、功能特性和规程特性 4 个部分组成。物理层的常用标准是 EIA-232-D,俗称"232 接口",如图 3.11 所示。

第 2 层是数据链路层(data link layer)

阳性插头   阴性插头   连接插头

图 3.11   RS-232 接口

主要负责在相邻节点间的链路上无差错地传送信息帧。数据链路层的协议主要有面向比特的链路层协议。

第 3 层是网络层（network layer）

在计算机网络中进行通信的两个计算机之间可能会经过很多个数据链路，也可能还要经过很多通信子网。

主要负责网络中两台主机之间的数据交换。网络层的任务就是选择合适的网间路由和交换节点，确保数据及时传送。网络层将数据链路层提供的帧组成数据包，包中封装有网络层包头，其中含有逻辑地址信息——源站点和目的站点地址的网络地址。地址解析和路由是 3 层的重要目的。

第 4 层是传输层（transport layer）。

第 4 层的数据单元也称作数据包（packets）。TCP 的数据单元称为段（segments），而 UDP 协议的数据单元称为数据报（datagram）。这个层负责获取全部信息，因此，它必须跟踪数据单元碎片、乱序到达的数据包和其他在传输过程中可能发生的危险。

第 4 层也提供端对端的通信管理。TCP 等一些协议非常善于保证通信的可靠性。而有些协议并不在乎一些数据包是否丢失，如 UDP 协议。

第 5 层是会话层（session layer）

这一层也可以称为会晤层或对话层，在会话层及以上的高层次中，数据传送的单位不再另外命名，统称为报文。会话层不参与具体的传输，它提供包括访问验证和会话管理在内的建立和维护应用之间通信的机制。例如，服务器验证用户登录便是由会话层完成的。

第 6 层是表示层（presentation layer）

这一层主要解决用户信息的语法表示问题。它将欲交换的数据从适合于某一用户的抽象语法，转换为适合于 OSI 系统内部使用的传送语法。即提供格式化的表示和转换数据服务。数据的压缩和解压缩、加密和解密等工作都由表示层负责。

第 7 层是应用层（application layer）

应用层专门用于应用程序。应用层确定进程之间通信的性质，以满足用户需要和提供网络与用户应用软件之间的接口服务。如果程序需要一种具体格式的数据，可以发明一些能够把数据发送到目的地的格式，并且创建一个第 7 层协议。SMTP、DNS（域名系统）和 FTP 文本传输协议都是 7 层协议。

3.2.2 TCP/IP 模型

1. TCP/IP 概述

TCP/IP（transmission control protocol/Internet protocol，传输控制协议/网际协议）是指能够在多个不同网络间实现信息传输的协议簇。TCP/IP 协议不仅仅指的是 TCP 和 IP 两个协议,而是指一个由 FTP、SMTP、TCP、UDP、IP 等协议构成的协议簇,只是因为在 TCP/IP 协议中 TCP 协议和 IP 协议最具代表性,所以被称为 TCP/IP 协议。

TCP/IP 协议能够迅速发展起来并成为事实上的标准,是它恰好适应了世界范围内数据通信的需要。它有以下特点:

① 协议标准是完全开放的,可以供用户免费使用,并且独立于特定的计算机硬件与操作系统;

② 独立于网络硬件系统,可以运行在广域网,更适合于互联网;

③ 网络地址统一分配,网络中每一设备和终端都具有一个唯一地址;

④ 高层协议标准化,可以提供多种多样可靠的网络服务。

2. TCP/IP 层次结构

TCP/IP 协议在一定程度上参考了 OSI 的体系结构。OSI 模型共有 7 层,在 TCP/IP 协议中,它们被简化为了 4 个层次,如图 3.12 所示。应用层、表示层、会话层 3 个层次提供的服务相差不是很大,所以在 TCP/IP 协议中,它们被合并为应用层一个层次。由于传输层和网络层在网络协议中的地位十分重要,所以在 TCP/IP 协议中它们被作为独立的两个层次。因为数据链路层和物理层的内容相差不多,所以在 TCP/IP 协议中它们被归并在网络接口层一个层次里。只有 4 层体系结构的 TCP/IP 协议,与有 7 层体系结构的 OSI 相比要简单了不少,也正是这样,TCP/IP 协议在实际的应用中效率更高,成本更低。

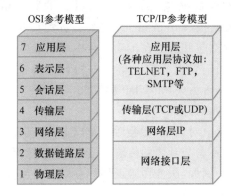

图 3.12　TCP/IP 层次结构与 OSI 层次结构的对照关系

(1) 应用层

应用层是 TCP/IP 协议的第一层,是直接为应用进程提供服务的。

① 对不同种类的应用程序它们会根据自己的需要来使用应用层的不同协议,邮件传输应用使用了 SMTP 协议、万维网应用使用了 HTTP 协议、远程登录服务应用使用了有 Telnet 协议。

② 应用层还能加密、解密、格式化数据。

③ 应用层可以建立或解除与其他节点的联系,这样可以充分节省网络资源。

(2) 传输层

作为 TCP/IP 协议的第二层,运输层在整个 TCP/IP 协议中起到了中流砥柱的作用。并且在运输层中,TCP 和 UDP 也同样起到了中流砥柱的作用。

(3) 网络层

网络层在 TCP/IP 协议中位于第三层。在 TCP/IP 协议中网络层可以进行网络连接的建立和终止以及 IP 地址的寻找等功能。

（4）网络接口层

在 TCP/IP 协议中,网络接口层位于第四层。由于网络接口层兼并了物理层和数据链路层,所以网络接口层既是传输数据的物理媒介,也可以为网络层提供一条准确无误的线路。

3.2.3　IPv6 技术

现在使用的 IPv4 是 20 世纪 70 年代设计的,早期主要用于大学、科研机构等。但从 20 世纪 90 年代中期开始,网络技术迅速发展,Internet 开始被各种各样的人使用,越来越多的企业和家庭通过 Internet 保持联系,可以说,Internet 已经渗透到人们的日常生活和工作中。事实证明,IPv4 是一个非常成功的协议,它经受住了各种网络的考验,从 Internet 最初的 4 台主机发展到目前的几亿台网络终端的互联,运行相当正常,创造了不可估计的效益。

微课

IP 协议

但 IPv4 是几十年前基于当时的网络规模和计算机数量设计的,随着 Internet 的进一步发展,IPv4 的局限性也越来越明显。在 IPv4 的一系列问题中,IP 地址耗尽是最严重、最迫切的问题。为了解决 IPv4 的问题,互联网工程任务组(IETF)从 1995 年开始着手研究开发下一代 IP,即 IPv6(第 6 版互联网协议)。IPv6 具有长达 128 位的地址空间,可以解决 IPv4 地址不足的问题,增强了 Internet 的可扩展性,加强了路由功能,允许诸如 IPX 等不同类型的地址兼容共存。IPv6

图 3.13　IPv6 的作用

的作用如图 3.13 所示。除此之外,IPv6 还采用了分级地址模式、高效 IP 包头服务质量、主机地址自动配置、认证和加密等许多技术。

1. IPv6 的优势

与 IPv4 相比,IPv6 具有以下几个优势。

① IPv6 具有更大的地址空间。IPv4 中规定 IP 地址长度为 32,最大地址个数为 2^{32};而 IPv6 中 IP 地址的长度为 128,即最大地址个数为 2^{128}。与 32 位地址空间相比,其地址空间增加了 $2^{32} \sim 2^{128}$ 个。

② IPv6 使用更小的路由表。IPv6 的地址分配一开始就遵循聚类(aggregation)的原则,这使得路由器能在路由表中用一条记录(entry)表示一片子网,大大减小了路由器中路由表的长度,提高了路由器转发数据包的速度。

③ IPv6 增加了增强的组播(multicast)支持以及对流的控制(flow control),这使得网络上的多媒体应用有了长足发展的机会,为服务质量(quality of service,QoS)控制提供了良好的网络平台。

④ IPv6 加入了对自动配置(auto configuration)的支持。这是对 DHCP 协议的改进和扩展,使得网络(尤其是局域网)的管理更加方便和快捷。

⑤ IPv6 具有更高的安全性。使用 IPv6 网络的用户可以对网络层的数据进行加密并对 IP 报文进行校验,在 IPv6 中的加密与鉴别选项提供了分组的保密性与完整性,极大地增强了

网络的安全性。

⑥ 允许扩充。如果新的技术或应用需要,IPv6 协议进行扩充。

⑦ 更好的头部格式。IPv6 使用新的头部格式,其选项与基本头部分开,如果需要,可将选项插入到基本头部与上层数据之间。这简化和加速了路由选择过程,因为大多数的选项不需要由路由选择。

⑧ 新的选项。IPv6 有一些新的选项来实现附加的功能。

2. IPv6 的关键技术

(1) DNS 技术

DNS 是 IPv6 网络与 IPv4 DNS 的体系结构,是统一树型结构的域名空间的共同拥有者。在从 IPv4 到 IPv6 的演进阶段,正在访问的域名可以对应于多个 IPv4 和 IPv6 地址。随着未来 IPv6 网络的普及,IPv6 地址将逐渐取代 IPv4 地址。

(2) 路由技术

IPv6 路由查找与 IPv4 的原理一样,是最长的地址匹配原则,选择最优路由还允许地址过滤、聚合、注射操作。原来的 IPv4 IGP 和 BGP 的路由技术,如 RIP,ISIS,OSPFv2 和 BGP－4 动态路由协议一直延续到 IPv6 网络中,使用新的 IPv6 协议,新的版本分别是 RIPng,ISISv6,OSPFv3,BGP4＋。

(3) 安全技术

相比 IPv4,IPv6 没新的安全技术,但更多的 IPv6 协议通过 128 字节的 IPsec 报文头包的 ICMP 地址解析和其他安全机制来提高网络的安全性。从 IPv6 的关键技术角度来看,IPv6 和 IPv4 的互联网体系改革,重点是修正 IPv4 的缺点。过去,在处理的过程中,在不同的数据流的 IPv4 大规模的更新浪潮的咨询服务中,IPv6 将进一步改善互联网的结构和性能,因此它能够满足现代社会的需要。

3. 过渡技术

IPv6 不可能立刻替代 IPv4,因此在相当一段时间内 IPv4 和 IPv6 会共存一个环境中。要提供平稳的转换过程,使得对现有的使用者影响最小,就需要有良好的转换机制。互联网工程任务组(Internet Engineering Task Force,IETF)推荐了双协议栈、隧道技术以及网络地址转换等转换机制。

(1) IPv6/IPv4 双协议栈技术

双栈机制就是使 IPv6 网络节点具有一个 IPv4 栈和一个 IPv6 栈,同时支持 IPv4 协议和 IPv6 协议。IPv6 和 IPv4 是功能相近的网络层协议,两者都应用于相同的物理平台,并承载相同的传输层协议 TCP 或 UDP,如果一台主机同时支持 IPv6 协议和 IPv4 协议,那么该主机就可以和仅支持 IPv4 协议或 IPv6 协议的主机通信。

(2) 隧道技术

隧道机制就是必要时将 IPv6 数据包作为数据封装在 IPv4 数据包里,使 IPv6 数据包能在已有的 IPv4 基础设施(主要是指 IPv4 路由器)上传输的机制,如图 3.14 所示。随着 IPv6 的发展,出现了一些运行 IPv4 协议的骨干网络隔离开的局部 IPv6 网络,为了实现这些 IPv6 网络之间的通信,必须采用隧道技术。隧道对于源站点和目的站点是透明的。在隧道的入口处,路由器将 IPv6 的数据分组封装在 IPv4 中,该 IPv4 分组的源地址和目的地址分别是隧道入口和出口的 IPv4 地址,在隧道出口处,再将 IPv6 分组取出转发给目的站点。隧道技术的优点在于隧道的透明性,IPv6 主机之间的通信可以忽略隧道的存在,隧道只起到物理通道的作用。

隧道技术在 IPv4 向 IPv6 演进的初期应用非常广泛。但是,隧道技术不能实现 IPv4 主机和 IPv6 主机之间的通信。

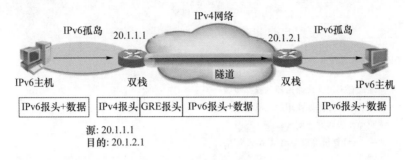

图 3.14　IPv6 与 IPv4 互通的隧道技术

（3）网络地址转换技术

网络地址转换（network address translator,NAT）技术是将 IPv4 地址和 IPv6 地址分别看作内部地址和全局地址,或者相反。例如,内部的 IPv4 主机要和外部的 IPv6 主机通信时,在 NAT 服务器中将 IPv4 地址（相当于内部地址）变换成 IPv6 地址（相当于全局地址）,服务器维护一个 IPv4 与 IPv6 地址的映射表。反之,当内部的 IPv6 主机和外部的 IPv4 主机进行通信时,则 IPv6 主机映射成内部地址,IPv4 主机映射成全局地址。NAT 技术可以解决 IPv4 主机和 IPv6 主机之间的互通问题。

4. IPv6 在中国的使用

2017 年 11 月 26 日,中共中央办公厅、国务院办公厅印发《推进互联网协议第六版（IPv6）规模部署行动计划》。

2018 年 7 月,百度云制定了中国的 IPv6 改造方案。11 月,国家下一代互联网产业技术创新战略联盟在北京发布了中国首份 IPv6 业务用户体验监测报告显示,移动宽带 IPv6 普及率为 6.16%,IPv6 覆盖用户数为 7 017 万户,IPv6 活跃用户数仅有 718 万户,与国家规划部署的目标还有较大距离。

2019 年 4 月 16 日,工业和信息化部发布《关于开展 2019 年 IPv6 网络就绪专项行动的通知》。

2020 年 3 月 23 日,工业和信息化部发布《关于开展 2020 年 IPv6 端到端贯通能力提升专项行动的通知》,要求到 2020 年年末,IPv6 活跃连接数达到 11.5 亿,较 2019 年 8 亿连接数的目标提高了 43%。

2021 年 7 月 12 日,中央网络安全和信息化委员会办公室、国家发展和改革委员会、工业和信息化部发布关于加快推进互联网协议第六版（IPv6）规模部署和应用工作的通知。

2021 年 10 月 11 日,中国 IPv6（互联网协议第六版）网络基础设施规模全球领先,已申请的 IPv6 地址资源位居全球第一。中国 IPv6"高速公路"全面建成。

我国 IPv6 技术使用状况

2021 年 4 月 1 日,中国教育网申请获批一个 /20 地址块（240a:a000::）,至此国内总共获得的 IPv6 地址块数达到了 59 039 个 /32,而美国的是 57 785 个。

【任务单】

任务单	家用无线路由器配置			
班级		组别		
组员		指导教师		
工作任务	配置家用无线路由器,使手机、计算机等设备能通过 WiFi 联网。			
任务描述	1. 整理配置家用无线路由器的操作步骤; 2. 列出并准备好需要使用的工具; 3. 按照操作步骤完成配置; 5. 使手机、计算机等设备测试 WiFi 网络。			
评价标准	序号	评价标准		权重
	1	专业词汇使用规范正确。		20%
	2	操作步骤合理,工具选用正确。		20%
	3	实施过程正确,测试成功。		30%
	4	小组分工合理,配合较好。		15%
	5	学习总结与心得整理得具体。		15%
学习总结 与心得				

	详细描述实施过程：
任务实施	

考核评价	考核成绩		教师签名		日期	

> OSI 模型把网络通信的工作分为 7 层,它们由低到高分别是物理层(physical layer)、数据链路层(data link layer)、网络层(network layer)、传输层(transport layer)、会话层(session layer)、表示层(presentation layer)和应用层(application layer)。
> 在 OSI 模型中的收发信息过程是怎样的?
> TCP/IP(transmission control protocol/Internet protocol,传输控制协议/网际协议)是指能够在多个不同网络间实现信息传输的协议簇。
> IPv6 是"Internet protocol version 6"的缩写,它是 IETF 设计的用于替代现行版本 IP 协议——IPv4——的下一代 IP 协议。
> 由于 IPv4 最大的问题在于网络地址资源不足,严重制约了互联网的应用和发展。IPv6 的使用,不仅能解决网络地址资源数量的问题,而且也解决了多种接入设备连入互联网的障碍。

【随堂测试】

计算机网络系统

3.3 网络新技术

IP 电话(Internet phone)也称为 VoIP(voice over IP),运行在 IP 协议之上,利用计算机网络传输语音信息,实际上就是部分或全部利用 Internet 为语音传输媒介的电话业务。

三网融合中的三网是指电信网、互联网和有线电视网,它们原来都是独立设计运营的,而且规模都很大,使用的技术也很多。但是现在,这三种网络正在逐步演变,都力图使自己也具有其他网络的功能,因此出现了三网融合。所谓三网融合,就是指三种网络在业务、市场和产业等方面通过各种方式相互渗透和融合。

21 世纪已进入计算机网络时代。计算机网络被极大地普及,计算机应用已进入更高层次,出现了大量计算机网络新技术。

> 物联网;
> 大数据;
> 云计算。

3.3.1 物联网

物联网(Internet of things,IoT)是指通过各种信息传感器、射频识别技术、全球定位系统、红外感应器、激光扫描器等各种装置与技术,实时采集任何需要监控、连接、互动的物体或过程,采集其声、光、热、电、力学、化学、生物、位置等各种需要的信息,通过各类可能的网络接入,实现物与物、物与人的泛在连接,实现对物品和过程的智能化感知、识别和管理。物联网是一个基于互联网、传统电信网等的信息承载体,它让所有能够被独立寻址的普通物理对象形成互联互通的网络。物联网的架构如图 3.15 所示。

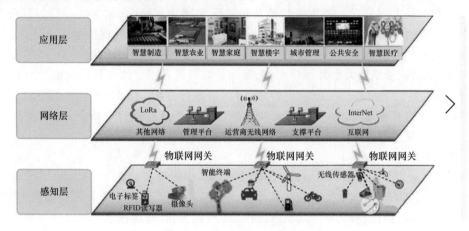

图 3.15　物联网的架构

2021 年 7 月 13 日,中国互联网协会发布了《中国互联网发展报告(2021)》,物联网市场规模达 1.7 万亿元,人工智能市场规模达 3 031 亿元。

物联网的应用领域涉及方方面面,在工业、农业、环境、交通、物流、安保等基础设施领域的应用,有效地推动了这些方面的智能化发展,使得有限的资源更加合理地使用分配,从而提高了行业效率、效益。在家居、医疗健康、教育、金融与服务业、旅游业等与生活息息相关的领域的应用,从服务范围、服务方式到服务的质量等方面都有了极大的改进,大大地提高了人们的生活质量;在涉及国防军事领域方面,虽然还处在研究探索阶段,但物联网应用带来的影响也不可小觑,大到卫星、导弹、飞机、潜艇等装备系统,小到单兵作战装备,物联网技术的嵌入有效地提升了军事智能化、信息化、精准化,极大地提升了军事战斗力,是未来军事变革的关键。

3.3.2　大数据

现在的社会是一个高速发展的社会,科技发达,信息流通,人与人之间的交流越来越密切,生活也越来越方便,大数据就是这个高科技时代的产物。

1. 大数据的定义

大数据是一个较为抽象的概念,正如信息学领域大多数新兴的概念一样,大数据至今尚无确切、统一的定义。在维基百科中,关于大数据的定义是"利用常用软件工具来获取、管理和处理数据所耗时间超过可容忍时间的数据集"。这并不是一个精确的定义,因为无法确定常用软件工具的范围,可容忍时间也是个概略描述。互联网数据中心对大数据做出的定义为"大数据一般会涉及两种或两种以上数据形式,它要收集超过 10TB 的数据,并且是高速、实时的数据流;或者从小数据开始,但数据每年会增长 60% 以上"。这个定义给出了量化标准,但只强调了数据量大、种类多、增长快等数据本身的特征。高德纳咨询公司给出了这样的定义"大数据是需要新处理模式才能具有更强的决策力、洞察力和流程优化能力的海量、高增长率和多科化的信息资产"。这也是个描述性的定义,在对数据描述的基础上加入了处理此类数据的一些特征,用这些特征来描述大数据。

2. 大数据的特征

大数据有规模性、高速性、多样性和价值性四大特征。

(1) 规模性(volume)

规模性指的是大数据巨大的数据量及其规模的完整性。目前,数据的存储级别已从TB扩大到ZB。这与数据存储和网络技术的发展密切相关。数据加工处理技术的提高、网络宽带的成倍增加及社交网络技术的迅速发展,使得数据产生量和存储量成倍地增长。实质上,从某种角度来说,数据数量级的大小并不重要,重要的是数据具有完整性。数据规模性的应用可体现在对每天12TB的tweets(Twitter上的信息)数据进行分析,了解人们的心理状态,可以用于情感性产品的研究和开发,对Facebook上的成千上万条信息进行分析,可以帮助人们处理现实中朋友圈的利益关系等。

(2) 高速性(velocity)

高速性主要表现为数据流和大数据的移动性。现实中体现在对数据的实时性需求上。随着移动网络的发展,人们对数据的实时应用需求更加普遍。例如,通过手持终端设备关注天气、交通、物流等信息。高速性要求具有时间敏感性和决策性的分析,即能在第一时间抓住重要事件产生的信息。例如,当有大量的数据输入时,需要排除一些无用的数据或需要马上做出决定的情况,如需要在尽可能短的时间之内分析5亿条实时呼叫的详细记录,以预测客户的流失率。

(3) 多样性(variety)

多样性是指大数据有多种途径来源的关系型和非关系型数据,这也意味着要在海量的、种类繁多的数据中发现其内在关联。在互联网时代,各种设备通过网络连成了一个整体。进入以互动为特征的Web 2.0时代后,个人计算机用户不仅可以通过网络获取信息,其本身还成了信息的制造者和传播者。在这个阶段,数据量开始爆炸式增长,数据种类也开始变得繁多。除简单的文本分析外,还可以对传感器数据、音频、视频、日志文件、点击流及其他任何可用的信息进行分析。例如,客户数据库中不仅要包括客户的姓名和地址,还要包括客户所从事的职业、兴趣爱好、社会关系等。利用大数据多样性的原理就是保留一切我们需要并对我们有用的信息,舍弃那些我们不需要的信息发现那些有关联的数据,加以收集、分析、加工,使其变为可用的信息。

(4) 价值性(value)

价值性体现出的是大数据运用的真实意义,其价值具有稀疏性、不确定性和多样性。"互联网女皇"玛丽米克尔(Mary Meeker)在《2012年互联网趋势》报告中,用两幅生动的图像来描述大数据,一幅是整整齐齐的稻草堆,另一幅是稻草中缝衣针的特写,如图3.16所示。这两幅图的寓意是通过大数据技术的帮助,可以在稻草堆中找到我们需要的东西,哪怕是一枚小小的缝衣针。这两幅图揭示了大数据技术一个很重要的特点,即价值的稀疏性。

图3.16 玛丽米克尔的两幅图解释了大数据价值的稀疏性

3.3.3 云计算

云计算(cloud computing)是 IT 产业发展到一定阶段的必然产物。在云计算概念诞生之前,很多公司就可以通过互联网提供诸多服务,如订票、地图、搜索及硬件租赁业务。随着服务内容和用户规模的不断增长,市场对于服务的可靠性、可用性的要求急剧增加。这种需求变化通过集群等方式很难满足,于是各地纷纷开始建设数据中心。一些有实力的大公司有能力建设分散于全球各地的数据中心来满足各自业务发展的需求,并且有富余的可用资源,于是这些公司就可以将自己的基础设施作为服务提供给相关用户。这就是云计算的由来。

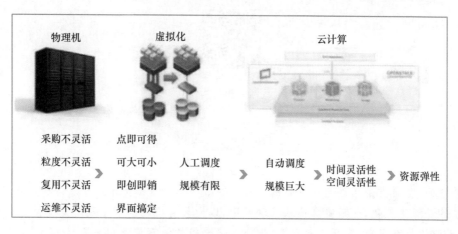

图 3.17 云计算的本质

云计算是一种新兴的商业计算模型。它将计算任务分布在由大量计算机构成的资源池中,使各种应用系统能够根据需要获取计算能力、存储空间和各种软件服务。之所以称之为"云",是因为它在某些方面具有现实中云的特征,如规模较大、可以动态伸缩、边界模糊等。人们无法也无须确定云的具体位置,但它确实存在于某处。云计算的本质是实现以资源到架构的全面弹性,如图 3.17 所示。

云计算以公开的标准和服务为基础,以互联网为中心,提供安全、快速、便捷的数据存储和网络计算服务,让互联网这片"云"成为每个用户的数据中心和计算中心。

美国国家标准与技术研究院(NIST)对云计算的定义是:云计算是一种按使用量付费的模式,这种模式可以提供可用的、便捷的、按需的网络访问,进入可配置的计算资源共享池(资源包括网络、服务器、存储、应用软件、服务),这些资源能够被快速提供,只需完成很少的管理工作或与服务供应商进行很少的交互。

通俗地理解,云计算的"云"就是存在于互联网上的服务器集群上的资源,它包括硬件资源(如服务器、存储器、CPU 等)和软件资源(如应用软件、集成开发环境等)。本地计算机只需通过互联网发送一个需求信息,远端就会有成千上万台计算机提供所需的资源并将结果返回到本地计算机。这样,本地计算机几乎不需要做什么,所有的处理都由云计算提供商提供的计算机群完成。

归纳思考

> 大数据(big data),或称巨量资料,指的是所涉及的资料量规模巨大到无法通过主流软件工具,在合理的时间内撷取、管理、处理、整理成为帮助企业经营决策的资讯。
> 云计算是一种新兴的商业计算模型。它将计算任务分布在由大量计算机构成的资源池中,使各种应用系统能够根据需要获取计算能力、存储空间和各种软件服务。
> 大数据技术的未来发展趋势是怎样的?

【随堂测试】

网络新技术

教育云技术

　　教育云,实质上是指教育信息化的一种发展。具体来讲,教育云可以将所需要的任何教育硬件资源虚拟化,然后将其传入互联网中,以向教育机构和学生及老师提供一个统一、开放、灵活的教育平台,实现资源共享,缩小各级学校的教育信息化差距。

　　现在流行的慕课就是教育云的一种应用。慕课 MOOC,指的是大规模开放的在线课程。在 2013 年 10 月 10 日,清华大学推出了 MOOC 平台——学堂在线,许多大学现已使用学堂在线开设了一些课程的 MOOC。

3.4　网　络　安　全

　　计算机及网络面临的安全威胁一直伴随着计算机和网络技术的发展而普遍存在。从 20 世纪 70 年代开始,计算机及网络安全问题就日益突出。计算机及网络安全问题涉及方方面面,包括技术问题、法律问题和社会问题等。

重点掌握

> 网络安全的概念;
> 加密技术;
> 防火墙技术。

3.4.1　网络安全的概念

　　网络安全是一门涉及计算机科学、网络技术、通信技术、密码技术、信息安全技术、应用数学、数论、信息论等多门学科的综合性学科。它主要是指网络系统的硬件、软件及其系统中的数据受到保护，不因偶然的或恶意的原因而遭到破坏、更改、泄露，系统连续可靠地运行，网络服务不中断。

由于现代的信息系统都是建立在网络基础之上的，因此网络的安全也就是信息系统的安全。而如今大家重点强调网络安全，这是由于网络的广泛应用使得安全问题变得尤为突出。因此，网络安全包括系统运行的安全、系统信息的安全保护、系统信息传播后的安全和系统信息内容的安全 4 个方面的内容。

1988 年，ISO 在有关安全结构的文件中指出，安全的意义是将资产及资源所受威胁的可能性降到最低。就整个网络系统而言，其资产及资源可分成 3 类。

① 系统资源：包括网络连接的设备，如计算机主机、存储器、终端设备、输入/输出装置及网络接口、传输信道及执行运算的资源等。

② 数据或信息：包括各种系统程序、应用程序，以及在系统中存储、处理及传输的数据等。

③ 通信双方的依赖关系：包括收、发双方的确认，交换数据的安全性、合法性及完整性。一般而言，网络系统可能受到的威胁主要包括对硬件设备的威胁、对操作系统的威胁和对网络本身的威胁。除硬件设备和操作系统安全外，网络本身的安全也是网络规划、设计、使用和管理的方面。

微课

网络安全

3.4.2　加密技术

信息加密技术是利用数学或物理手段，对电子信息在传输过程中和存储体内进行保护，以防止泄露的技术。利用技术手段把重要的数据变为乱码（加密）传送，到达目的地后再用相同或不同的手段还原（解密）。加密技术的应用是多方面的，但最为广泛的还是在电子商务和 VPN 上的应用。

微课

加密技术

加密技术包括两个元素：算法和密钥。算法是将普通的文本（或者可以理解的信息）与一串数字（密钥）的结合，产生不可理解的密文的步骤，密钥是用来对数据进行编码和解码的一种算法。在安全保密中，可通过适当的密钥加密技术和管理机制来保证网络的信息通信安全。密钥加密技术的密码体制分为对称密钥体制和非对称密钥体制两种。相应地，对数据加密的技术分为两类，即对称加密（私人密钥加密）和非对称加密（公开密钥加密）。对称加密以数据加密标准（data encryption standard，DES）算法为典型代表，非对称加密通常以 RSA（rivest shamir adleman）算法为代表。对称加密的加密密钥和解密密钥相同，而非对称加密的加密密钥和解密密钥不同，加密密钥可以公开，而解密密钥需要保密。

3.4.3　防火墙技术

1. 防火墙定义

防火墙（firewall）技术是通过有机结合各类用于安全管理与筛选的软件和硬件设备，帮助计算机网络于其内、外网之间构建一道相对隔绝的保护屏障，以保护用户资料与信息安全性的一种技术，如图 3.18 所示。

防火墙技术的功能主要在于及时发现并处理计算机网络运行时可能存在的安全风险、数据传输等问题，其中处理措施包括隔离与保护，同时可对计算

微课

防火墙

机网络安全当中的各项操作实施记录与检测,以确保计算机网络运行的安全性,保障用户资料与信息的完整性,为用户提供更好、更安全的计算机网络使用体验。

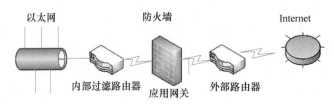

图 3.18　防火墙

2. 防火墙功能

防火墙对流经它的网络通信进行扫描,这样能够过滤掉一些攻击,以免其在目标计算机上被执行。防火墙还可以关闭不使用的端口。而且它还能禁止特定端口的流出通信,封锁特洛伊木马。最后,它可以禁止来自特殊站点的访问,从而防止来自不明入侵者的所有通信。

(1) 网络安全的屏障

一个防火墙(作为阻塞点、控制点)能极大地提高一个内部网络的安全性,并通过过滤不安全的服务而降低风险。由于只有经过精心选择的应用协议才能通过防火墙,所以网络环境变得更安全。例如,防火墙可以禁止不安全的 NFS 协议进出受保护网络,这样,外部的攻击者就不可能利用这些脆弱的协议来攻击内部网络。同时,防火墙可以保护网络免受基于路由的攻击。例如,IP 选项中的源路由攻击和 ICMP 重定向中的重定向路径。防火墙可以拒绝以上类型的攻击的报文并通知防火墙管理员。

(2) 强化网络安全策略

通过以防火墙为中心的安全方案配置,能将所有安全软件(如口令、加密、身份认证、审计等)配置在防火墙上。与将网络安全问题分散到各个主机上相比,防火墙的集中安全管理更经济。例如,在网络访问时,一次一密口令系统和其他的身份认证系统完全可以不必分散在各个主机上,而集中在防火墙一身上。

(3) 监控审计

如果所有的访问都经过防火墙,那么防火墙就能记录下这些访问并做出日志记录,同时也能提供网络使用情况的统计数据。当发生可疑动作时,防火墙能进行适当的报警,并提供网络是否受到监测和攻击的详细信息。另外,收集一个网络的使用和误用情况也是非常重要的。首先,通过统计可以清楚防火墙是否能够抵挡攻击者的探测和攻击,并且清楚防火墙的控制是否充足。其次,统计对网络需求分析和威胁分析等而言也是非常重要的。

(4) 防止内部信息的外泄

利用防火墙对内部网络进行划分,可实现内部网络重点网段的隔离,从而限制了局部重点或敏感网络安全问题对全局网络造成的影响。再者,隐私是内部网络非常关心的问题,一个内部网络中不引人注意的细节可能包含了有关安全的线索而引起外部攻击者的兴趣,甚至因此而暴露了内部网络的某些安全漏洞。使用防火墙就可以隐蔽那些易透漏的内部细节(如Finger,DNS 等服务)。Finger 显示了主机的所有用户的注册名、真名、最后登录的时间和使用的 shell 类型等。但是,Finger 显示的信息非常容易被攻击者所获悉。攻击者可以知道一个系统使用的频繁程度,这个系统是否有用户正在连线上网,这个系统是否在被攻击时引起注意,等等。防火墙可以阻塞有关内部网络中的 DNS 信息,这样,一台主机的域名和 IP 地址就不会被外界所了解。除安全作用外,防火墙还支持具有 Internet 服务性的企业内部网络技术体系 VPN(虚拟专用网)。

(5) 日志记录与事件通知

进出网络的数据都必须经过防火墙,防火墙通过日志对其进行记录,能提供网络使用的详细统计信息。当发生可疑事件时,防火墙更能根据机制进行报警和通知,提供网络是否受到威胁的信息。

二维码如何做好安全防范?

① 扫码之前先确认"二维码"的合法性。

② 天上不会掉馅饼,要时刻警惕"扫码领红包"背后的陷阱。

③ 如果不幸被盗刷,可以通过商户相关信息追溯,第一时间报警。

④ 在手机等设备中安装监测工具,扫到可疑网址时,会有安全提醒。

【任务单】

任务单	计算机防火墙配置		
班级		组别	
组员		指导教师	
工作任务	选择一款常见的防火墙软件,下载并完成计算机防火墙配置。		
任务描述	1. 列表对比分析常见的防火墙软件; 2. 下载安装一款防火墙软件; 3. 利用防火墙的安全策略实现严格的访问控制。		

	序号	评价标准	权重
评价标准	1	专业词汇使用规范正确。	20%
	2	对比分析合理。	20%
	3	防火墙配置步骤完整正确。	30%
	4	小组分工合理,配合较好。	15%
	5	学习总结与心得整理得具体。	15%

学习总结 与心得	

	详细描述实施过程：
任务实施	

考核评价	考核成绩		教师签名		日期	

归纳思考

➤ 网络安全是一门涉及计算机科学、网络技术、通信技术、密码技术、信息安全技术、应用数学、数论、信息论等多门学科的综合性学科。

➤ 网络安全的意义是将资产及资源所受威胁的可能性降到最低。

➤ 信息加密技术是利用数学或物理手段,对电子信息在传输过程中和存储体内进行保护,以防止泄漏的技术。

➤ 防火墙技术是通过有机结合各类用于安全管理与筛选的软件和硬件设备,帮助计算机网络于其内、外网之间构建一道相对隔绝的保护屏障,以保护用户资料与信息安全性的一种技术。

➤ 防火墙技术是怎样进行信息安全保护的,具体功能有哪些?

【随堂测试】

网络安全

【拓展任务】

任务 1　查询国内 IPv6 技术的应用情况。

目的:

了解我国 IPv6 的发展历程;

掌握 IPv6 技术的意义。

要求:

查询资料,撰写总结报告。

任务 2　查询现阶段我国计算机网络的基本构架。

目的:

了解我国计算机网络的发展历程;

掌握计算机网络的不同分类。

要求:

查询资料,撰写总结报告。

任务 3　实地走访校园数据中心,并撰写调研报告。

目的:

了解校园网络的拓扑结构;

了解局域网常用网络设备;

能依据需求规划小型局域网。

要求:

制订调研方案;

撰写调研提纲;

撰写调研报告。

【知识小结】

计算机网络按通信距离可分为广域网、城域网和局域网。

计算机网络的拓扑结构主要有：星型拓扑、环型拓扑、树型拓扑、网状拓扑、总线型拓扑和混合型拓扑。

OSI 模型把网络通信的工作分为 7 层，由低到高分别是物理层、数据链路层、网络层、传输层、会话层、表示层和应用层。

TCP/IP 是指能够在多个不同网络间实现信息传输的协议簇。

IPv6 是"Internet protocol version 6"的缩写，它是 IETF 设计的用于替代现行版本 IPv4 的下一代 IP 协议。

网络安全的意义是将资产及资源所受威胁的可能性降到最低。

信息加密技术是利用数学或物理手段，对电子信息在传输过程中和存储体内进行保护，以防止泄漏的技术。

防火墙技术是通过有机结合各类用于安全管理与筛选的软件和硬件设备，帮助计算机网络于其内、外网之间构建一道相对隔绝的保护屏障，以保护用户资料与信息安全性的一种技术。

【即评即测】

计算机网络

项目4　数据交换技术

项目介绍

　　从交换技术的发展史看,数据交换经历了电路交换、分组交换和综合业务数字交换的发展过程。分组交换实质上是在"存储－转发"基础上发展起来的。它兼有电路交换和报文交换的优点,比电路交换的电路利用率高,比报文交换的传输时延小,交互性好。光交换可消除"电子瓶颈",实现数据在光域中进行交换,是未来超快速光网络的必然选择。

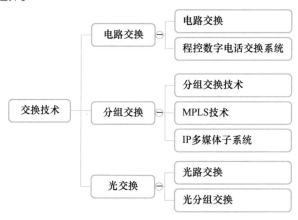

微课

交换技术

项目引入

在网络中为了实现任意两个用户之间的通信,引入了"交换(switch)"的概念,为其建立临时互连通路,如图 4.1 所示。

N个电话,只需要N条线

图 4.1　交换

早期的交换技术是"人工交换",是以人工的方式来实现临时互连通路的建立与拆除。话务员接收到用户的需求,使用绳路完成双方线路的接续,当发现任意一方挂断电话,再拆除绳路。

随着技术的进步,才有了现在的自动交换技术,实现方式有多种,本项目会跟大家一起来探讨学习交换技术。

项目目标

- 掌握电路交换的概念和特点;
- 知道程控交换机的关键性能指标;
- 掌握分组交换/MPLS/IMS技术的概念、特点及应用场景;
- 了解光交换的概念及分类;
- 能列出程控交换机的工作流程;
- 能依据网络需求,选取合适的交换技术;
- 强化以爱国主义为核心的民族精神;
- 培养学生辩证看待/分析现实问题的能力。

本项目学习方法建议

- 通过"智慧职教"平台进行网络学习;
- 课前预习与课后复习相结合;
- 观察机房线路与课堂学习相结合;
- 通过网络搜索整理各种交换技术的应用场景;
- 小组协作与自主学习相结合;
- 教师答疑与学习反馈相结合。

本项目建议学时数

6 学时。

4.1　电　路　交　换

电路交换是最早出现的交换方式,电话交换网是使用电路交换技术的典型例子,包括古老的人工电话交换和数字程控交换,都普遍采用电路交换方式。

> ➤ 电路交换的概念;
> ➤ 电路交换的过程;
> ➤ 电路交换的原理;
> ➤ 程控数字交换系统的组成;
> ➤ 程控交换机的性能指标。

4.1.1　电路交换

1. 电路交换的概念

以电路连接为目的的交换方式是电路交换(circuit switching),电话网络中就是采用这种交换技术。在电路交换中,在需要通信时,通信双方动态建立一条专用的通信线路,在通信的全部时间内,通信双方始终占用端到端的固定传输带宽,供用户进行信息的传输,如图4.2所示。

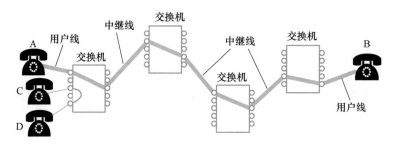

图 4.2　电路交换

2. 电路交换的过程

电路交换技术与电话交换机类似,其特点是进行数据传输之前,首先由用户呼叫,在源端与目的端之间建立起一条适当的信息通道,用户进行信息传输,直到通信结束后才释放线路。电路交换通信的基本过程可分为建立线路、数据传输、线路释放三个阶段,如图4.3所示。

微课

电路交换三阶段

(1) 建立线路阶段

在传输任何数据之前,要先经过呼叫过程建立一条端到端的线路,由发起方站点向某个终端站点(响应方站点)发送一个请求,该请求通过中间节点传输至终点。如果中间节点有空闲的物理线路可以使用,则接收请求,分配线路,并将请求传输给下一中间节点,整个过程持续进行,直至终点。

在电路交换中,如果中间节点没有空闲的物理线路可以使用,整个线路的连接将无法实

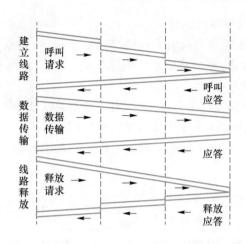

图 4.3 电路交换过程

现。仅当通信的两个站点之间建立起物理线路之后,才允许进入数据传输阶段;线路一旦被分配,在未释放之前,其他站点将无法使用,即使某一时刻,线路上并没有数据传输。

(2) 数据传输阶段

电路交换连接建立以后,数据就可以从源节点发送到中间节点,再由中间节点交换到终端节点。电路连接是全双工的,数据可以在两个方向传输。这种数据传输有最短的传播延迟(通信双方的信息传输延迟仅取决于电磁信号沿线路传输的延迟),并且没有阻塞的问题,除非有意外的线路或节点故障而使电路中断,但要求在整个数据传输过程中,建立的电路必须始终保持连接状态。

(3) 线路释放阶段

当站点之间的数据传输完毕,执行释放电路的动作。该动作可以由任意一个站点发起,释放线路请求通过途经的中间节点送往对方,释放线路资源。被拆除的信道空闲后,就可被其他通信使用。

电路交换属于电路资源预分配系统,即每次通信时,通信双方都要连接电路,且在一次连接中,电路被预分配给一对固定用户。不管该电路上是否有数据传输,其他用户都不能使用该电路直至通信双方要求拆除该电路为止。

3. 电路交换的特点

(1) 在通信开始时首先要建立连接。

(2) 一个连接在通信期间始终占用该电路,即使该连接在某个时刻没有数据传送,该电路也不能被其他连接使用,因此电路利用率较低。

(3) 交换机对传输的数据不作处理(透明传输),对交换机的处理要求比较简单,对传输中出现的错误不能纠正,不能保证数据的准确性。

(4) 连接建立以后,数据在系统中的传输时延基本上是一个恒定值,由于建立连接具有一定的时延,而且在拆除连接时同样需要一定的时延,因此传送短信息时,建立连接和拆除连接的时间可能大于通信的时间,网络利用率低。

因此,电路交换适合传输信息量较大且传输速率恒定的业务,如电话交换、高速传真、文件传送,不适合突发业务和对差错敏感的数据业务。

4. 电路交换的分类

电路交换按其交换原理可分为时分交换和空分交换两种。

（1）时分交换与时分接线器

从项目 2 数字通信技术的内容我们了解到，在 PCM 30/32 路数字电话系统中，为了实现语音信号通信，每话路要求传输速率是 64kbit/s，话路通过时分复用的方式构成帧，每帧包含 32 个时隙。

微课

时分交换

时分交换是时分多路复用方式在交换上的应用。交换系统通常包括若干条 PCM 复用线，每条复用线又可以有若干个串行通信时隙，用 TS 表示。时分交换是交换系统中 PCM 复用线上时间片的交换，即时隙的交换，如图 4.4 所示。

图 4.4　时隙交换示意图

在图 4.5 中，左、右两侧分别是多路语音信号复用在一条线上，左边是输入复用线，右边是输出复用线。时隙交换就是把输入复用线上的一个时隙按照要求在输出复用线上的另一个时隙输出。例如，把时隙 TS23 输出到 TS11，把时隙 TS20 输出到 TS23。要完成时隙交换，需要用到 T 形时分接线器，简称 T 接线器。

（2）空分交换与空分接线器

微课

空分交换

时隙交换完成一条复用线上的两个用户之间语音信息的交换，而空分交换则完成两条复用线之间语音信息的交换，可以实现扩大交换容量的目的。空分交换通过空分接线器来完成，也称 S 接线器。

（3）T-S-T 型数字交换网络

微课

T-S-T

T 接线器只能完成同一条复用线不同时隙之间的交换，而 S 接线器只能完成不同复用线相同时隙之间的交换。对于大规模的交换网络，必须既能实现同一复用线不同时隙之间的交换又能实现不同复用线之间的时隙交换。把 T 接线器和 S 接线器按照不同顺序组合起来就可以构成较大规模的数字交换网，如 T-S-T 型的数字交换网络。

假设输入复用线与输出复用线各有 10 条，T-S-T 型交换网的组成如图 4.5 所示。两侧各有 10 个 T 接线器，左侧为输入，右侧为输出，中间由 S 接线器的 10×10 的交叉矩阵将它们连接起来。

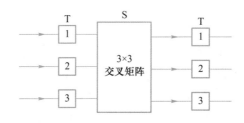

图 4.5　T-S-T 型交换网的组成

如果每一个复用线的复用度为 512，则该网络可完成 5 120 个时隙之间的交换。

【任务单】

任务单		T-S-T 型数字交换网		
班级		组别		
组员		指导教师		
工作任务		假设输入复用线与输出复用线各 3 条,T-S-T 型数字交换网的组成如下图所示,两侧各有 3 个 T 接线器,左侧为输入,右侧为输出,中间由 S 接线器的 3×3 的交叉矩阵将它们连接起来。 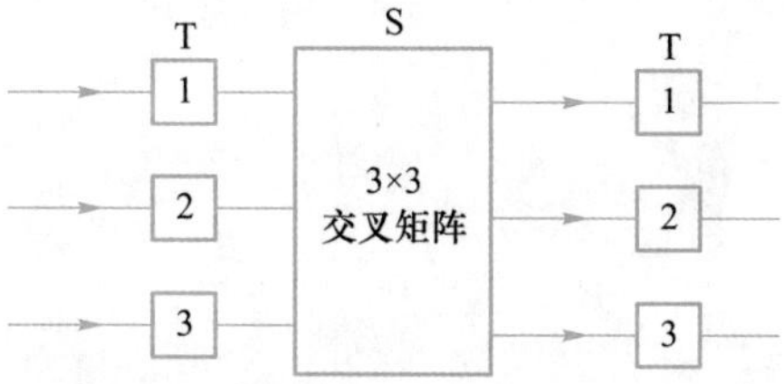 　　现要求输入线 0 的时隙 2 与输入线 2 的时隙 20 之间进行交换接续,梳理其交换流程。		
任务描述		根据交换技术的结构及工作原理进行交换接续: 1. 绘制 S 接线器的 3×3 的交叉矩阵图; 2. 绘制 T-S-T 型数字交换网的结构图; 3. 梳理交换过程,按照时间轴线列出具体步骤。		
评价标准	序号	评价标准		权重
	1	专业词汇使用规范正确。		20%
	2	S 接线器的交叉矩阵图和数字交换网结构图绘制正确。		20%
	3	交换流程分析不缺项,先后顺序正确。		30%
	4	小组分工合理,配合较好。		15%
	5	学习总结与心得整理得具体。		15%
学习总结 与心得				

	详细描述实施过程：
任务实施	

考核评价	考核成绩		教师签名		日期	

4.1.2　程控数字电话交换系统

电话交换技术经历了早期的人工交换、机电交换和电子交换阶段,程控数字电话交换系统以计算机程序控制为主,由硬件和软件两大部分组成。程控数字交换机接续速度快、声音清晰、质量可靠、体积小、容量大、灵活性强。

1. 程控数字交换机的硬件基本组成

程控数字交换机的硬件基本组成如图 4.6 所示。总体上看,其硬件组成可分为话路和控制两部分。

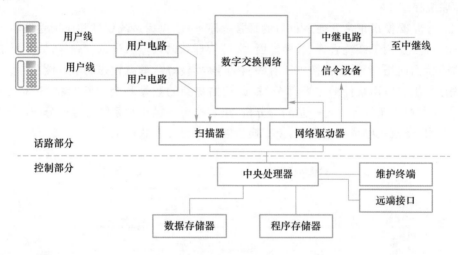

图 4.6　程控数字交换系统硬件组成框图

(1)话路部分

话路部分的主要任务是根据用户拨号状况,实现用户之间数字通路的接续,它由数字交换网络和一组外围电路组成。外围电路包括用户电路、中继电路、扫描器、网络驱动器和信令设备。

① 数字交换网络为参与交换的数字信号提供接续通路。

② 用户电路是数字交换网络与用户线之间的接口电路,用于完成 A/D 和 D/A 变换,同时为用户提供馈电、过压保护、振铃、监视、二/四线转换等辅助功能。

③ 中继电路是数字交换网络与中继线的接口电路,具有码型变换、时钟提取、帧同步等功能。

④ 扫描器收集用户的状态信息,如摘机、挂机等动作。用户状态的变化通过扫描器接收下来,然后传送到交换机控制部分作相应的处理。

⑤ 网络驱动器在控制部分控制下具体执行数字交换网络中通路的建立和释放。

⑥ 信令设备用于产生控制信号,包括信号音发生器、话机双音频号码接收器、局间多频互控信号发生器和接收器以及完成 CCITT No.7 号共路信令的部件。

(2)控制部分

控制部分由中央处理器、程序存储器、数据存储器、远端接口和维护终端组成,控制部分的主要任务是根据外部用户与内部维护管理的要求,执行控制程序,以控制相应硬件实现交换及管理功能。

① 中央处理器可以是普通计算机或交换专用计算机,用于控制、管理、监测和维护交换系

统的运行。

② 程序和数据存储器分别存储交换系统的控制程序和执行过程中用到的数据。

③ 维护终端包括键盘、显示器、打印机等设备。

2. 程控数字交换机的软件基本组成

程控数字交换机的软件由程序模块和数据两个部分组成,其中程序模块又可以分为脱机程序和联机程序两个部分。

(1)脱机程序

脱机程序主要用于开通交换机时的系统硬件测试、软件调试以及生成系统支持程序。

(2)联机程序

联机程序是交换机正常开通运行后的日常程序,一般包括系统软件和应用软件两个部分,其中系统软件主要用于系统管理、故障诊断、文件管理和输入输出设备管理等,如图4.7所示。应用软件直接面向用户,负责交换机所有呼叫的建立与释放,具有较强的实时性和并发性。呼叫处理程序是组成应用软件的主要部分,根据扫描得到的数据和当前呼叫状态,对照用户类别、呼叫性质和业务条件等进行一系列的分析,决定执行的操作和系统资源的分配。运行维护程序用于存取、修改一些半固定数据,使交换机能够更合理有效地工作。

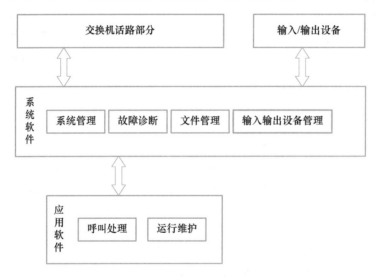

图 4.7 程控数字交换系统软件组成框图

(3)数据

程控数字交换机的数据部分包括交换机既有的和不断变化的当前状态信息,如硬件配置、运行环境、编号方案、用户当前状态、资源占用情况等。

3. 程控交换机的主要性能指标

一般讨论交换机的性能主要包括以下几个指标。

(1)系统容量

系统容量指的是用户线数和中继线数,用户线数和中继线数越多,说明容量越大。容量的大小取决于数字交换网的规模。

(2)呼损率

呼损率是指未能接通的呼叫数量与呼叫总量之比。呼损率越低,说明服务质量越高。一般要求呼损率不能高于 $2\%\sim5\%$。

（3）接续时延

用户摘机后听到拨号音的时延,称为拨号音时延;拨号之后,听到回铃音的时延,称为拨号后时延。它们统称为接续时延。拨号音时延一般要求 400～1 000 ms 之间,拨号后时延一般要求在 650～1 600 ms 之间。

（4）话务负荷能力

话务负荷能力是指在一定的呼损率下,交换系统忙时可能负荷的话务量。话务量反映的是呼叫次数和占用时长的概念,以二者的乘积来计量。

$$话务量＝单位时间内平均呼叫次数 C×每次呼叫平均占用时间 t$$

若 t 以小时为单位,则计量单位为小时·呼,称为爱尔兰（Erl）。由于一天内的话务量有高有低,所以实际中所说的话务量都是指最忙时的平均话务量。

（5）呼叫处理能力

呼叫处理能力用最大忙时试呼叫次数来表示（busy hour call attempts,BHCA）。它是衡量交换机处理能力的重要指标。该值越大,说明交换系统能够同时处理的呼叫数目就越大。

（6）可靠性和可用性

可靠性指的是交换机系统可靠运行不中断的能力,通常采用中断时间及可用性指标来衡量。一般要求中断时间 20 年内不超过 1 小时,平均每年小于 3 分钟。可用性是指系统正常运行时间占总运行时间的百分值。

交换机市场规模快速增长

在 5G 的浪潮下,由于大量数据需要进行分析、处理和传输,网络架构设计必定会发生改变。再加上物联网、人工智能、VR/AR 等新一代信息技术的快速演进,大量的服务器和存储需求,有望带给数据中心市场数倍增长的空间,同时带动交换机市场规模快速增长。

归纳思考

➤ 以电路联接为目的的交换方式是电路交换（circuit switching）。

➤ 电路交换通信的基本过程可分为建立线路、数据传输、线路释放三个阶段。

➤ 电路交换按其交换原理可分为时分交换和空分交换两种。

➤ 电路交换的优点有哪些? 缺点有哪些?

➤ 程控数字电话交换系统由硬件和软件两大部分组成。

➤ 程控交换机的哪些性能指标代表其可靠性?

➤ 现网中程控交换机的使用率是多少?

【随堂测试】

电路交换

4.2　分　组　交　换

　　分组交换技术最初是为了满足计算机之间互相进行通信的要求而出现的一种数据交换技术。在进行数据通信时,分组交换方式能比电路交换方式提供更高的效率,可以使多个用户之间实现资源共享。因此,分组交换技术是数据交换方式中一种比较理想的方式。

重点掌握

> ➢ 分组交换的特点及原理;
> ➢ MPLS 技术的体系结构及标记分配方法;
> ➢ IP 多媒体子系统的特点及主要功能实体。

4.2.1　分组交换技术

1. 分组交换的概念

　　分组交换(packet switching,PS)是指在通信过程中,通信双方以分组为单位、使用存储-转发机制实现数据交互的通信方式。分组是由分组头和其后的用户数据部分组成的。分组头包含接收地址和控制信息,其长度为 3～10B,用户数据部分长度是固定的,平均为 128B,最长不超过 256B。

微课

分组交换

　　分组交换的本质就是"存储转发",它将所接受的分组暂时存储下来,在目的方向路由上排队,当它可以发送信息时,再将信息发送到相应的路由上,完成转发。其存储转发的过程就是分组交换的过程。

2. 分组交换的特点

（1）传输质量高

　　分组交换具有差错控制功能,能够分段对交换机之间传送的分组分段进行差错控制,并且可以用重发方法纠正检测出的错误。这种有效的检错和纠错功能,可以大大降低分组在网内传送中的出错率,传输质量很高,网络内全程误码率可达到 10^{-10} 以下。

（2）可靠性高

　　在分组交换中,当一段中继电路或交换机发生故障时,分组可经过其他路由到达终点,不致引起通信中断。分组网中所有分组交换机都至少与两个交换机相连接,使报文中的每一个分组都可以自动地避开故障点,迂回路由,这样不会造成通信中断。

（3）为不同种类的终端相互通信提供方便

　　由于分组交换采用存储/转发方式且具有统一的标准接口,因此,在分组交换网中,能够实现通信速率、编码方式、同步方式及传输规程不同的终端之间的通信。

（4）可以实现分组多路通信

　　由于提供线路的分组采用时分多路复用,包括用户线和中继线等信道都可实现多个用户的分组同时在信道上传送,实现多路复用。另外由于是动态复用,即有用户数据传输时才发送分组,占用一定的信道资源,无用户数据传输时则不占用信道资源。这样,一条传输线路上可同时有多个用户终端通信,实现信道资源共享,提高信道的利用率。

（5）信息传送时延大

由于采用存储/转发方式处理分组，分组在每个节点机内都要经历存储、排队、转发的过程，因此分组穿过网络的平均时延可达几百毫秒。目前各公用分组交换网的平均时延一般都在数百毫秒，而且各个分组的时延具有离散性。

（6）要求分组交换机有比较高的处理能力

分组交换技术的协议和控制比较复杂，如我们前面提到的逐段链路的流量控制，差错控制，代码、速率的变换方法和接口，网络的管理和控制的智能化等。这些复杂的协议使得分组交换具有很高的可靠性，但是它同时也加重了分组交换机处理的负担，要求分组交换机具有比较高的处理能力。

分组交换和电路交换各方面特性的比较如表 4.1 所示。

表 4.1　电路交换与分组交换的比较

比较项目	电路交换	分组交换
信息形式	既适用于模拟信号，也适用于数字信号	只适用于数字信号
连接建立时间	平均连接建立时间较长	没有连接建立时延
传输时延	提供透明的服务，信息的传输时延非常小，数据传输数率恒定	在每个节点的调用请求期间都有处理延时，且这种延时随着负载的增加而增加
传输可靠性	完全依赖于线路	设置有代码检验和信息重发设施，此外还具有路径选择功能，从而保证了信息传输的可靠性
阻塞控制	没有相关控制机制	采用某种流量控制手段将报文分组从其相邻节点通过

3. 分组交换的原理

分组交换的传输方式可分为数据报方式和虚电路方式两种。

（1）数据报方式

采用数据报方式传输时，被传输的分组称为数据报。在数据报传输方式中，把每个报文分组都作为独立的信息单位传送，与前后的分组无关，数据报每经过一个中继节点时，都要进行路由选择。数据报的前部增加地址信息的字段，网络中的各个中间结点根据地址信息和一定的路由规则，选择输出端口，暂存和排队数据报，并在传输媒体空闲时，发往媒体乃至最终站点。当一对站点之间需要传输多个数据报时，由于每个数据报均被独立地传输和路由，因此在网络中可能会走不同的路径，具有不同的时间延迟，按序发送的多个数据报可能以不同的顺序达到终点。因此为了支持数据报的传输，站点必须具有存储和重新排序的能力。

微课

数据报

动画

数据报

如图 4.8 所示，终端 A 有三个分组 a、b、c 要送给终端 B，在网络中，分组 a 通过节点 2 进行转接到达节点 3，分组 b 通过节点 1～3 之间的直达路由到达节点 3，分组 c 通过节点 4 进行转接到达节点 3。由于每条路由上的业务情况（如负荷量、时延等）不尽相同，三个分组到达时间不一定按照顺序，因此在节点 3 要将它们重新排序，再送给终端 B。

数据报方式的特点是：

① 传输协议简单；

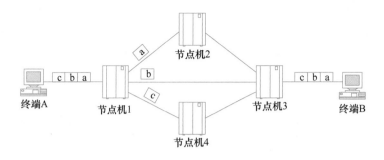

图 4.8　数据报方式示意图

② 传送不需要建立连接;

③ 分组到达终点的顺序可能不同于发端,需重新排序;

④ 各分组的传输时延差别可能较大。

(2) 虚电路方式

虚电路方式是两终端用户在相互传送数据之前要通过网络建立一条端到端的逻辑上的虚连接。一旦这种虚电路建立以后,属于同一呼叫的数据均沿着这一虚电路传送。当用户不再发送和接收数据时,清除该虚电路。

在这种方式中,用户的通信需要经历连接建立、数据传输、连接拆除三个阶段,也就是说,它是面向连接的方式,但它与电路交换中建立的电路是不同的。在分组交换中,以统计时分复用的方式在一条物理线路上可以同时建立多个虚电路,两个用户终端之间建立的是虚连接;而电路交换中,是以同步时分方式进行复用的,两用户终端之间建立的是实连接。

微课

虚电路

动画

虚电路

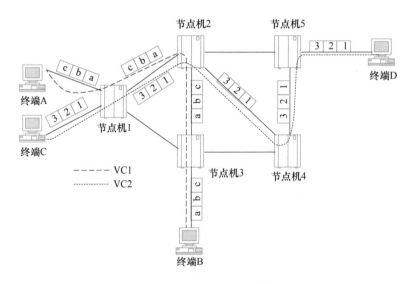

图 4.9　虚电路方式示意图

如图 4.9 所示,网中已建立起两条虚电路,分别为 VC1(A-1-2-3-B)和 VC2(C-1-2-4-5-D)。所有 A-B 的分组均沿着 VC1 从 A 到达 B,所有 C-D 的分组均沿着 VC2 从 C 到达 D,在 1-2 之间的物理链路上,VC1、VC2 共享资源。若 VC1 暂时无数据可送,网络将保持这种连接,但将所有的传送能力和交换机的处理能力交给 VC2,此时 VC1 并不占用带宽资源。

数据报方式与虚电路方式的比较如表4.2所示。

表 4.2　数据报与虚电路的比较

比较项目	数据报	虚电路
连接的建立与释放	无须连接建立和释放的过程	需要连接建立和释放的过程
数据报中的地址信息量	每个数据报中需带较多的地址信息	数据块中仅含少量的地址信息
数据传输路径	用户的连续数据块会无序地到达目的地,接收站点处理复杂	用户的连续数据块沿着相同的路径,按序到达目的地,接收站点处理方便
可靠性	使用网状拓扑组建网络时,任意一个中间节点或者线路的故障不会影响数据报的传输,可靠性较高	如果虚电路中的某个节点或者线路出现故障,将导致虚电路传输失效
适用性	较适合站点之间少量数据的传输	较适合站点之间大批量的数据传输

【任务单】

任务单	分组交换			
班级		组别		
组员		指导教师		
工作任务	分组交换工作过程如下图所示,分组交换网有 3 个交换节点:分组交换机 1、分组交换机 2 和分组交换机 3;图中有 A、B、C、D 4 个数据用户终端,其中,B 和 C 为分组型终端,A 和 D 为一般终端。分组型终端以分组的形式发送和接收信息,而一般终端发送和接收的是报文。 　图中有两个通信过程,分别是一般终端 A 和分组型终端 C 之间的通信,以及分组型终端 B 和一般终端 D 之间的通信,梳理其分组交换流程。 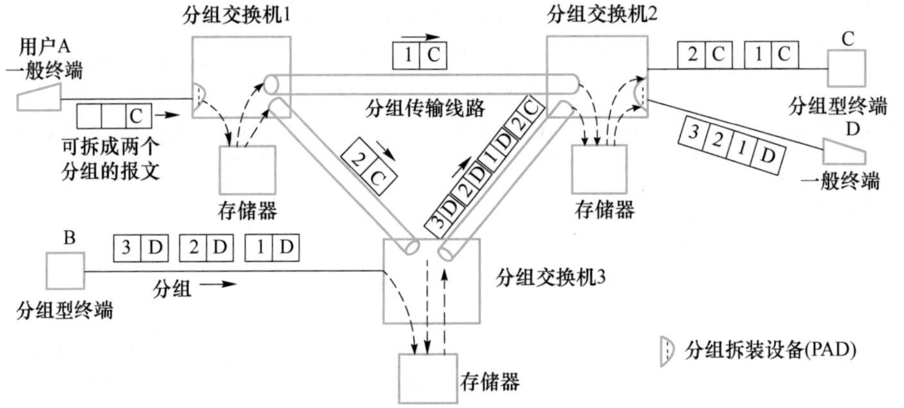 				
任务描述	根据分组交换的原理及工作过程,分析其工作流程: 1. 按照时间轴线列出 A-C 的通信过程的具体步骤。 2. 按照时间轴线列出 B-D 的通信过程的具体步骤。 3. 对比分析 A-C 和 B-D 的通信过程,总结出相同点和不同点,并分析出哪个属于虚电路方式?哪个属于数据报方式?				
评价标准	序号	评价标准			权重
	1	专业词汇使用规范正确。			20%
	2	A-C 和 B-D 的通信过程具体步骤梳理正确。			20%
	3	对比分析 A-C 和 B-D 的通信过程不缺项。			30%
	4	小组分工合理,配合较好。			15%
	5	学习总结与心得整理得具体。			15%
学习总结与心得					

任务实施	详细描述实施过程：				
考核评价	考核成绩		教师签名		日期

4.2.2　MPLS 技术

多协议标签交换（MPLS)是实现宽带 Internet 的一种 IP 与 ATM 相结合的新兴网络技术。MPLS 是面向连接的技术,通过标签进行交换,由信令建立标签交换通道 LSP,如图 4.10 所示。

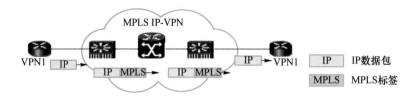

图 4.10　MPLS 使用标签分辨及传送封包

MPLS 技术

MPLS 技术的提出,初衷是为了加快 IP 转发速度,高效集成 ATM 交换机与 IP 路由器,具有 ATM 交换机的高性能,来突破传统路由器的性能限制。1997 年,IETF 成立了一个工作组,经过多次商讨,MPLS 这个术语被确定,并作为独立于各厂商的一系列标准的名称。MPLS 目前在路由器上应用较多,主要用于建立二/三层的 VPN,近年来又有了脱离三层路由协议的 MPLS(MPLS-TP),具体的设备就是 PTN 设备。

1. MPLS 技术的概念

MPLS 即多协议标签交换,是一种在开放的通信网上利用标签引导数据高速、高效传输的新技术。标签是一个长度固定、只具有本地意义的短标识符,用于唯一标识一个分组所属的转发等价类 FEC。在某些情况下,例如要进行负载分担,对应一个 FEC 可能会有多个标签,但是一个标签只能代表一个 FEC。

标签由报文的头部携带,不包含拓扑信息,只具有局部意义。MPLS 的包头长度为 4B,分为 4 个域,如图 4.11 所示。

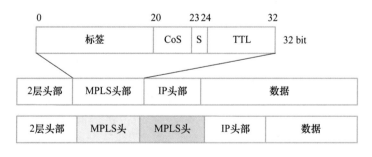

图 4.11　MPLS 包头结构

（1）标签(Label)

20 bit,标签值字段,用于转发的指针。

（2）Exp

3 bit,保留,用于试验,通常用作 CoS(class of service)。

（3）S

1 bit，栈底标识。MPLS 支持标签的分层结构，即多重标签，S 值为 1 时表明为最底层标签。

（4）TTL

8 bit，和 IP 分组中的 TTL(time to live)意义相同。

2. MPLS 技术的特点

（1）简单转发

标记交换基于一个准确匹配的标记(4 B)，小于传统 IP 头(20 B)，有利于基于硬件高速转发。

（2）采用等价转发类 FEC 增强可扩展性

FEC 具有汇聚性，可以实现标签及路径的复用。路由决策更灵活，不需要 32 位 IP 地址比较，路由查找的速度加快，可以适应用户数量快速增长的需求。

（3）基于 QoS 的路由

边缘标签路由交换机可以估算满足特定 QoS 的路径。

（4）流量管理

可以支撑许多增值业务(如隧道、虚拟专网 VPN)及路由迂回等，可以指定某一个分组流经特定路径转发，达到链路、交换设备流量平衡。

（5）与 ATM 或帧中继核心网结合，提高了路由扩展性

边缘路由器不再关心中间传输层，简化了路由表，对分组和信元采用统一的处理法则，降低了网络复杂性，具有更好的可管理性。在 ATM 层上直接承载 IP 分组，提高了传输效率。

3. MPLS 的体系结构

MPLS 网络进行交换的核心思想是在网络边缘进行路由并打上标记，在网络核心进行标记交换，如图 4.12 所示。

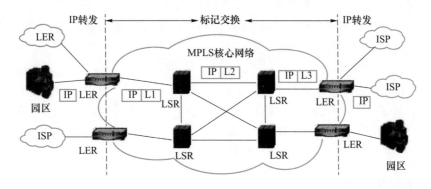

图 4.12　MPLS 网络结构示意图

由图 4.12 可见，组成 MPLS 网络的设备分为两类，即位于网络核心的 LSR 和位于网络边缘的 LER。构成 MPLS 网络的其他核心成分包括标记封装结构以及相关的信令协议，如 IP 路由协议和标记分配协议等。通过上述核心技术，MPLS 将面向连接的网络服务引入到了 IP 骨干网中。

4. MPLS 标记的分配方法

MPLS 标记的分配方法有两种：下游标记分配和上游标记分配。

（1）下游标记分配

下游标记分配的策略是指标记的分发沿着数据流传输的逆行方向进行。下游 LSR 为某个 FEC 分配一个标记，该 LSR 用所分配的标记作为本地交换表的索引。可以证明，这是单播通信量最自然的标记分发方式。以数据流驱动分配为例，当 LSR 构造自己的路由表时，它可以为每个路由表目的地自由地分配任意的标记，实现也很容易。然后，它将所指定的标记传递给上游邻节点，告诉上游 LSR 对以它为下一跳路由的流分配该标记为输出标记。这样当携带该标记的数据分组从上游传递过来时，就可以用该标记作为交换表索引指针，查到相应的输出标记和输出接口。大多数网络采用下游标记分配的方法。

下游标记分配的过程示意图如图 4.13 所示，对于某个到达的数据流，LSR1、LSR2、LSR3 均需要分配一个标记与之绑定，但该绑定信息的传递是由 LSR3 发起的，具体过程如下：首先 LSR3 分配一个标记与该 FEC 绑定，然后它把该绑定信息沿着分组转发的逆向路径分发给 LSR2；LSR2 接收到 LSR3 的绑定信息后，同样根据本地策略分配一个标记与该 FEC 绑定，并把该信息传输给上游的 LSR1，依此类推。

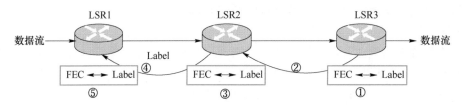

图 4.13　下游标记分配过程示意图

下游标记分配又可分为下游标记请求分配和标记主动分配。下游标记请求分配是指下游 LSR 在接收到上游 LSR 发出的"标记与 FEC 绑定请求"信息后，检查本地的标记映射表，如果已有标记与该 FEC 绑定，则把该标记绑定信息作为应答反馈给上游 LSR，否则在本地分配一个标记与该 FEC 绑定，并作为应答返回给上游 LSR。

下游标记主动分配是指在上游 LSR 未提出任何标记绑定请求的情况下，下游 LSR 把本地的标记绑定信息分发给上游 LSR。

（2）上游标记分配

上游标记分配是指标记的分发沿着数据流传输的方向进行。这时，上游 LSR 为下游 LSR 选择一个标记，下游 LSR 将用该标记解释分组的转发。在产生标记的 LSR 上，该标记不是本地交换表的索引，而是交换表的查找结果，即本地的输出标记。这种分配机制适合于多播情况，因为它允许对所有输出端口使用同样的标记。

4.2.3　IP 多媒体子系统

IP 多媒体子系统(IMS)基于 IP 分组网实现了控制与承载的分离。不仅可以实现最初的 VoIP 业务，更重要的是 IMS 将更有效地对网络资源、用户资源及应用资源进行管理，提高网络的智能，使用户可以跨越各种网络并使用多种终端，感受融合的通信体验。

1. IP 多媒体子系统的概念

IMS(IP multimedia subsystem)是 IP 多媒体子系统，，是一种全新的多媒体业务形式，它能够满足终端客户更新颖、更多样化多媒体业务的需求。IMS 作为一个通信架构，开创了全新的电信商业模式，拓展了整个信息产业的发展空间。

2. IP 多媒体子系统的特点

（1）与接入无关性

虽然 3GPPIMS 是为移动网络设计的，TISPANNGN（基于 IMS 概念的网络架构）是为固定 xDSL 宽带接入设计的，但它们采用的 IMS 网络技术却可以做到与接入无关，从理论上可以实现不论用户使用什么设备、在何地接入 IMS 网络，都可以使用归属地的业务。

（2）统一的业务触发机制

IMS 核心控制部分不实现具体业务，所有的业务包括传统概念上的补充业务都由业务应用平台来实现，IMS 核心控制只根据初始过滤规则进行业务触发，这样消除了核心控制相关功能实体和业务之间的绑定关系，无论是固定接入还是移动接入都可以使用 IMS 中定义的业务触发机制实现统一触发。

（3）统一的路由机制

IMS 中仅保留了传统移动网中 HLR 的概念，而摒弃了 VLR 的概念，和用户相关的数据信息只保存在用户的归属地，这样不仅用户的认证需要到归属地认证，所有和用户相关的业务也必须经过用户的归属地。

（4）统一用户数据库

HSS（归属业务服务器）是一个统一的用户数据库系统，既可以存储移动 IMS 用户的数据，也可以存储固定 IMS 用户的数据，数据库本身不再区分固定用户和移动用户。特别是业务触发机制中使用的初始过滤规则，对 IMS 中所定义的数据库来讲完全是透明数据的概念，屏蔽了固定和移动用户在业务属性上的差异。

（5）充分考虑运营商实际运营的需求

在网络框架、QoS、安全、计费以及和其他网络的互通方面都制定了相关规范。

（6）业务与承载分离

IMS 定义了标准的基于 SIP 的 ISC（IP multimedia service control）接口，实现了业务层与控制层的完全分离。IMS 通过基于 SIP 的 ISC 接口，支持三种业务提供方式：独立的 SIP 应用服务器方式、OSA SCS 方式和 IM-SSF 方式（接入传统智能网，体现业务继承性）。

（7）基于 SIP 的会话机制

IMS 的核心功能实体是呼叫会话控制功能（CSCF）单元，并向上层的服务平台提供标准的接口，使业务独立于呼叫控制。IMS 采用基于 IETF 定义的会话初始协议（SIP）的会话控制能力，并进行了移动特性方面的扩展，实现接入的独立性及 Internet 互操作的平滑性。IMS 网络的终端与网络都支持 SIP，SIP 成为 IMS 域唯一的会话控制协议，这一特点实现了端到端的 SIP 信令互通，网络中不再需要支持多种不同的呼叫信令，使网络的业务提供和发布具有更大的灵活性。

IMS 所具有这些特征可以同时为移动用户和固定用户所共用，这就为同时支持固定和移动接入提供了技术基础，使得网络融合成为可能。

3. IP 多媒体子系统的体系结构

IP 多媒体子系统的体系结构由六部分组成，如图 4.14 所示。

（1）业务层

业务层与控制层完全分离，主要由各种不同的应用服务器组成，除在 IMS 网络内实现各种基本业务和补充业务（SIP-AS 方式）外，还可以将传统的窄带智能网业务接入 IMS 网络中（IM-SSF 方式），并为第三方业务的开发提供标准的开放的应用编程接口（OSA SCS 方式），从而使第

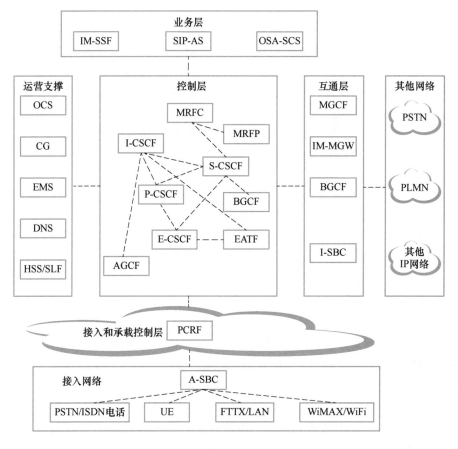

图 4.14　IP 多媒体子系统的体系结构

三方应用提供商可以在不了解具体网络协议的情况下,开发出丰富多彩的个性化业务。

(2)运营支撑

由在线计费系统(OCS)、计费网关(CG)、网元管理系统(EMS)、域名系统(DNS)以及归属用户服务器(HSS/SLF)组成,为 IMS 网络的正常运行提供支撑,包括 IMS 用户管理、网间互通、业务触发、在线计费、离线计费、统一的网管、DNS 查询、用户签约数据存放等功能。

(3)控制层

完成 IMS 多媒体呼叫会话过程中的信令控制功能,包括用户注册、鉴权、会话控制、路由选择、业务触发、承载面 QoS、媒体资源控制以及网络互通等功能。

(4)互通层

完成 IMS 网络与其他网络的互通功能,包括公共交换电话网(PSTN)、公共陆地移动网(PLMN)、其他 IP 网络等。

(5)接入和承载控制层

主要由路由设备以及策略和计费规则功能实体(PCRF)组成,实现 IP 承载、接入控制、QoS 控制、用量控制、计费控制等功能。

(6)接入网络

提供 IP 接入承载,可由边界网关(A-SBC)接入多种多样的终端,包括 PSTN/ISDN 用户、SIP UE、FTTX/LAN 以及 WiMAX/WiFi 等。

变化中的发展

从程控交换机到软交换,最后到 IP 多媒体子系统的演进,正是满足人们通信业务多样性需求的过程,从单一的语音业务,到部分多媒体业务,最后是全业务(全多媒体业务),通信网络逐渐进入了一个全 IP 的时代(All IP),业务也进入了一个大爆炸的时代。

世界唯一不变的,就是一直在变,这是辩证唯物主义理论,也是自然发展的法则。

归纳思考

➢ 分组交换适用于哪些业务类型?具有哪些特点?

➢ 分组交换中的虚电路方式与电路交换有哪些不同?

➢ MPLS 技术的应用场景有哪些?

➢ IMS 技术在 4G 网络中的功能是什么?

➢ 5G 网络的新业务对 IMS 的性能以及容量都提出了更高要求,IMS 如何向 5GC 架构演进?

【随堂测试】

分组交换

4.3　光　交　换

光交换是指不经过任何光/电转换,将输入端光信号直接交换到任意的光输出端。光网络中的交换技术主要有两种:光路交换 OCS(optical circuit switching)和光分组交换 OPS(optical packet switching),其中研究得最多且最成熟的是光路交换 OCS。

重点掌握

➢ 光路交换的过程以及分类;

➢ 光分组交换技术的概念以及分类。

4.3.1　光路交换

1. 光路交换的概念

光路交换需要网络为每一个连接请求建立从源端到目的端的光路(每一个链路上均需要分配一个专业波长),交换过程共分三个阶段。

(1) 链路建立阶段

双向的带宽申请过程,需要经过请求与应答确认两个处理过程。

（2）链路保持阶段

链路始终被通信双方占用，不允许其他通信方共享该链路。

（3）链路拆除阶段

任意一方首先发出断开信号，另一方收到断开信号后进行确认，资源就被真正释放。

2. 光路交换的分类

光路交换又可分成四种类型，即空分交换技术（SD）、时分交换技术（TD）、波分/频分交换技术（WD/FD），以及由这些交换组合而成的复合型交换技术。

（1）空分交换技术

空分交换是交换空间域上的光信号，其基本的功能组件是空间光开关。空间光开关原理是将光交换元件组成门阵列开关，可以在多路输入与多路输出的光纤中任意建立通路。其可以构成空分光交换单元，也可以和其他类型的开关一起构成时分或者波分的交换单元。空分光开关一般有光纤型和空间型两种，空分交换的是交换空间的划分。

（2）时分交换技术

时分交换需要使用时隙交换器来实现。时隙交换器将输入信号依序写入光缓存器，然后按照既定顺序读出，这样就实现了一帧中的任意一个时隙交换到另外的一个时隙而输出，完成了时序交换的程序。一般双稳态激光器可以用来作为光缓存器，但是它只能按位输出，不能满足高速交换和大容量的需求。而光纤延时线是一种使用较多的时分交换设备，将时分复用的光路信号输入到光分路器中，使得其每条输出通路上都只有某个相同时隙的光信号，然后将这些经过不同光延时线的信号组合起来，经过了不同延时线的信号获得了不同的时间延迟，最后组合起来正好符合了信号复用前的原信号，从而完成时分交换。

（3）波分/频分交换技术

波分光交换系统首先将光波信号用分解器分割为多个进行波分光交换所需的波长信道，在对每个信道都进行波长交换，最后将得到的信号复用后组成一个密集的波分复用信号，由一条光缆输出，这就利用光纤宽带的特性，在损耗低的波段复用多路光信号，大大提高了光纤信道的利用率，提高了通信系统容量。

（4）复合型交换技术

复合型交换技术则是在大规模的通信网络中使用多种交换技术混合组成的多级链路的光路连接。由于在大规模网络中需要将多路信号分路后再接入不同的链路，使得波分复用的优势无法发挥，因此需要在各级的连接链路中使用波分复用技术，然后再在各级链路交换时使用空分交换技术完成链路间的衔接，最后再用波分交换技术输出相应的光信号，进行信号合并最后分路输出。常用的复合型交换技术有空分-时分混合、空分-波分混合、空分-时分-波分混合等几种。

4.3.2 光分组交换

1. 光分组交换的概念

光分组交换（OPS）概念与电的分组交换类似。每个光分组由一个光分组头和一个光分组净荷组成，光分组头中包含源地址、宿地址、生存时间与寿命（TTL）等信息。OPS与电的IP路由类似，采用逐跳寻址转发的方式。所以光分组交换机又称为光IP路由器。OPS由于动态共享、统计复用带宽资源，因而可提高网络带宽资源利用率，并使网络具有很好的灵活性。由于可采用高速净荷、低速分组头，从而可解决电IP路由器的电子"瓶颈"问题。

2. 光分组交换的分类

光分组交换目前一般有光透明包交换（OTPS）、光突发交换（OBS）和光标记交换（OMPLS）技术。

（1）光透明包交换

光透明包交换主要特点是分组长度固定，采用同步交换的方式，需要对所有输入分组在时间上同步，因此增大了技术难度，增加了使用成本。

（2）光突发交换

光突发交换使用了变长度分组，使用传输包头的控制信息和包身的数据在时间和空间上分离的传输方式，克服了同步时间的缺点，但是有可能产生丢包的问题。

（3）光标记交换

光标记交换是 IP 包在核心网络的接入处添加标记进行重新封包，并在核心网内部根据标记进行路由选择的方法。

虽然光交换的方式对数字传输速率要求较高（一般 10 Gbit/s 以上）的通信场合更为合适，可以实现更低的传输成本和更大的系统容量；但当系统要求的传输速率要求较低（指 2.5 Gbit/s以下）、连接配置方式较为灵活时，使用旧式的光电转换的方式接入可能更为合适。因此在实际应用中，应当根据应用场景选择合适的系统部署。

第 21 届中国光网络研讨会

2021 年第 21 届中国光网络研讨会在京举行，工信部科技委常务副主任、中国电信科技委主任、中国光网络研讨会主席韦乐平以"全光网发展的十大趋势与挑战"为题作了大会开幕主题报告。在报告中，韦乐平阐述未来全光网的发展趋势时表示：全光网的长远目标是成为像今天电插座那样无处不在的光插座。在谈到全光网与 5G/6G 的发展史时，韦乐平认为：全光网与 5G/6G 各有所长，应该统筹发展，各取所长。

【任务单】

任务单	光路交换技术的发展			
班级		组别		
组员		指导教师		
工作任务	关注光路交换技术的发展,整理并撰写总结报告。			
任务描述	从以下三个方面撰写光路交换技术发展的总结报告: 1. 光路交换技术的特点及热点; 2. 光路交换技术的应用前景; 3. 光路交换技术未来发展的制约因素。			
评价标准	序号	评价标准		权重
	1	专业词汇使用规范正确。		20%
	2	技术的特点及热点等描述详细清晰。		20%
	3	技术的应用及未来发展描述正确。		30%
	4	小组分工合理,配合较好。		15%
	5	学习总结与心得整理得具体。		15%
学习总结与心得				

任务实施	详细描述实施过程：				
考核评价	考核成绩		教师签名		日期	

➤ 光交换是指不经过任何光/电转换,将输入端光信号直接交换到任意的光输出端。

➤ 光路交换又可分成四种类型,即空分交换技术(SD)、时分交换技术(TD)、波分/频分交换技术(WD/FD),以及由这些交换组合而成的复合型交换技术。

➤ 在现代通信网中,全光网是未来宽带通信网的发展方向。

➤ 光分组交换的发展瓶颈在哪里?

【随堂测试】

光交换

【拓展任务】

任务1 查询 IMS 技术在移动通信网络中的应用。

目的:

了解 IMS 技术在移动通信网络中的应用情况;

掌握 IMS 技术的特点。

要求:

查询资料,撰写总结报告。

任务2 查询现网中常见的光交换设备。

目的:

了解光交换设备的厂商;

知道常见光交换设备的型号;

掌握光交换设备的功能及接口类型。

要求:

梳理出设备的具体功能;

列出设备的接口类型及数量;

例举设备的使用场景。

任务3 实地调研校园机房,并撰写调研报告。

目的:

知道校园机房的组网设备;

掌握校园机房的组网设备的功能与接口;

能依据需求规划机房局域网。

要求:

制订调研方案;

撰写调研提纲;

撰写调研报告。

【知识小结】

以电路联接为目的的交换方式是电路交换。

电路交换通信的基本过程可分为建立线路、数据传输、线路释放三个阶段。

电路交换按其交换原理可分为时分交换和空分交换两种。

程控数字电话交换系统由硬件和软件两大部分组成。

分组交换的特点：传输质量高，可靠性高，为不同种类的终端相互通信提供方便，可以实现分组多路通信，信息传送时延大，要求分组交换机有比较高的处理能力。

分组交换的传输方式可分为数据报方式和虚电路方式两种。

IMS 的体系结构由六部分组成，分别是业务层、运营支撑、控制层、互通层、接入和承载控制层、接入网络。

光交换是指不经过任何光/电转换，将输入端光信号直接交换到任意的光输出端。

光路交换又可分成四种类型，即空分交换技术(SD)、时分交换技术(TD)、波分/频分交换技术(WD/FD)，以及由这些交换组合而成的复合型交换技术。

常用的复合型交换技术有空分-时分混合、空分-波分混合、空分-时分-波分混合等几种。

光分组交换包括光透明包交换(OTPS)、光突发交换(OBS)和光标记交换(OMPLS)等技术。

【即评即测】

数据交换技术

项目5　移动通信技术

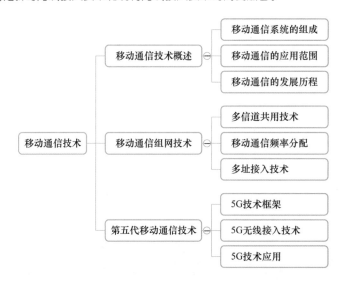

项目介绍

移动通信是通信的一方或双方是在移动中实现通信的。移动通信系统通常由手机、基站、移动交换中心构成,功能各不相同。有限的无线电频率要提供给庞大的用户共同使用,就要使用移动通信组网技术,组网技术的作用是解决移动通信组网中的问题。从 1987 年我国第一个模拟移动电话网在广东珠江三角洲开通,到 5G 商用,一代代通信人见证了移动通信技术从 1G、2G、3G、4G、5G 的发展轨迹。5G 是第五代移动通信系统的简称,是 4G 的升级,是 2020 年后新一代的移动通信系统,它不是一个单一的无线接入技术,也不都是全新的无线接入技术,是新的无线接入技术和现有无线接入技术的高度融合。

```
                                        ┌─ 移动通信系统的组成
                   移动通信技术概述 ──────┼─ 移动通信的应用范围
                                        └─ 移动通信的发展历程

                                        ┌─ 多信道共用技术
移动通信技术 ───── 移动通信组网技术 ──────┼─ 移动通信频率分配
                                        └─ 多址接入技术

                                        ┌─ 5G技术框架
                   第五代移动通信技术 ────┼─ 5G无线接入技术
                                        └─ 5G技术应用
```

项目引入

手机是现代人生活的必需品,可以说人人都"离不开"手机。看视频,网络流畅不卡顿;买东西,移动支付;等等。这些看起来很简单的事情,其实后面都有着非常强大的网络在支持。

微课

截至 2021 年 9 月,我国移动电话基站总数达 969 万个,其中 4G 基站总数为 586 万个,5G 基站总数为 115.9 万个。实现了 4G 移动通信网络 100% 覆盖,同时建成了全球规模最大、技术最先进的 5G 独立组网网络。

移动通信技术

本项目会跟大家一起来探讨学习移动通信技术。

项目目标

- 了解移动通信系统的组成;
- 了解移动通信的应用范围;
- 了解移动通信的发展历程;
- 能够简述与移动通信相关的基本内容;
- 能够简述 5G 技术与 4G 技术的区别;
- 树立历史观和国情意识;
- 树立世界视野和问题意识。

本项目学习方法建议

- 通过"智慧职教"平台进行网络学习;
- 课前预习与课后复习相结合;
- 参观通信展厅、机房学习、课堂学习相结合;
- 通过网络搜索不同的多址技术、5G 标准进展、我国 5G 商用进展等;
- 小组协作与自主学习相结合;
- 教师答疑与学习反馈相结合。

本项目建议学时数

8 学时。

5.1 移动通信技术概述

移动通信技术在近年得到了飞速的发展,移动通信系统的组成、移动通信与固定通信相比的主要特点、移动通信的应用范围等都是我们需要了解的基础知识。移动通信系统通常由手机、基站、移动交换中心构成,它们的功能各不相同。

<table>
<tr><td colspan="1">重点掌握</td></tr>
</table>

> ➤ 移动通信系统的组成;
> ➤ 移动通信的主要特点;
> ➤ 移动通信的应用范围;
> ➤ 移动通信的工作方式;
> ➤ 移动通信的发展历程。

5.1.1 移动通信系统的组成

微课

移动通信系统,通常是由移动台(MS)、基站(BS)及移动业务交换中心
(MSC)等组成,该系统是与市话网通过中继线相连接的,如图 5.1 所示。

移动通信系统的组成

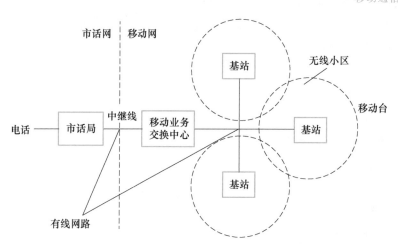

图 5.1 移动通信系统的组成图

1. 移动通信系统的功能

(1) 手机

手机是最常见的移动台(mobile station,MS),即移动用户的终端设备。在 3G 和 4G 网络中,移动台又称为用户设备(user equipment,UE),是各种终端设备的统称,在移动通信网络中与基站进行通信。

(2) 基站

基站(base station,BS),即公用移动通信基站。在移动通信中基站负责将移动设备接入

网络,在一定的无线电覆盖范围内,通过移动通信交换中心,与移动终端之间进行信息传递。

每个基站都有一个可靠通信的服务范围,称为服务区。服务区的大小主要由发射功率和基站天线的高度决定。移动通信系统按照服务面积的大小可分为大区制、中区制和小区制三种制式。大区制是指一个城市由一个无线区覆盖,大区制的基站发射功率很大,无线区覆盖半径在 30~50 km 范围内。中区则是指介于大区制和小区制之间的一种过渡制式。小区制一般是指覆盖半径为 1~35 km 的区域,它是由多个无线区链合而成整个服务区的制式,小区制的基站发功率很小。利用正六边形小区结构组成蜂窝网络的移动通信,常称为蜂窝移动通信,如GSM、CDMA 等。目前的发展方向是将小区进一步划小,成为宏区、毫区、微区、微微区,其覆盖半径降至 50 m 以下。

(3) 移动交换中心

移动交换中心(mobile switching center,MSC)是网络的核心,完成最基本的交换功能,即实现移动用户与其他网络用户之间的通信连接。

移动交换中心是移动业务交换中心,控制着基站和移动台的工作状态,实现移动用户的互联,移动台的各种软切换、硬切换等。所有基站都有线路连至 MSC,包括业务线路和控制线路。

2. 移动通信的主要特点

① 移动通信的传输信道必须使用无线电波传输。

② 电波传输特性复杂,在移动通信系统中由于移动台不断运动,不仅有多普勒效应,而且信号的传播受地形、地物的影响也将随时发生变化。

③ 干扰多而复杂。

④ 组网方式多样灵活,移动通信系统组网方式可分为小容量大区制和大容量小区制,移动通信网为满足使用,必须具有很强的控制功能,如通信(呼叫)的建立和拆除,频道的控制和分配,用户的登记和定位,以及过境切换和漫游的控制等;对设备要求更苛刻;用户量大而频率有限。

5.1.2 移动通信的应用范围

1. 汽车调度通信

出租汽车公司或大型车队建有汽车调度台,汽车上有汽车电台,可以随时在调度员与司机之间保持通信联系。

2. 公众移动电话

这是与公用市话网相连的公众移动电话网。大中城市一般为蜂窝小区制,小城市或业务量中等的城市常采用大区制。用户有车台和手机两类。

3. 无绳电话

这是一种接入市话网的无线电话机,又称无绳电话,如图 5.2 所示。一般可在 50~200 m 的范围内接收或拨通电话。

4. 集群无线移动电话

这实际上是把若干个原各自使用单独频率的单工工作调度系统,集合到一个基台工作。这样,原来一个系统单独用的频率现在可以为几个系统共用,故称为集群系统。

5. 卫星移动通信

这是把卫星作为中心转发台,各移动台通过卫星转发通信。

图 5.2　无绳电话

6. 个人移动通信

个人可在任何时候、任何地点与其他人通信,只要有一个个人号码,不论该人在何处,均可通过这个个人号码与其通信。在移动通信中,按无线通道的使用频率数和信息传输方式,其无线电路工作方式可以分为单工制、半双工制和双工制。

红色电信精神

习近平总书记指出,我们党的一百年,是矢志践行初心使命的一百年,是筚路蓝缕奠基立业的一百年,是创造辉煌开辟未来的一百年。党的红色通信历史作为百年党史的生动缩影,蕴含着丰富的革命传统和精神滋养。从电台到快递信件,再到现在发达的移动通信网络,信息通信事业已成为带动科技创新的重要引擎和推动经济社会繁荣发展的关键支撑。

【任务单】

任务单	手机通讯过程			
班级		组别		
组员		指导教师		
工作任务	关注手机通信过程，整理并撰写总结报告。			
任务描述	从以下三个方面撰写手机通信过程的总结报告： 1. 手机通信网络的组成； 2. 手机主叫通信过程； 3. 手机被叫通信过程。			
评价标准	序号	评价标准		权重
	1	主叫通信过程内容全面准确、专业词汇使用规范。		20%
	2	被叫通信过程内容全面准确、专业词汇使用规范。		20%
	3	通信网络组成内容全面准确、专业词汇使用规范。		30%
	4	小组分工合理，配合较好。		15%
	5	学习总结与心得整理得具体。		15%
学习总结与心得				

	详细描述实施过程：
任务实施	

考核评价	考核成绩		教师签名		日期	

5.1.3　移动通信的发展历程

1. "无线寻呼"的发展历程

① 1982 年,上海首先使用 150MHz 频段开通了我国第一个模拟寻呼系统。

② 1984 年,广州用同样的频段开通了一个数字寻呼系统。

寻呼系统应用大约十几年时间,到 2000 年,据不完全的统计,全国的寻呼用户已超过 6 500 万。寻呼机如图 5.3 所示。

图 5.3　寻呼机

2. 无线移动电话的发展历程

(1) 第一代移动通信(1G)——模拟移动电话

第一代移动通信——模拟移动电话是一种频分多址(FDMA)。

1987 年,我国第一台模拟移动电话网在广东珠江三角洲开通,采用的体制为 TACS。随后北京、上海等相继建成模拟移动电话系统,用户年增加率一直保持 100%。

(2) 第二代移动通信(2G)——数字移动电话

第二代移动通信——数字移动电话是一种时分多址(TDMA)。

1994 年 11 月,开始建成 GSM 数字网,1998 年模拟用户数量开始下降,2001 年 7 月关闭模拟网。

随后,2000 年开始建成 CDMA 数字网(IS—95 标准),CDMA(码分多址)是多个码分信道共享载频频道的多址连接方式。

第二代数字移动通信系统可以提供话音及低速数据业务,能够基本满足人们信息交流的需要。1999 年,移动通信产品在通信设备市场中所占的份额已超过 50%。2002 年年底,中国的第二代移动手机用户已经超过两亿。

手机的迅速普及驱动了通信向个人化方向发展,互联网用户数以翻番的速度膨胀又带来了移动数据通信的发展机遇。特别是移动多媒体和高速数据业务的迅速发展,迫切需要设计和建设一种新的网络以提供更宽的工作频带、支持更加灵活的多种类业务(高速率数据、多媒体及对称或非对称业务等),并使移动终端能够在不同的网络间漫游。由于市场的驱动促使第三代移动通信系统的概念应运而生。

微课

我国移动通信发展史

（3）第三代移动通信（3G）——TD-SCDMA

TD-SCDMA 第三代移动通信标准是信息产业部电信科学技术研究院在国家主管部门的支持下，根据多年的研究而提出的具有一定特色的 3G 通信标准，是中国百年通信史上第一个具有完全自主知识产权的国际通信标准，在我国通信发展史上具有里程碑的意义并产生深远影响，是整个中国通信业的重大突破。

2001 年 3 月 16 日，在美国加里福尼亚州举行的 3GPP TSG RAN 第 11 次全会上，将 TD-SCDMA 列为 3G 标准之一，包含在 3GPP 版本 4（Release 4）中。这是 TD-SCDMA 已经成为全球 3G 标准的一个重要里程碑，表明该标准已经被世界众多的移动通信运营商和生产厂家所接受。这也是 TD-SCDMA 的完全可商用版本的标准，在这之后，TD-SCDMA 标准进入了稳定并进行相应改进和发展阶段。

（4）第四代移动通信（4G）——LTE

4G 数据传输应比 3G 高一个数量级，达到 2～20 Mbit/s。2004 年年底启动了 3G 长期演进（long term evolution，LTE）项目，2009 年年底 LTE 标准制定完成，其增强版本 LTE-Advanced 被认为是 4G 标准。

2013 年是 4G 投资爆发性增长的一年，2013—2015 年中国 4G 设备投资额分别为 411 亿元、475 亿元、500 亿元，增长率分别为 513%、16%、5%。2013 年 12 月 4 日下午，工业和信息化部（以下简称"工信部"）向中国联通、中国电信、中国移动正式发放了第四代移动通信业务牌照（即 4G 牌照），中国移动、中国电信、中国联通三家均获得 TD-LTE 牌照，此举标志着中国电信产业正式进入了 4G 时代。有关部门对 TD-LTE 频谱规划使用做了详细说明：中国移动获得 130 MHz 频谱资源，分别为 1 880～1 900 MHz、2 320～2 370 MHz、2 575～2 635 MHz；中国联通获得 40 MHz 频谱资源，分别为 2 300～2 320 MHz、2 555～2 575 MHz；中国电信获得 40 MHz 频谱资源，分别为 2 370～2 390 MHz、2 635～2 655 MHz。

相关数据显示，截至 2021 年 9 月，我国移动电话基站总数达 969 万个，比 2020 年年末净增 37.7 万个。其中 4G 基站总数为 586 万个，占比为 60.4%。2021 年 1—9 月我国 4G 基站数量如图 5.4 所示。

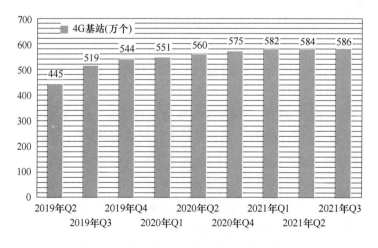

图 5.4　2021 年 1—9 月我国 4G 基站数量

从通信空白到走向世界前列

新中国成立后,我国移动通信在无数通信人员的付出与努力下,在多个领域实现从空白到领先的突破创新,从 1G 的空白、2G 的跟随、3G 的突破、4G 的同步历史性地跨越到 5G 的引领。中国要强盛、要复兴,就一定要大力发展科学技术,努力成为世界主要科学中心和创新高地。我们比历史上任何时期都更接近中华民族伟大复兴的目标,我们比历史上任何时期都更需要建设世界科技强国!

【任务单】

任务单	探索历代移动通信技术		
班级		组别	
组员		指导教师	
工作任务	观察老人机、4G 手机、5G 手机拨打电话或上网时屏幕上出现的不同信号标识,判断不同信号标识代表的含义。		
任务描述	1. 列出三种手机上网时出现的信号标识; 2. 分析 4G 手机拨打电话时为什么会比老人机声音更清楚; 3. 搜索整理三种手机上网所使用的频段范围。		

评价标准	序号	评价标准	权重
	1	标识中分别需要包含"E""4G""5G"的字样。	20％
	2	原因分析内容全面准确、专业词汇使用规范。	20％
	3	频段范围描述准确。	30％
	4	小组分工合理,配合较好。	15％
	5	学习总结与心得整理得具体。	15％

学习总结与心得	

任务实施	详细描述实施过程：				
考核评价	考核成绩		教师签名		日期	

> ➤ 在移动通信系统中,信息是以无线信号的形式传输的。
> ➤ 移动通信属于无线通信,通过空间传送信息。
> ➤ LTE 网络架构分成两部分,包含演进后的核心网 EPC 和演进后的接入网 E-UTRAN。接入网仅包含 eNodeB 演进节点,通过 X2 接口进行连接。
> ➤ LTE 接入网与核心网之间通过 S1 接口进行连接。LTE 核心网主要由移动管理实体(MME)、服务网关(SGW)、PDN 网关(PGW)、策略和计费规则功能单元(PCRF)等网元构成。
> ➤ 移动通信发展经历了哪些阶段?

【随堂测试】

移动通信技术概述

5.2 移动通信组网技术

截至 2021 年 10 月底,我国三家基础电信企业的移动电话用户总数达 16.41 亿户,移动电话用户规模保持稳定。有限的无线电频率要提供给庞大的用户共同使用,就要按照一定的规范组成移动通信网络,解决频道拥挤、相互干扰等问题,保障网内所有用户有序地通信。

> ➤ 多信道共用技术;
> ➤ 移动通信频率分配;
> ➤ 多址接入技术。

5.2.1 多信道共用技术

多信道共用是由若干无线信道组成的移动通信系统,为大量的用户共同使用并且仍能满足服务质量的信道利用技术。多信道共用是大量用户共享若干无线信道,提高了信道利用率。

用于传输信道的总带宽划分成若干个子频带(或子信道),每一个子信道传输一路信号。频分复用要求总频率宽度大于各个子信道频率之和,同时为了保证各子信道中所传输的信号互不干扰,在各子信道之间设立信道间隔。

频分复用技术除传统意义上的频分复用(FDM)外,还有一种是正交频分复用(OFDM)。

FDM 和 OFDM 带宽利用率的比较如图 5.5 所示。OFDM 将频域划分为多个子信道,各相邻子信道相互重叠,但不同子信道相互正交。将高速的串行数据流分解成多个并行的低速子数据流,调制到每个子信道上同时传输,减少了信道的干扰,提高了带宽利用率,频谱资源能够进行灵活分配,提高了系统的吞吐量。

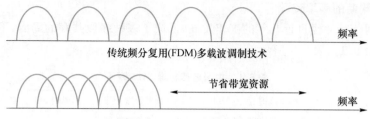

图 5.5　FDM 和 OFDM 带宽利用率的比较

5.2.2　移动通信频率分配

移动网络或蜂窝网络是一种移动通信硬件架构,把移动电话的服务区分为一个个正六边形的小子区,每个小区设一个基站,形成了形状酷似"蜂窝"的结构,因而把这种移动通信方式称为蜂窝移动通信方式。

1. 常见的蜂窝网络类型

GSM 网络一共有 4 种不同的蜂窝单元尺寸:宏蜂窝、微蜂窝、微微蜂窝和智能蜂窝。

① 宏蜂窝:传统的蜂窝网络由宏蜂窝小区构成,每个小区的覆盖半径为 1～25 km。

② 微蜂窝:微蜂窝是在宏蜂窝的基础上发展起来的。与宏蜂窝相比,微蜂窝的发射功率较小,一般在 2W 左右;每个小区的覆盖半径为 100 m～1 km。

③ 微微蜂窝:是指地理上的一个区域被分割成"微微蜂窝"的小区域,其覆盖半径通常为百米数量级以下,基站发射功率小。

④ 智能蜂窝:智能蜂窝是指基站采用具有高分辨阵列信号处理能力的自适应天线系统,智能地监测移动台所处的位置,并以一定的方式将确定的信号功率传递给移动台的蜂窝小区。利用智能蜂窝小区的概念进行组网设计,能够显著地提高系统容量,改善系统性能。

2. 同频复用技术

无线通信是利用无线电波在空间传递信息的,所有用户共用同一个空间,因此不能在同一时间、同一场所、同一方向上使用相同频率的无线电波,否则就会形成干扰。为了实现大范围内的移动覆盖,需要采用移动频率重复利用的方式,即同频复用技术,如图 5.6 所示。

微课

蜂窝网络

动画

蜂窝网络

微课

同频复用技术

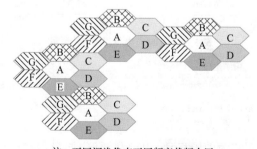

注: 不同深浅代表不同频率载频小区。

图 5.6　同频复用技术

采用同频复用技术,相隔较远的小区可重复设置频率,不会产生同频干扰。

3．不同运营商的频率资源

我国移动通信行业经过近几年的高速发展,形成了多种频段共存的局面,不同网络运营商拥有的频段如表 5.1~表 5.4 所示。

表 5.1　中国电信标准 IMT 频率

频段	频率范围		带宽	说明	合计带宽
850 MHz	上行 825~835 MHz	下行 870~880 MHz	10 MHz	—	TDD 频段:200 MHz FDD 频段:51 MHz
1 800 MHz	上行 1 765~1 785 MHz	下行 1 860~1 880 MHz	20 MHz	与联通共享	
2.1 GHz	上行 1 920~1 940 MHz	下行 2 110~2 130 MHz	20 MHz	与联通共享	
3.3 GHz	3.3~3.4 GHz		100 MHz	与联通、广电共享	
3.5 GHz	3.4~3.5 GHz		100 MHz	与联通共建共享	

表 5.2　中国移动标准 IMT 频率

频段	频率范围		带宽	说明	合计带宽
900 MHz	上行 889~904 MHz	下行 934~949 MHz	15 MHz	—	TDD 频段:365 MHz FDD 频段:40 MHz
1 800 MHz	上行 1 710~1 735 MHz	下行 1 805~1 830 MHz	25 MHz	—	
2 GHz	2 010~2 025 MHz		15 MHz	—	
1.9 GHz	1 880~1 920 MHz		40 MHz	—	
2.3 GHz	2 320~2 370 MHz		50 MHz	仅能用于室分	
2.6 GHz	2 515~2 675 MHz		160 MHz	原联通、电信部分退频	
4.9 GHz	4 800~4 900 MHz		100 MHz	—	

表 5.3　中国联通标准 IMT 频率

频段	频率范围		带宽	说明	合计带宽
900 MHz	上行 904~915 MHz	下行 949~960 MHz	11 MHz	获得移动退出的 5 MHz	TDD 频段:220 MHz FDD 频段:56 MHz
1 800 MHz	上行 1 735~1 765 MHz	下行 1 830~1 860 MHz	20 MHz	与电信共享	
2.1 GHz	上行 1 940~1 965 MHz	下行 2 130~2 155 MHz	25 MHz	与电信共享	
2.3 GHz	2 300~2 320 MHz		20 MHz	仅用于室内	
3.3 GHz	3.3~3.4 GHz		100 MHz	与电信、广电共享	
3.5 GHz	3.5~3.6 GHz		100 MHz	与电信共建共享	

表 5.4　中国广电标准 IMT 频率

频段	频率范围		带宽	说明	合计带宽
700 MHz	上行 703~733 MHz	下行 758~788 MHz	30 MHz	与移动共建共享	TDD 频段:60 MHz FDD 频段:20 MHz
4.9 GHz	4 900~4 960 MHz		60 MHz	—	

2019 年 6 月,工信部正式为中国移动、中国联通、中国电信和中国广电四家企业发放 5G牌照,这意味着我国正式进入 5G 时代。同年 9 月,中国电信与中国联通签署了《5G 网络共建

共享框架合作协议书》,在全国范围内合作共建一张 5G 接入网络,共享 5G 频率资源。2020 年 2 月,工信部确认中国电信、中国联通、中国广电三家企业共同在全国范围使用 3 300～3 400 MHz 频段频率用于 5G 室内覆盖。2021 年 1 月,中国广电和中国移动签署了《5G 战略合作协议》,正式启动共建共享 5G 700MHz 网络。目前,四大运营商 5G 频谱分配如图 5.7 所示。

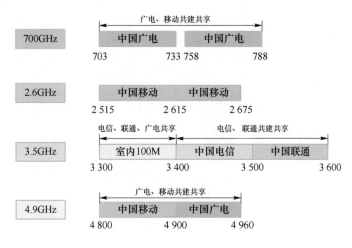

图 5.7 四大运营商 5G 频谱分配情况

5.2.3 多址接入技术

多址接入技术是指把处于不同地点的多个用户接入一个公共传输媒质,实现各用户之间通信的技术,即在无线接入网覆盖范围内,建立多个用户无线信道连接。在无线接入网中,多个用户会同时通过一个基站和其他用户进行通信,因此必须对不同用户和基站之间传输的信号赋予不同的特征才能进行有效区分。这些特征使基站能够从众多用户手机发射的信号中区分出是哪一个用户的手机发出来的信号;各用户的手机能够从基站发出的信号中,区分出哪一个是发给自己的信号。使用多址方式旨在使许多移动用户同时分享有限的无线信道资源,以达到较高的系统容量。

微课

多址接入技术

多址技术发展出多种形式,包括频分多址(FDMA)、时分多址(TDMA)、码分多址(CDMA)和正交频分多址(OFDMA)等。

① 频分多址(FDMA)是指将给定的频谱资源划分为若干个等间隔的信道,供不同的用户使用。

② 时分多址(TDMA)是指将时间分割成若干个时隙,供不同的用户使用。

③ 码分多址(CDMA)是指每个用户使用不同的地址码。只有相同地址码的接收机才能检测出信号,而其他接收机检测出的是呈现为类似高斯过程的宽带噪声。

④ 正交频分多址(OFDMA)可以看成是一种将 OFDM、FDMA 和 TDMA 技术相结合的多址接入方式。将传输带宽划分为相互正交的子载波集,供不同的用户使用。

在移动通信系统中,常用的三种多址方式是 FDMA、TDMA 和 CDMA。

传承红色通信精神

移动通信属于前沿科技，通信人员要牢记初心使命、激发奋进力量，勇担网络强国主力军，为全面建设社会主义现代化国家贡献力量。在关键领域、卡脖子的地方下大功夫，力争实现我国整体科技水平从跟跑向并行、领跑的战略性转变，在重要科技领域成为领跑者，在新兴前沿交叉领域成为开拓者，创造更多竞争优势。要把满足人民对美好生活的向往作为科技创新的落脚点，把惠民、利民、富民、改善民生作为科技创新的重要方向。

【任务单】

任务单	对比多址接入技术			
班级		组别		
组员		指导教师		
工作任务	关注多址接入技术，整理并撰写总结报告。			
任务描述	从以下 3 个方面撰写多址接入技术的总结报告： 1. 至少 3 种多址接入技术的原理； 2. 各多址接入技术的特点； 3. 不同多址接入技术的区别。			
评价标准	序号	评价标准		权重
	1	多址接入技术的原理描述正确。		20％
	2	多址接入技术的特点描述完整、准确。		20％
	3	至少对比 3 种多址接入技术，内容和用词专业准确。		30％
	4	小组分工合理，配合较好。		15％
	5	学习总结与心得整理得具体。		15％
学习总结 与心得				

任务实施	详细描述实施过程：

| 考核评价 | 考核成绩 | | 教师签名 | | 日期 | |

> 移动通信属于无线通信,是通过无线信道进行的,但无线资源是有限的,就需要对信道进行分配及管理。常见的信道分配技术有四种:预分配(PA)、按需分配(DA)、动态分配(DYA)和随机分配(RA)。
> OFDMA 是 OFDM 技术的演进,用户可以选择信道条件较好的子信道进行数据传输,一组用户可以同时接入到某一信道。
> OFDMA 是多载波传输的技术,具备高速率传输的能力,能有效地对抗频率选择性衰减。
> 总结各大运营商的频率分布情况。

[随堂测试]

移动通信组网技术

5.3　第五代移动通信技术

第五代移动通信技术(5G)是具有高速率、低时延和大连接特点的新一代宽带移动通信技术。5G 不是单纯的通信系统,而是以用户为中心的全方位信息生态系统。其目标是为用户提供极佳的信息交互体验,实现人与万物的智能互联。数据流量和终端数量的爆发性增长,催促新的移动通信系统的形成,移动互联网与物联网成为 5G 的两大驱动力。

> 5G 技术框架;
> 5G 无线接入技术;
> 5G 技术应用。

5.3.1　5G 技术框架

5G 技术框架如图 5.8 所示。

国际电信联盟(ITU)定义了 5G 的三大类场景,即增强移动宽带(eMBB)、超高可靠低时延通信(uRLLC)和海量机器类通信(mMTC)。eMBB 主要针对 4K/8K、VR/AR 等大带宽应用,uRLLC 主要针对远程机器人控制、自动驾驶等超高可靠超低时延应用,mMTC 针对的是"低端"物联网应用场景。

在无线技术方面,面对终端连接数、流量及业务等多方面的严苛需求和复杂多样的部署场景,5G 是一个多技术融合系统,是新空口与 LTE 演进并

微课

5G 是什么

动画

5G 三大应用场景

存并重的系统,同时 WLAN 技术的演进亦将成为 5G 技术的一个重要补充。

在网络传输方面,软件定义网络(SDN)、网络功能虚拟化(NFV)、网络切片和移动边缘技术是 5G 新型网络的基础。

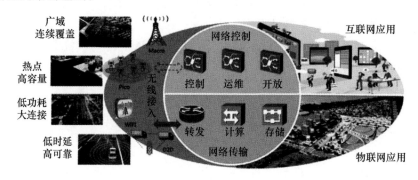

图 5.8 5G 技术框架

1.我国 5G 的发展情况

我国于 2015 年 1 月 7 日启动 5G 试验,通过 5G 的试验,实现从支持 5G 技术到标准的转化。

我国 5G 发展计划如图 5.9 所示。

第一阶段(2015—2018 年):技术研发试验。由中国信息通信研究院牵头组织,运营商、设备商及科研机构共同参与。

第二阶段(2018—2020 年):产品研发试验。由国内运营商牵头,设备商及科研机构共同参与。

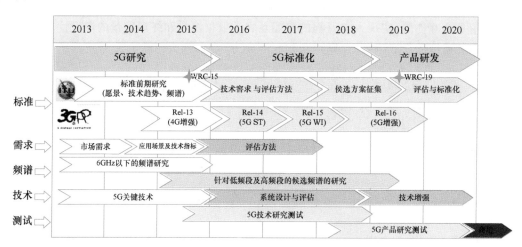

图 5.9 我国 5G 发展计划

2.5G 协议标准的发展情况

5G 协议共分 R15、R16、R17 三个阶段,我国立项协议数量居全球首位,不同版本具体发布时间如表 5.5 所示。

微课

我国 5G 的标准贡献

表 5.5　3GPP 5G NR 协议标准

时间	版本号	冻结内容
2017 年 12 月	R15	eMBB-Option3
2018 年 6 月	R15	eMBB-Option2
2019 年 3 月	R15-Late Drop	eMBB-Option4，Option7 和 5G-5G 双连接
2020 年 6 月	R16	uRLLC
计划 2022 年 6 月	R17	mMTC

2017 年 12 月完成了第一个版本 R15 的制定,完成 EPC 增强支持 NR 功能(Option-3),但仅满足 eMBB 业务需求,不支持与 2G/3G 的互操作。2019 年年底发布 R16,支持网络切片,满足 5G 全业务需求。相比 R16 标准,R17 标准将具有更全面的覆盖垂直行业的能力,在 R16已有的工作基础上进一步增强网络和业务能力,包括多天线技术、低延时高可靠、工业互联网、终端节能、定位和车联网技术等;同时还提出了一些新的业务和能力需求,包括覆盖增强、多播广播、面向应急通信和商业应用的终端直接通信、多 SIM 终端优化等。

5.3.2　5G 无线接入技术

1. 5G 无线接入技术——大规模天线

大规模天线阵列的 MU-MIMO 被称为大规模天线阵列系统(large scale antenna system,或称为 massive MIMO),就是在基站侧安装几百根天线(128根、256 根或更多),从而大幅提升网络容量,支持海量用户并行接入。大规模天线技术是 5G 中提高系统容量和频谱利用率的关键技术。

大规模天线技术相较于传统的 MIMO 技术具有以下优势:系统容量和能量效率大幅度提升;上行和下行的发射能量都将减少;用户间信道正交,干扰和噪声将被消除。但也面临着不同场景下的信道建模与测量以及低复杂度、低能耗的天线单元及阵列设计的挑战。

微课

massive MIMO

动画

MIMO

2. 5G 无线接入技术——新型多址技术

用于 5G 的新型多址技术如图 5.10 所示。以 NOMA、SCMA、PDMA 和 MUSA 为代表的新型多址技术通过多用户信息在相同资源上的叠加传输,有效提升系统频谱效率。

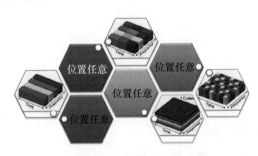

图 5.10　用于 5G 的新型多址技术

3. 5G 无线接入技术——新波形

5G 的波形基于 OFDM,候选波形主要有以下几项:F-OFDM、W-OFDM、UF-OFDM、FB-OFDM、FC-OFDM、FBMC、DFS-s-OFDM、OTFS。传统 OFDM 与 FBMC 的功率对比如图 5.11 所示。

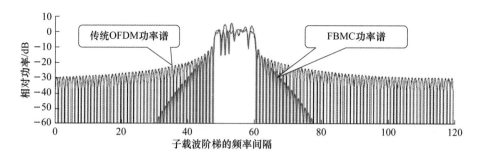

图 5.11　功率对比图

4. 5G 无线接入技术——新型调制编码

5G 支持的调制更加丰富,主要有载波的相位变化,幅度不变化 π/2-BPSK 和 QPSK 的 PSK 调制方式,还有载波的相位和幅度都变化的 16QAM、64QAM 和 256QAM 等 QAM 调制方式。调制编码的演进如图 5.12 所示。

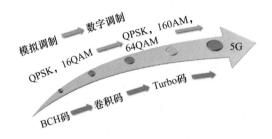

图 5.12　调制编码的演进

5G 商用快速铺开

5G 商用已在全球快速铺开,进一步提升了通信能力,不仅拓展了"人联",更在千行百业的终端之间建立了"物联",标志着移动通信实现了从"人联"走向"万物互联"。未来十年,沉浸式云 XR、全息通信、感官互联、智能交互、通信感知、智慧内生、数字孪生、全域覆盖等新业务新需求不断涌现。将驱动无线网络跨越人联和物联,迈向万物智联,并带来网络流量需求增长百倍。

5.3.3　5G 技术的应用

随着科学技术的深入发展,5G 移动通信系统的容量得到极大提升,其途径主要是进一步提高频谱效率、变革网络结构、开发并利用新的频谱资源等。表 5.6 给出了从第一代移动通信到第五代移动通信的具体应用场景。

表 5.6　移动通信技术的应用

项目	1G 技术	2G 技术	3G 技术	4G 技术	5G 技术
信号类型	模拟信号	数字信号 (100 kbit/s)	数字信号 (100 Mbit/s)	数字信号 (1 Gbit/s)	数字信号 (10 Gbit/s)
应用场景	语音	语音	语音、数据业务、互联网应用	数据业务、高速移动	海量连接、吞吐量、移动互联网、物联网

1. 5G 三大应用场景

如图 5.13 所示,3GPP 定义的 5G 三大场景是 eMBB、mMTC 和 uRLLC。eMBB 场景是 5G 应用的一个场景,对应的是全球无缝覆盖和 3D/超高清视频等大容量、大流量移动宽带业务,用于解决无缝连接,主要应用在铁路、乡村郊区等,大容量、大流量移动业务用于支持在线视频、VR、AR 等新兴技术。massive MTC,主要应用于智慧城市/社区/家庭等,对应的是大规模物联网业务。uRLLC 对应的是自动驾驶、工业自动化等需要低时延和高可靠连接的业务,主要应用于车联网、工业控制、电子医疗等。

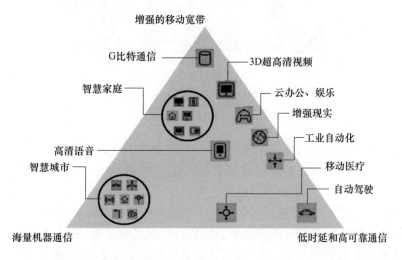

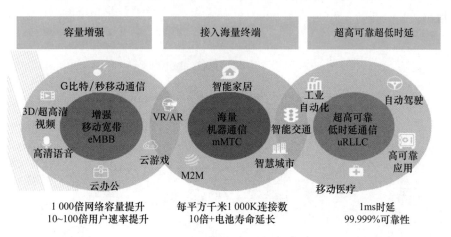

图 5.13　3GPP 提出的 5G 技术应用的三大场景

2. 5G 网络建设情况

5G 移动通信技术,已经在全球范围内进行商用。截至 2019 年 10 月月底,全球共有 32 个国家/地区的 58 家运营商开始商用 5G。2019 年 6 月,全球 5G 基站累计出货量 45.3 万个,其中韩国 7.9 万个。根据 GSMA 数据,截至 2019 第三季度,全球 5G 用户数为 477 万,其中韩国用户超过 300 万,占据大部分市场份额。如图 5.14 所示,2021 年第三季度,我国移动电话基站总数达 969 万个,5G 基站总数 115.9 万个,占移动基站总数的 12%,总体来看 5G 网络建设稳步推进。

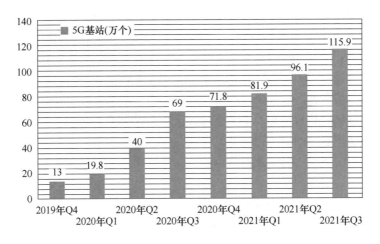

图 5.14　我国 5G 基站数量

3. 5G 愿景

微课

5G 将提供光纤般的无线接入速度,"零时延"的使用体验,使信息突破时空限制,可即时予以呈现;5G 将提供千亿设备的连接能力、极佳的交互体验,实现人与万物的智能互联;5G 将提供超高流量密度、超高移动性的连接支持,让用户随时随地获得一致的性能体验;同时,超过百倍的能效提升和极低的比特成本,也将保证产业可持续发展。超高速率、超低时延、超高移动性、超强连接能力、超高流量密度,加上能效和成本超百倍改善,5G 最终将实现"信息随心至,万物触手及"的愿景,如图 5.15 所示。

5G 愿景

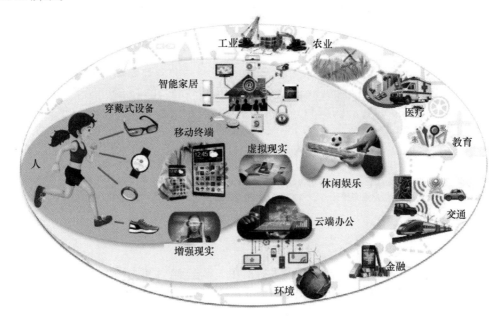

图 5.15　5G 愿景图

中国移动通信技术腾飞的轨迹

1994年,时任邮电部部长的吴基传使用诺基亚2110打通中国大陆首个GSM通话。

在1999年11月,赫尔辛基ITU-RTG8/1第18次会议上和2000年5月伊斯坦布尔的ITU-R全会上,TD-SCDMA被正式接纳为CDMA TDD制式的方案之一。

2008年,工业和信息化部(简称工信部)成立。

2013年12月4日,工信部正式向三大运营商发放4G牌照。

2019年6月6日,工信部正式向中国电信、中国移动、中国联通、中国广电发放5G商用牌照,中国正式进入5G商用元年。

整整70年,一代代通信人见证了移动通信技术腾飞的轨迹,也见证了中国建设科技强国的坚实脚步。

【任务单】

任务单	关于 5G 移动通信的报告			
班级		组别		
组员		指导教师		
工作任务	关注 5G 移动通信,整理并撰写总结报告。			
任务描述	从以下三个方面撰写 5G 移动通信的总结报告: 1. 中国 5G 商用的序幕; 2.《5G 消息白皮书》的内容; 3. 目前我国 5G 频谱分配的方案。			
评价标准	序号	评价标准		权重
	1	关于 5G 的事件发生时间准确。		20%
	2	白皮书内容准确,专业词汇使用规范。		20%
	3	最少列出三家运营商使用的频段,并确保数据准确。		30%
	4	小组分工合理,配合较好。		15%
	5	学习总结与心得整理得具体。		15%
学习总结 与心得				

	详细描述实施过程：				
任务实施					
考核评价	考核成绩		教师签名		日期	

归纳思考

➤ 5G 网络架构的发展方向为:支持各种差异化场景、面向客户的业务模式、支持业务的快速建立和修改、支持更高的性能。

➤ 5G 面向垂直行业和万物互联,支持更高的速率,更大的连接和更低的延时。

➤ 5G 将成为全联接世界和未来信息社会的重要基础设施和关键使能者。

➤ 5G 架构演进除业务需求外,独立扩容、技术发展和独立演进也是驱动网络架构发生变化的三个重要方面。

➤ 5G 三大场景是什么? 应用于哪些方面?

【随堂测试】

第五代移动通信技术

【拓展任务】

任务1 查询现阶段 5G 通信的应用情况。

目的:

了解 5G 技术的发展历程;

了解 5G 技术的架构演进;

掌握 5G 通信系统的应用场景和系统组成。

要求:

查询资料,撰写总结报告。

任务2 查询现网中常见的 5G 基站设备。

目的:

了解 5G 基站设备的厂商;

知道常见 5G 基站设备的型号;

掌握 5G 基站设备的功能及接口类型。

要求:

梳理出设备的具体功能;

列出设备的接口类型及数量;

举例设备的使用场景。

任务3 实地走访调研运营商的业务体验厅,并撰写调研报告。

目的:

了解移动通信业务;

了解移动通信未来的发展方向。

要求:

制订调研方案;

撰写调研提纲;

撰写调研报告。

【知识小结】

在 4G 网络技术的广泛普及和不断推动下，5G 时代已经悄然进入人们的生活和工作中，成为我国移动通信技术未来发展的必然趋势，5G 网络具有效率高、延时低、可靠性强等特点，并且应用范围也更加广泛，能够充分满足用户的网络需求。想要实现这一目标，供应商需要在 5G 技术基础上明确其服务目的，并详细划分用户群体，从而为用户提供有针对性的服务。

4G 移动通信技术的普及，为人与人、人与物、物与物之间的沟通和交流提供了便利，同时改善了人们的生活方式，充分满足了人们的网络需求。而在 5G 时代背景下，信息传输渠道并非简单的三网融合以及新旧媒体融合，而是一个高速移动的物联网时代，在物联网、智能互联网等新格局的推动下，各种信息传输之间存在的竞争压力越来越大，想要在这一形势下稳定发展，就要完善移动网络建设，充分发挥 5G 移动通信技术的作用和价值。

【即评即测】

移动通信技术

项目6 物 联 网

📖 项目介绍

物联网(Internet of things,IoT)被誉为新一轮的信息技术革命,是通信网和互联网的拓展应用和网络延伸,实现人与物、物与物信息交互联系,达到对物理世界实时控制、精确管理和科学决策的目的。从体系架构来看,物联网可以分为感知层、网络层和应用层,构成一个庞大的产业链体系。物联网技术已覆盖多个领域,涉及生产和生活的方方面面。

✏ 项目引入

物联网通俗一点说就是把你看得见的、摸得着的、甚至看不见摸不着的任何存在的东西,统统都连上互联网。一旦这个"东西"联上了互联网,那么就可以称作为物联网的一部分。

物联网的英文是 IoT(Internet of things),任何 things 都可以上网,一张桌子、一把椅子,都可以是物联网的一部分。

那么可能有人会问,手机和计算机,这两个最早连上网的东西,是否也是物联网?答案是,手机和计算机也是物联网。

随着技术的进步,物联网已经融入我们的生活、生产的方方面面,本项目会跟大家一起来探讨学习。

微课

物联网
(项目引入)

项目目标

- 了解物联网的基本概念;
- 掌握物联网的网络架构;
- 了解物联网典型的关键技术;
- 了解物联网典型的应用场景;
- 能够描述物联网的基本特征;
- 能够简要分析物联网架构;
- 弘扬中国通信人自主创新、砥砺前行的精神;
- 树立历史观点和国情意识。

本项目学习方法建议

- 通过"智慧职教"平台进行网络学习;
- 课前预习与课后复习相结合;
- 参观运营商展厅、查询资料与课堂学习相结合;
- 通过网络搜索物联网技术的应用、物联网给生活带来的好处等;
- 小组协作与自主学习相结合;
- 教师答疑与学习反馈相结合。

本项目建议学时数

4 学时。

6.1 物联网概述

物联网是建立在信息联网、移动联网基础上的一种新型连接模式。它成长于互联网的土壤,它基于互联网的边界扩展与内涵延伸。从 2009 年提出"感知中国"口号以来,我国物联网产业的发展已经历了十几年的起伏,从最初国家大力支持的基于农业大棚数据化管理的种植物联网,到养殖物联网、环境监控物联网,再到当下如火如荼的车联网以及智慧城市,物联网的繁荣期已经到来。

重点掌握

> ➤ 物联网的定义;
> ➤ 物联网的发展历程;
> ➤ 物联网的关键技术。

6.1.1 物联网的定义

物联网的目的是实现人与人、人与物、物与物之间的互联。物联网的一般定义是:通过射频识别、红外感应器、全球定位系统、激光扫描器和传感器等信息传感设备,按约定的协议,把任何物品与互联网连接起来,进行信息交换和通信,以实现智能化识别、定位、跟踪、监控和管理的一种网络,如图 6.1 所示。

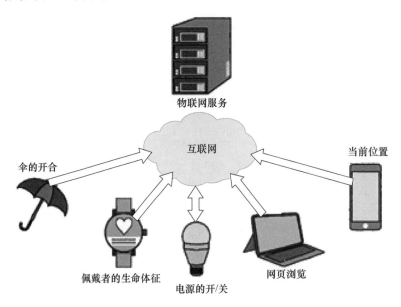

图 6.1　物联网

6.1.2　物联网的发展历程

物联网的概念最早出现于比尔·盖茨 1995 年《未来之路》一书,在《未来之路》中,比尔·盖茨已经提及物联网概念,只是当时受限于无线网络、硬件及传感设备的发展,并未引起世人的重视。1998 年,美国麻省理工学院创造性地提出了当时被称作产品电子代码(electronic product code,EPC)系统的物联网构想。1999 年,美国 Auto-ID 实验室首先提出"物联网"的概念,主要是建立在物品编码、射频识别(radio frequency identification,RFID)技术和互联网的基础上。

微课

物联网发展历程

1. 正式提出物联网的概念

2005 年 11 月 17 日,在突尼斯举行的信息社会世界峰会(WSIS)上,国际电信联盟(ITU)发布了《ITU 互联网报告 2005:物联网》,正式提出了物联网的概念。报告指出,无所不在的"物联网"通信时代即将来临,世界上所有的物体从轮胎到牙刷、从房屋到纸巾都可以通过因特网主动进行交换,射频识别技术、传感器技术、纳米技术、智能嵌入技术将得到更加广泛的应用。根据 ITU 的描述,在物联网时代,通过在各种各样的日常用品上嵌入一种短距离的移动收发器,人类在信息与通信世界里将获得一个新的沟通维度,从任何时间、任何地点的人与人之间的沟通连接扩展到人与物、物与物之间的沟通连接。

2. 物联网定义

2009 年 9 月,在北京举行的物联网与企业环境中欧研讨会上,欧盟委员会信息和社会媒体司 RFID 部门负责人 Lorent Ferderix 博士给出了欧盟对物联网的定义:物联网是一个动态的全球网络基础设施,它具有基于标准和互操作通信协议的自组织能力,其中物理的和虚拟的"物"具有身份标识、物理属性、虚拟的特性和智能接口,并与信息网络无缝整合。物联网将与媒体互联网、服务互联网和企业互联网一起,构成未来互联网。

3. 我国物联网的发展

2010 年,温家宝总理在十一届人大三次会议上所作的政府工作报告中对物联网做了这样的定义:物联网是指通过信息传感设备,按照约定的协议,把任何物品与互联网连接起来,进行信息交换和通信,以实现智能化识别、定位、跟踪、监控和管理的一种网络。

2012 年,工业和信息化部发布《物联网"十二五"发展规划》,该规划指出要在工业、农业、物流、家居等 9 个重点领域开展示范工程,国家总投资 5 000 亿元建设物联网产业集群。

2016 年以来,物联网产业链的各种要素已基本完善,2017—2018 年物联网对于国民经济产业变革的规模效应初显,2018—2019 年是市场开始对物联网技术方案的落地进行验证。当前,技术、政策和产业巨头的推动对于物联网产业的发展依然重要,市场需求因素的影响正在增强。2016—2020 年,5 年复合增长率达到 46.76%。聚焦感知、传输、处理、存储、安全等重点环节,加快关键核心技术攻关的同时,依托更广泛的连接,应用场景积极拓展。

工信部等八部门印发《物联网新型基础设施建设三年行动计划(2021—2023 年)》,明确到 2023 年年底,在国内主要城市初步建成物联网新型基础设施,社会现代化治理、产业数字化转型和民生消费升级的基础更加稳固。

6.1.3 物联网的关键技术

物联网的关键技术主要包括无线传感器网络、RFID技术、无线网络技术、人工智能技术、云计算技术等。物联网与多种技术的相关关系如图6.2所示。

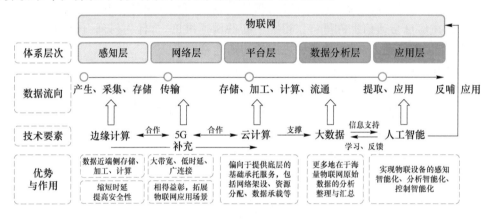

图6.2 物联网与多种技术的相关关系

传感器技术是从自然源中获取信息并对其进行处理、转换和识别的多学科现代科学与工程技术。在物联网中,传感器主要负责感知采集外界的信息。

RFID技术是物联网的关键技术。物联网中的RFID标签存储标准化的、可互操作的信息,并通过无线数据通信网络自动采集到中心信息系统中,实现物品的识别。

无线网络技术为物联网提供了能够传输海量数据的高速无线网络。不仅包括允许用户建立远距离无线连接的全球语音和数据网络,还包括短距离蓝牙技术、红外线技术和Zigbee技术。

人工智能是一种用计算机模拟某些思维过程和智能行为(如学习、推理、思考和规划等)的技术。在物联网中,人工智能技术主要是对采集到的物体信息进行分析,从而实现计算机自动处理。

云计算技术可以作为物联网的大脑,实现海量数据的存储和计算。物联网终端的计算和存储能力有限,需要云计算技术提供支撑。

【任务单】

任务单	物联网带给生活的变化		
班级		组别	
组员		指导教师	
工作任务	关注物联网带给生活的变化,整理并撰写总结报告。		
任务描述	从以下三个方面撰写物联网带给生活变化的总结报告: 1. 物联网给企业带来的影响; 2. 物联网给个人生活带来的便利; 3. 物联网发展的主线。		
评价标准	序号	评价标准	权重
	1	专业词汇使用规范正确。	20%
	2	物联网带来的影响、便利分析合理。	20%
	3	物联网发展主线描述准确。	30%
	4	小组分工合理,配合较好。	15%
	5	学习总结与心得整理得具体。	15%
学习总结 与心得			

任务实施	详细描述实施过程：

考核评价	考核成绩		教师签名		日期	

归纳思考

> 物联网实现了所有物体的智能化识别和管理,使得人们可以在任何时间、任何地点实现与任何物体的连接。
> 物联网实现了物与物的互连,让物体智能化,可以在物联网的基础上实现更多智能的应用。
> 物联网是继计算机、互联网与移动通信网之后信息产业的第三次浪潮,开发应用前景巨大,已被列为国家五大新兴战略性产业之一。

【随堂测试】

物联网概述

6.2　物联网技术架构

物联网的基本原理是先利用无线射频技术、无线传感器以及全球定位系统等对物品的信息进行识别和采集,然后利用信息传输网络将信息汇集到数据处理系统对数据进行处理,最后将处理后的数据反馈给各种应用实体。物联网的网络架构包括感知层、网络层和应用层,如图 6.3 所示。

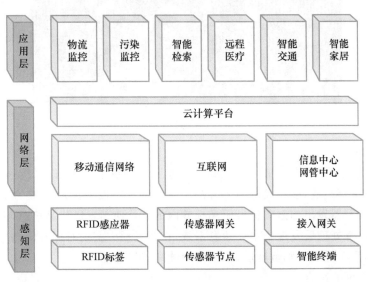

图 6.3　物联网的网络架构

> ➤ 物联网的感知层；
> ➤ 物联网的网络层；
> ➤ 物联网的应用层。

6.2.1 感知层

微课

感知层

感知层位于物联网的最底层,是物联网数据信息的来源。感知层用来感知和采集物理世界中的物理数据和事件,包括众多的数字信息和物理量,以及图片、音频、视频等多媒体信息,同时接收上层网络传送来的控制信息,并完成相应的执行动作。

1. 传感器技术

传感器是一种检测装置,能感受被测量并按照一定的规律转换成可用输出信号的器件或装置。传感器能够感知到外界的信息,并将信息以电信号或其他所需形式的信息输出。常见的传感器有温度传感器、湿度传感器、照度传感器、红外线传感器等,如图 6.4 所示。

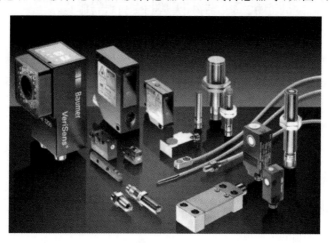

图 6.4　智能传感器

2. RFID 技术

RFID 技术是物联网应用中最有发展潜力的信息识别技术。RFID 系统一般由阅读器、标签和数据处理系统等组成,标签又分为无源的和有源的。在嵌入无源标签的物品进入识别范围内后,其利用读写器发出的射频信号驱动标签内的芯片使其发送物品信息,读写器随后接收芯片的应答,将信息处理后发送到中央信息系统,在此过程中实现对标签信息的自动读取。嵌入有源标签的物品在进入识别范围后,会主动向读写器发送物品信息。

(1) RFID 系统的组成

RFID 系统由 5 个组件构成,包括:传送器、接收器、微处理器、天线和标签。传送器、接收器和微处理器通常都被封装在一起,统称为阅读器(reader),因而工业界经常将 RFID 系统粗分为为阅读器、天线和标签三大组件(如图 6.5 所示),这三大组件一般都可由不同的生厂商生产。

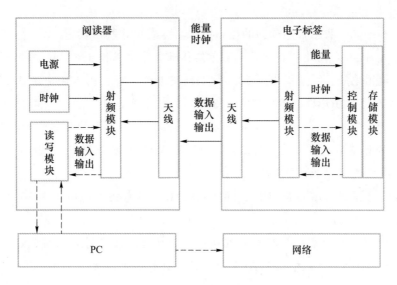

图 6.5   RFID 系统组成

（2）RFID 系统的分类

RFID 系统有多种不同的分类方法。

① 按照工作频率来分：可分为低频（30～300 kHz）、高频（3～30 MHz）、超高频（300 MHz～3 GHz），3 GHz 以上为微波范围。其中，低频有 125 kHz、133 kHz 两个典型工作频率，通常为无源标签，通信范围小于 1 m，标签数据量小，成本低；高频的典型工作频率为 13.56 MHz，标签和阅读器成本均较高，标签存储数据量较大，有效阅读距离在 1 m 或几米的范围内；超高频的典型工作频率有 433 MHz、860～960 MHz 以及严格意义上说属于微波范围的 2.45 GHz 和 5.8 GHz，这些频率的标签分为有源和无源两种，通信范围大于 1 m，典型情况为 4～6 m，最大可能超过 10 m。

② 按照标签的主动和被动来分：可分为被动式标签（passive tag）、主动式标签（active tag）、半主动标签（semi-active tag）。被动式标签内部没有电源设备，因而也称无源标签，该类标签通过阅读器的电磁波驱动而发送数据传递给阅读器；主动式标签内部携带电源设备，又称有源标签，电源设备的存在使该类标签体积大、价格昂贵，但通信距离更远，有的甚至可达上百米；半主动标签内部携带电池，用来充当传感器的能量来源，在阅读时同样是通过阅读器的驱动来实现信息传递。

③ 按照从工作方式来分：可分为全双工系统、半双工系统、时序系统。

④ 按照标签阅读距离来分：可分为密耦合系统、疏耦合系统、远距离系统三种。

⑤ 按照耦合类型来分：可分为电感耦合系统、电磁反向散射耦合系统。

我国自主创新的超高频国家标准正式发布实施

2006年6月26日在北京召开了电子标签标准工作组工作会议。

2007年我国电子标签组提出了13.56 MHz射频识别标签基本电特性、13.56 MHz射频识别读/写器规范、RFID标签物理特性3标准的技术文件。

2008年完成工作包括:840～845 MHz、920～925 MHz频率的标签的标准草案,13.56 MHz射频识别标签基本电特性的测试方法,13.56 MHz射频识别读/写器测试方法、RFID标签物理特性测试方法的标准草案。

2013年我国国家标准公告GB/T 29768—2013《信息技术射频识别800/900MHz空中接口协议》正式发布。

2017年我国国家标准公告GB/T 35103—2017《信息技术射频识别800/900 MHz空中接口符合性测试方法》正式发布,2018年5月1日起正式实施。

3. 无线传感网络节点定位

无线传感器网络的许多应用要求节点知道自身的位置信息,才能向用户提供有用的检测服务。没有节点位置信息的监测数据在很多场合下是没有意义的。比如,对于森林火灾检测、天然气管道监测等应用,当有事件发生时,人们关心的首要问题是事件发生在哪里,此时如果只知道发生了火灾却不知道火灾具体的发生地点,这种监测没有任何实质的意义,因此节点的位置信息对于很多场合是至关重要的。

(1)节点定位的基本概念

无线传感器网络中的节点定位是指传感器节点根据网络中少数已知节点的位置信息,通过一定的定位技术确定网络中其他节点的位置信息的过程。

(2)节点分类

在无线传感器网络中节点通常可以分为信标节点(beacon node or anchor node)和未知节点(unknown node),其中信标节点也称为锚节点或者参考点,未知节点也称为普通节点。信标节点是位置信息已知的节点,未知节点是位置信息未知的节点。信标节点所占比例很小,通常通过手工配置或者配备GPS接收器来获取自身的位置信息。

除此之外还有一种节点称为邻居节点(neighbor node),邻居节点是指传感器节点通信半径内的其他节点。

(3)节点定位技术的基本思路

节点定位的基本思路主要有基于测距和无须测距两种。

① 基于测距(range-based):假设在传感器网络中某些节点位置信息已知,通过某些手段来估算其他节点的位置信息,分为测距和位置估算两个环节。

② 无须测距(range-free):无须测距的方法一般是利用网络连通性或者拓扑结构来估算距离,再利用三边测量法或者极大似然估计来估算位置。

【任务单】

任务单	基于测距的节点定位方法				
班级			组别		
组员			指导教师		
工作任务	关注整理两种常见的基于测距的节点定位方法。				
任务描述	1. 确定测距和位置估算两个环节的先后顺序； 2. 整理测距的方法； 3. 整理位置估算的方法。				
评价标准	序号	评价标准			权重
	1	专业词汇使用规范正确。			20%
	2	两种测距方法描述清晰准确。			20%
	3	两种位置估算方法描述清晰准确。			30%
	4	小组分工合理,配合较好。			15%
	5	学习总结与心得整理得具体。			15%
学习总结 与心得					

	详细描述实施过程:
任务实施	

考核评价	考核成绩		教师签名		日期	

6.2.2　网络层

网络层位于物联网三层结构中的第二层,其功能为"传送",即通过通信网络进行信息传输。它由各种私有网络、互联网、有线和无线通信网等组成,相当于人的神经中枢系统,负责将感知层获取的信息安全可靠地传输到应用层,然后根据不同的应用需求进行信息处理。网络层的通信技术相当于是感知层和应用层连接的媒介,是物联网的基础。网络层的通信技术大体可以分为两大类,分别是有线通信技术和无线通信技术。

微课

网络层

1. 有线通信技术

(1) 以太网

以太网(ETH)简单来说就是用户使用的网线网络。以太网是当前 TCP/IP 主要的局域网技术,也是当今现有局域网采用的最通用通信协议标准。在物联网领域,以太网除在办公场景有线接入时会被使用到外,主要应用于工业场景,因为以太网的成本低,又是 IEEE 的通用标准,所以就改良成了工业以太网。

以太网的接口有 RS-232(如科 6.6 所示)和 RS-485。RS-232 的特点在于:它支持一对一的通信并且通信距离比较短,不超过 20 m。在台式计算机的后面就有这样的接口。RS-485 相当于 RS-232 的改良版,它支持一对多的传输,总线上最多允许 128 个收发器。同时传输速率和通信距离也得到了极大提升。

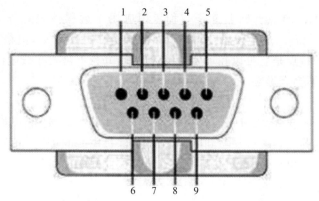

针脚	说明	针脚	说明
1	数据载波检测	6	数据装置准备好
2	接收数据	7	请求发送
3	发送数据	8	允许发送
4	数据终端准备好	9	振铃提示
5	信号地		

图 6.6　RS-232

RS-232 与 RS-485 的区别主要体现在通信距离、传输方式、通信数量和传输速率四个方面,如表 6.1 所示。

表 6.1　RS-232 与 RS-485 的对比

比较项目	RS-232	RS-485
通信距离	不超过 20 m	1 200 m 的理论值,实际 300～500 m

续 表

比较项目	RS-232	RS-485
传输方式	不平衡传输方式，单端通信	平衡传输，差分传输方式
通信数量	一对一通信	总线上最多允许 128 个收发器
传输速率	38.4 kbit/s	10 Mbit/s

（2）通信串口总线

USB 又叫通用串行总线，是连接计算机和其他外部设备的串口总线标准。USB 在生活中很常见，所以物联网这项与生活相接轨的技术会广泛使用 USB 来进行数据传输。需要注意的是，USB 根据接口又被分为不同的类型，其中比较常见的有四种：Type-A，Type-B，Micro-B 和 Type-C（如图 6.7 所示）。

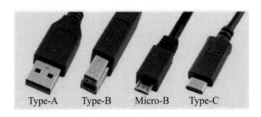

图 6.7　常见 USB 种类

（3）M-Bus 技术

M-Bus 也称为 MeterBus。M-Bus 是一种专门应用于远程抄表业务的总线，在电表、水表、气表中使用得比较多。这种技术在国内的抄表业务中并不常见，但是在欧洲却被广泛使用。这种总线技术的特点是它可以在远程为设备供电，并且不需要布设电源线，所以如果家里断电，对于这个仪表不会有影响。

（4）PLC 技术

PLC（power line communication）是在平时使用的电线上附加数据来进行数据的传输。首先需要把载有信息的高频信号加载到电流上，然后经过电线的传输，再在另一端用适配器将高频信号从电流中分离出来，之后再传输到计算机上以此来实现通信。

有线通信技术对比如表 6.2 所示。

表 6.2　有线通信技术对比

通信方式	特点	使用场景
ETH	协议全面、通用、成本低	智能终端、视频监控
RS-232	一对一通信、成本低、传输距离较近	少量仪表、工业控制等
RS-485	总线方式、成本低、抗干扰性强	工业仪表、抄表等
USB	一对一通信、通用、传输速度快	智能家居、办公、移动设备等
M-Bus	针对抄表设计、使用普通双绞线、抗干扰性强	工业能源消耗数据采集
PLC	针对电力载波、覆盖范围广、安装简便	电网传输、电表

有线通信技术多用于工业和公共事业。因为在物联网领域，设备的移动性比较强，所以有线通信应用得较少，更多的还是用无线通信来进行数据的传输。

2. 无线通信技术

（1）NB-IoT

通信运营商的网络是全球覆盖最为广泛的网络，因此在接入能力上有独特的优势。2015年 9 月，3GPP 正式将利用运营商网络来承载 IoT 联接这一技术命名为 NB-IoT，是 IoT 领域一个新兴的技术，支持低功耗设备在广域网的蜂窝数据连接，也被称为作低功耗广域网（LPWAN），如图 6.8 所示。

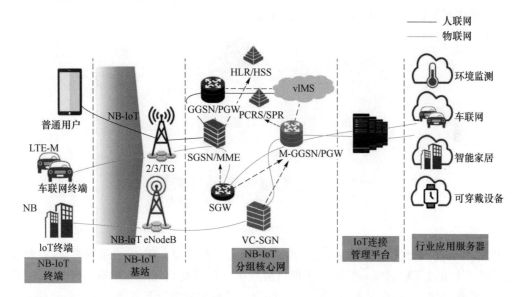

图 6.8　NB-IoT 的整体架构

NB-IoT 构建于蜂窝网络，只消耗大约 180 kHz 的带宽，可直接部署于 GSM 网络、UMTS网络或 LTE 网络，以降低部署成本、实现平滑升级。支持待机时间长、对网络连接要求较高的设备的高效连接。据说 NB-IoT 设备电池寿命可以提高至 10 年，同时还能提供非常全面的室内蜂窝数据连接覆盖。

NB-IoT 作为物联网技术标准，有以下 4 个特点：

① 广覆盖－20 dB 增益；

② 低功耗－10 年电池寿命；

③ 大连接－每小区 50 K 连接数；

④ 低成本－50 元模组成本。

（2）Bluetooth（蓝牙）

这项技术在生活中很常见，在手机、计算机、平板计算机等设备中已经成为必备技术。蓝牙技术已经发展到了蓝牙 5.0 的版本，虽然它还是属于短距无线通信技术，但它的传输距离已经可以达到非常远了。蓝牙 5.0 支持最高 3 Mbit/s 的传输速率和最远 300 m 的传输距离。蓝牙设备工作模式如图 6.9 所示。

蓝牙技术分为两种技术类型：一种是 BR/DER；

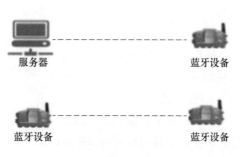

图 6.9　蓝牙设备工作模式

另一种是 LE。其中,需要重点关注的是 LE 类型,因为 LE 类型的蓝牙技术是非常适合在物联网中使用的,它可以支持点对点、广播和 Mesh 等多种形式的网络拓扑结构,非常适合物联网场景下的多设备连接的数据传输。

（3）WiFi

WiFi 广泛应用于家庭和办公场景。通常,WiFi 用在 2.4G 和 5G 两个频段上,这两个频段可以为不同的设备提供不同的服务。WiFi 的通信距离相对还是比较远的,并且支持一对多的连接,传输速率很快。WiFi 设备工作模式如图 6.10 所示。

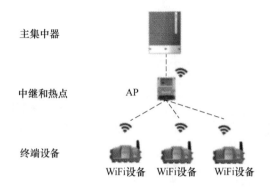

图 6.10　WiFi 设备工作模式

但是,WiFi 的缺点也十分明显,安全性不好,稳定性非常差。例如,看视频时,也许会发现视频看到一半卡住了。再如,用 WiFi 上网打游戏会明显感受到延迟较严重。WiFi 目前发展到了新一代的 WiFi 6 这个版本,它支持 9.6 Gbit/s 的传输速率以及低至 20 ms 的时延。

6.2.3　应用层

应用层位于物联网三层结构中的最顶层,其功能为"处理"。即通过云计算平台对感知层采集的数据进行计算、处理和知识挖掘,从而实现对物理世界的实时控制、精确管理和科学决策。应用层解决了跨行业、跨系统、跨应用的信息协同、共享、互通的问题,提高了信息的综合利用度,为用户提供最大限度的服务。

物联网应用层从结构上可分为以下几个部分。

1．物联网中间件

物联网中间件可以是一个系统软件,也可以是一个服务程序,它能够为物联网应用系统提供各种统一封装的公用能力。

2．物联网应用系统

物联网应用系统涵盖了许多实际应用,如电力抄表、安全检测、智能农业、远程医疗、地质勘探等。

3．云计算

海量的物联网数据要借助云计算的力量进行存储和分析,云计算的服务类型包括三种,分别是以服务和软件为核心的即服务(SaaS)、以基础架构为核心的即服务(IaaS)、以平台为核心的即服务(PaaS),如图 6.11 所示。对于终端用户角度来说,SaaS、PaaS、PaaS 这 3 层服务是相互独立的,这取决于它们提供的服务是不同的,所面向的用户也不相同,但它们有一定的依赖关系。

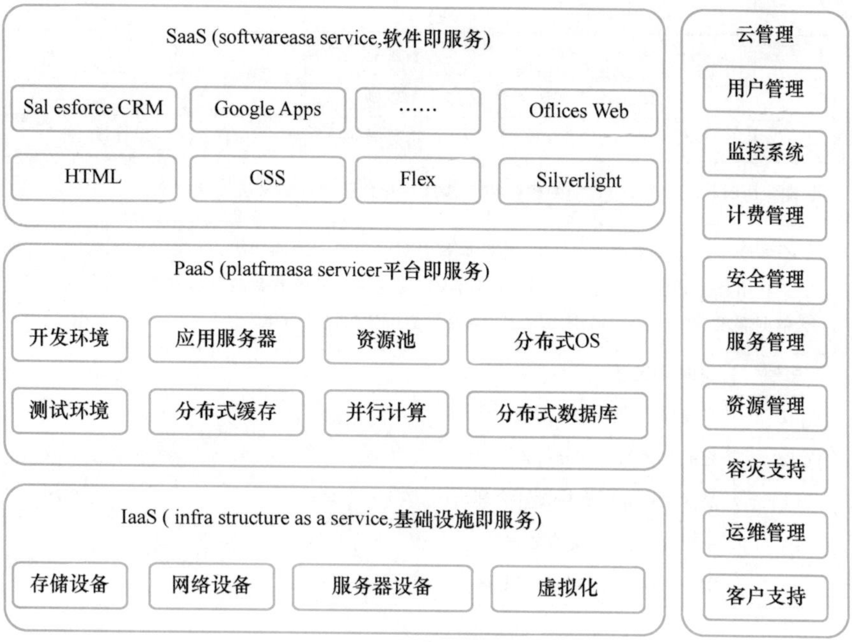

图 6.11　云计算基本架构

SaaS 是终端用户最直接、最常见的云计算服务,使用浏览器通过网络就能直接使用云上运行的应用。SaaS 云供应商负责维护和管理云中的软硬件设施,同时以免费或按需使用的形式向用户收费,而用户则不必担心软件安装与维护等问题,且可节省大量开支。

PaaS 为用户提供测试环境、部署环境等应用,使得终端用户在编写、部署等各个环节均无须关心应用服务器(application server)、数据库服务器(database server)、操作系统(operating system)、网络(network)和存储(storage)等资源的运维操作。它具有开发环境友好、服务丰富、伸缩性强、整合率高、多租户机制等优势。

IaaS 是供应商直接为终端用户提供所需的计算或存储等资源,并且只需为其租用的资源付费。它具有免维护、标准开放、伸缩性强、支持应用广泛、成本低等特点,主要采用虚拟化、分布式存储、海量数据库存储(关系型、非关系型(如大表等))等技术来实现。

消费物联网(PaaS 摩拜共享单车)

2017 年在街头四处冒出来的摩拜共享单车可以说是 PaaS(产品即服务)模式和消费物联网的交集。

摩拜公司拥有自己的产品(单车),但他们并不出售单车,而是针对城市公共交通"最后一公里"的痛点问题为用户提供随借随还的用车服务。服务流程是这样的:潜在用户下载摩拜单车的手机应用,在线注册会员提交 299 元押金,以后每次需要用车的时候可以通过这个应用找到距离最近的单车停放点,用手机扫描车上的二维码开锁,骑到另一个公共单车停放点锁上单车表示本次用车服务结束,手机应用根据用户实际骑车时间自动扣费(1元/半小时),如此周而复始。盈利预测:每个城市需要几万到几十万辆共享单车,每辆摩拜单车造价 3 000 元,要求 4 年内不坏,每天平均被骑行至少 4 次,每年可产生 1 500 元/辆的收益,这样 2~3 年就可以获得财务平衡。另外,随着用户数量的增加,公司将获得海量基于用户移动位置的数据,这些数据的分析报告将产生更多意想不到的商业价值。

【任务单】

任务单	智能宿舍方案		
班级		组别	
组员		指导教师	
工作任务	智能家居时代已到来,为我们的校园宿舍选择一套合适的智能家居设计方案。		
任务描述	1. 分析学生对校园宿舍的生活需求,明确智能宿舍需要实现的功能; 2. 关注市场上智能家居的 5 类品牌,列出表格对比不同品牌的智能家居方案; 3. 依据需求,并结合不同品牌的对比,选择智能宿舍的设计方案。		

	序号	评价标准	权重
评价标准	1	专业词汇使用规范正确。	20%
	2	智能宿舍的需求分析得当。	20%
	3	品牌对比分析表格设计合理,且方案选择合理。	30%
	4	小组分工合理,配合较好。	15%
	5	学习总结与心得整理得具体。	15%

学习总结 与心得	

任务实施	详细描述实施过程：

考核评价	考核成绩		教师签名		日期	

> 物联网的网络架构分为三层,从下到上依次为感知层、网络层及应用层。
> 感知层位于物联网三层架构的最底层,主要完成对数据的采集工作。
> 网络层位于物联网三层架构的中间层,主要完成对数据的传送工作。
> 应用层位于物联网三层架构的最上层,主要完成对数据的处理工作。
> 云计算是一种提供资源的网络,使用者可以随时获取"云"上的资源。从广义上说,云计算是与信息技术、软件、互联网相关的一种服务,这种计算资源共享池称为"云",云计算把许多计算资源集合起来,通过软件实现自动化管理,可以在很短的时间内(几秒钟)完成对数以万计的数据的处理,从而达到强大的网络服务。

【随堂测试】

物联网技术架构

6.3 物联网的应用

物联网是万物互联的基础,也是未来智慧工厂、智慧城市、智慧社区、智慧家庭等应用场景实现的基础。在国家大力推动工业化与信息化两化融合的大背景下,物联网的应用领域越来越广泛,涉及电力、交通、农业、城市管理、安全、环保、企业和家居等多个领域。

> 物联网在智慧家居中的应用;
> 物联网在智慧交通中的应用;
> 物联网在精细农业中的应用;
> 物联网在环境保护中的应用。

6.3.1 物联网在智慧家居中的应用

在以往的智慧家居领域,智慧家居的连接只停留在基础的"物物互联"的状态,随着 5G 网络商用的全面推广,智慧家居可实现不同品牌、不同平台的互联互通,智慧家居设备交换信息的延迟进一步缩减,带来更好的人机交互体验。智慧家居也不再以单个设备提供服务,而是推出"全屋智慧解决方案"增强设备交互的联动性,真正实现智慧家居 AI 化。

微课

智慧家居

新一代智慧家居整体解决方案可将安保型可视对讲、智能家居、智能门锁无缝集成,涵盖家居安保、家居控制、家居环境及媒体影音等多种功能,同时,也可以通过 App 实现远程控制,创造更加安全、舒适、便捷的现代生活体验。图 6.12 所示为智慧家居系统的解决方案。

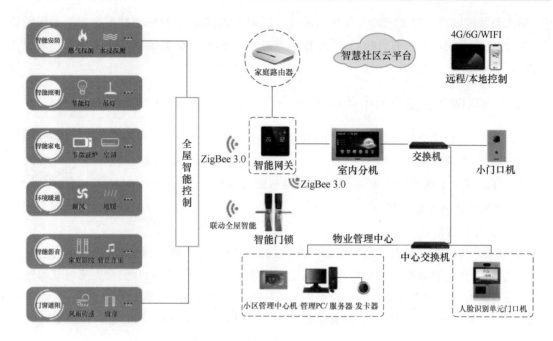

图 6.12　无线智慧家居系统解决方案

1. 物联网在智能家居中的应用

（1）家庭安防：实时查看室内情况

从安防角度讲，智能家居安防系统可实现家居安防的报警点的等级布防，采用逻辑判断，避免系统误报警；通过监控摄像头、窗户传感器、智能门铃（内置摄像头）、红外监测器等有效连接在一起，对系统布防、撤防；用户可以通过移动设备随时随地查看室内的实时情况，保障住宅安全；发生报警，系统自动确认报警信息、状态及位置，报警时能够自动强制占线。

（2）智能照明：随心所欲变换场景氛围

通过移动端应用控制设备具备计算能力和网络联接能力，主要功能有控制、灯光效果、创作、分享、光与音乐互动等。

（3）智能家电：远程控制，追踪消耗

将微处理器、传感器、网络通信引入家电设备后形成的家电产品，可自动感知住宅空间状态和家电自身状态、家电服务状态，能够自动控制及接收住宅用户在住宅内或远程的控制指令。

（4）环境暖通：远程温控，个性化定制

在酷热的夏季和寒冷的冬季，住宅温度的调节十分重要。依靠物联网技术，我们可以通过手机实现远程温控操作，控制每个房间的温度、定制个性化模式，甚至还能根据用户的使用习惯，通过 GPS 定位用户位置实现全自动温控操作。

2. 物联网技术在智能家居中的应用发展趋势

随着物联网在智能家居中的逐步深入应用，相关技术人员应进一步做好针对二者融入发展的研究。数字化概念近年来逐渐深入人心，由此，物联网技术也得到人们的广泛认可。在未来的社会发展进程中，人们对智能家居的需求也将逐步增加。

而随着智能家居发展水平的不断提升，物联网在其中的应用也将变得更加标准化和安全化,形成与智能家居建设要求契合度更高的技术应用方案。因此,物联网技术在智能家居场景中的应用还将呈现出一个明显的趋势,即技术应用方法不断优化,且能够满足不同用户的个性化需求。

6.3.2　物联网在智慧交通中的应用

随着交通卡口的大规模联网,汇集的海量车辆通行记录信息,对于城市交通管理有着重要的作用,利用人工智能技术,可实时分析城市交通流量,调整红绿灯间隔,缩短车辆等待时间,提升城市道路的通行效率。

1. 智慧交通的主要应用

（1）实时交通信息

智慧道路是减少交通拥堵的关键,但我们仍不了解行人、车辆、货物和商品在市内的具体移动状况。因此获取数据是重要的第一步,通过随处都安置的传感器,我们可以实时获取路况信息,帮助监控和控制交通流量。人们可以获取实时的交通信息,并据此调整路线,从而避免拥堵。未来,我们将能建成自动化的高速公路,实现车辆与网络相连,从而指引车辆更改路线或优化行程。

（2）车辆监控

通过大量的摄像头和传感器,实现对车辆的证照管理、交通违章取证和测速,加强对车辆的监管力度,进一步减少交通事故和违法犯罪活动的发生。

（3）道路收费

通过 RFID 技术以及利用激光、照相机和系统技术等先进自由车流路边系统来无缝地检测、标识车辆并收取费用,提高了车辆通行效率,缓解高速公路收费站车辆通行压力。

2. 城市路桥不停车收费系统

全国范围内推出了城市路桥不停车收费系统（ETC）集成项目。ETC 车道组成如图 6.13所示。车辆首先申请安装电子标签和 IC 卡,在通过路桥隧道前,驶入 ETC 专用车道,系统会自动识别,计算车辆行驶费用,直接从 IC 卡上扣除通行费。交易完成后,车道电动栏杆自动升起,放行车辆。

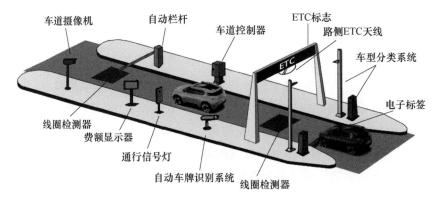

图 6.13　ETC 车道组成

国家智能汽车与智慧交通(京冀)示范区

示范区建设的目标,首先是要建成车联网和自动驾驶封闭试验场;其次是要建成 V2X 开放试验路段与自动驾驶开放试验区;最后是要研发自动驾驶与车联网等方向技术与设备测试、检测与评估规范、标准与系统,具备与之相匹配的研究技术与对外服务能力。示范区整体规划如图 6.14 所示。

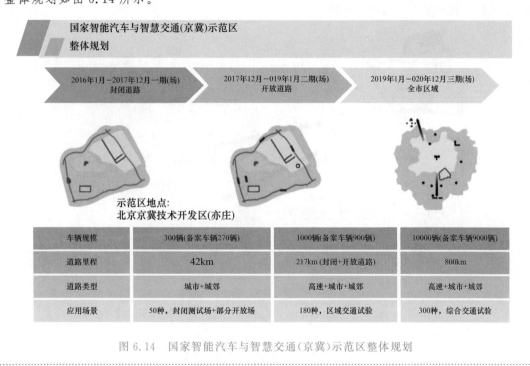

国家智能汽车与智慧交通(京冀)示范区整体规划		
2016年1月-2017年12月一期(场) 封闭道路	2017年12月-019年1月二期(场) 开放道路	2019年1月-020年12月三期(场) 全市区域
示范区地点: 北京京冀技术开发区(亦庄)		
车辆规模　300辆(备案车辆270辆)	1000辆(备案车辆900辆)	10000辆(备案车辆9000辆)
道路里程　42km	217km(封闭+开放道路)	800km
道路类型　城市+城郊	高速+城市+城郊	高速+城市+城郊
应用场景　50种,封闭测试场+部分开放场	180种,区域交通试验	300种,综合交通试验

图 6.14　国家智能汽车与智慧交通(京冀)示范区整体规划

6.3.3　物联网在精细农业中的应用

农业是关系着我国国计民生的基础产业,农业的发达程度很大程度上决定着我国的国民生产水平。随着物联网的应用越来越广泛,农业生产也引用了物联网技术,这是我国农业信息化水平的很大提高,标志着我国农业在由粗放型农业向精细农业转变的道路上迈出了一大步。物联网在农业技术中的应用主要包括农作物生长监控和农产品溯源两个方面。

微课

智慧农业

1. 农作物生长监控

物联网通过光照、温度、湿度等各式各样的无线传感器,可以实现对农作物生产环境中的温度、湿度信号以及光照、土壤温度、土壤含水量、CO_2浓度、叶面湿度、露点温度等环境参数进行实时采集,同时在现场布置摄像头等监控设备,实时采集视频信号,用户通过计算机或 5G 手机,随时随地观察现场情况、查看现场温湿度等数据,并可以远程控制智能调节指定设备,如自动开启或者关闭浇灌系统、温室开关卷帘等。现场采集的数据,为农业综合生态信息自动监测、环境自动控制和智能化管理提供科学依据。

2. 农产品溯源

食品生产的每一环的相关信息都会输入到芯片中,这些信息都采用一种可兼容的格式,被汇总到中央信息处理库,再通过互联网实现信息的交换和共享。以后在超市买菜,消费者可以通过扫描每包蔬菜上的追溯码,准确了解该蔬菜的种植过程、施肥和用药情况、加工企业、加工日期、检验信息等数据,买到真正放心的食物。

给放养牲畜中的每一只都贴上一个二维码,这个二维码会一直保持到超市出售的肉品上,消费者可通过手机阅读二维码,知道牲畜的成长历史,确保食品安全,如图 6.15 所示。我国已有 10 亿存栏动物贴上了这种二维码。

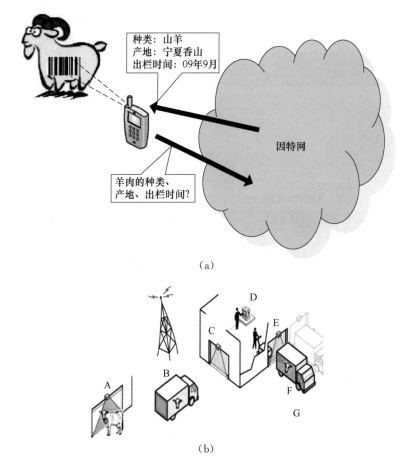

图 6.15 动物溯源示意图

6.3.4 物联网在环境保护中的应用

随着社会的高速发展,环境问题越来越严峻。传统的环境监测方法具有实时性差、可靠性低、信息量有限等缺点。环境保护是物联网最早的应用领域之一,随着近年来物联网的发展,其在环境保护领域的应用也越来越广泛,更加强调感知层技术和应用层技术的应用能够实现实时、自动化的环境数据感知系统,对环境污染源数据、大气环境质量数据等进行实时的采集和监控,同时能够通过强大的计算能力对大量环境保护监测数据进行智能分析,推动环境保护工作的智能化、自动化。物联网在环境保护中的应用主要包括以下几个方面。

1. 大气监测

可以通过在人群密集或者敏感地区布放特定的传感器来监测空气中有害化学成分的含量。传感器通过小型的传感网将采集到的数据上传到网关,再通过卫星或者有线的方式将数据汇集到数据处理中心,经过数据处理中心处理后的有用数据可以供有权限的客户查询。这些数据既可以为研究者提供实时数据,又可以作为大众的出行指南。当污染超标时,执法单位可以对污染排放进行相应的处理,有效地降低大气污染。

2. 水质监测

水质监测包括饮用水源监测和水质污染监测两种。饮用水源监测是在水源地布置各种传感器、视频监视器等设备,将水源地基本情况、水质的 PH 值等指标实时传至环保物联网,实现实时监测和预警;而水质污染监测是在各单位污染排放口安装水质自动分析仪表和视频监控,对排污单位排放污水水质中的有害物质进行实时监控,并同步到排污单位、中央控制中心、环境执法人员的终端上,以便有效防止过度排放或重大污染事故的发生。

3. 灾害监测

灾害监测包括地质灾害监测和火灾监测等。

① 地址灾害监测:可以通过在山区中泥石流、滑坡等自然灾害容易发生的地方布设节点,提前发出预警,以便做好准备,采取相应措施,防止进一步的恶性事故的发生。

② 火灾监测:可在重点保护林区铺设大量节点随时监控内部火险情况,一旦有危险,可立刻发出警报,并给出具体方位及当前火势大小。

4. 应用案例

北京市政府于 2015 年开始利用国际知名公司 IBM 和微软的空气污染预测工具实时监测与高精度预报多维度的历史污染过程和天气形势。利用认知计算、大数据分析以及物联网技术,分析整合北京 35 个官方空气监测站和气象卫星传送的实时数据流,凭借自学习能力和超级计算处理能力,提供未来 72 小时的高精度空气质量预报,实现对城市地区的污染物来源和分布状况的实时监测。

随着环保需求不断扩大以及扶持政策的日趋完善,我国环保产业已经从初期的以"三废治理"为主,发展成为包括环保产品、环境基础设施建设、环境服务、环境友好产品、资源循环利用等领域门类比较齐全的产业体系。我国的智慧环保项目已经从初期的销售监测产品开始不断拓展,产业结构和技术正在逐步优化升级。

除前面所讲的主要应用领域外,事实上,物联网的应用已经渗透到了我们生产生活的方方面面。物联网正在对当代经济社会产生深刻的影响,它的出现和发展将极大地促进社会生产力的发展、丰富我们的生活。可以说,物联网将在一定程度上改变整个社会的生产方式、生活方式,进而改变我们的生存方式。

【任务单】

任务单	探索物联网在生活中的应用		
班级		组别	
组员		指导教师	
工作任务	物联网已经深入到生活的方方面面,共享单车、手机投屏、智能洗衣机等都与物联网技术息息相关。关注物联网在生活中的应用,整理并撰写总结报告。		
任务描述	从以下三个方面撰写物联网在生活中应用的总结报告: 1. 某行业物联网的应用现状; 2. 某行业物联网的体系结构; 3. 某行业物联网的应用前景。		

	序号	评价标准	权重
评价标准	1	专业词汇使用规范正确。	20%
	2	物联网体系结构描述完整、准确。	20%
	3	物联网应用现状及应用前景描述合理。	30%
	4	小组分工合理,配合较好。	15%
	5	学习总结与心得整理得具体。	15%

学习总结 与心得	

	详细描述实施过程：	
任务实施		

考核评价	考核成绩		教师签名		日期	

➢ 近年来,我国政府出台各项政策大力发展物联网行业。在工业自动控制、环境保护、医疗卫生、公共安全等领域开展了一系列应用试点和示范,并取得了初步进展。

➢ 以数字化、网络化、智能化为本质特征的第四次工业革命正在兴起。物联网作为新一代信息技术与制造业深度融合的产物,通过对人、机、物的全面互联,构建起全要素、全产业链、全价值链全面连接的新型生产制造和服务体系,是数字化转型的实现途径,是实现新旧动能转换的关键力量。

【随堂测试】

物联网的应用

我国物联网行业规模保持高速增长

自 2013 年以来我国物联网行业规模保持高速增长,增速一直维持在 15% 以上,目前我国物联网行业规模已达万亿元。我国物联网行业规模超预期增长,网络建设和应用推广成效突出。在网络强国、新基建等国家战略的推动下,我国加快推动 IPv6、NB-IoT、5G 等网络建设,消费物联网和产业物联网逐步开始规模化应用。

【拓展任务】

任务1 查询现阶段物联网技术在各行业的应用情况。

目的:

了解物联网技术最新的发展情况;

了解物联网技术为生产生活等各方面带来的便利;

掌握物联网系统的网络架构及处理信息流程。

要求:

查询资料,撰写总结报告。

任务2 查询云计算在物联网中的应用。

目的:

了解云计算＋物联网在各行业中的应用;

了解云计算能够为物联网应用的落地做什么;

了解智能家居、联网汽车、智慧城市和可穿戴设备等多方面应用。

要求:

查询资料,撰写总结报告。

任务3 实地走访调研运营商的业务体验厅,并撰写调研报告。

目的:

了解各运营商在物联网产业的产品；

了解各运营商在物联网行业的发展情况；

能自行总结 5G 商用给物联网产业带来的好处。

要求：

制订调研方案；

撰写调研提纲；

撰写调研报告。

【知识小结】

物联网的目的是：实现人与人、人与物、物与物之间的互联。

物联网的一般定义是：通过射频识别、红外感应器、全球定位系统、激光扫描器和传感器等信息传感设备，按约定的协议，把任何物品与互联网连接起来，进行信息交换和通信，以实现智能化识别、定位、跟踪、监控和管理的一种网络。

物联网的基本原理：首先利用无线射频技术、无线传感器以及全球定位系统等对物品的信息进行识别和采集，然后利用信息传输网络将信息汇集到数据处理系统对数据进行处理，最后将处理后的数据反馈给各种应用实体。

物联网的网络架构包括：感知层、网络层和应用层。

感知层的典型关键技术包括：射频识别技术（RFID）、传感器技术、激光扫描技术及定位技术。

网络层负责信息的传输，建立在现有的互联网、广电网等通信网络基础上。

应用层负责信息的存储和处理，典型的关键技术包括：云计算、中间件等。

在国家大力推动工业化与信息化两化融合的大背景下，物联网的应用领域越来越广泛，涉及电力、交通、农业、城市管理、安全、环保、企业和家居等多个领域。

【即评即测】

物联网

项目7 光纤通信

项目介绍

光导纤维简称光纤(optical fiber)。光纤通信是以光波为信号载波,以光纤为传输介质的一种通信方式。与其他通信介质相比,光纤具有许多独特的优越性,如损耗低、容量大、传输距离长、质量轻、抗电磁干扰和化学腐蚀等。光纤通信具备了以上独特的优越性、巨大的传输带宽,目前85%以上的信息(语音、数据、图像)都是通过光纤传输的。微波通信与卫星通信、光纤通信一起被视为通信的三大传输手段,其中光纤通信为目前最主要的传输手段。

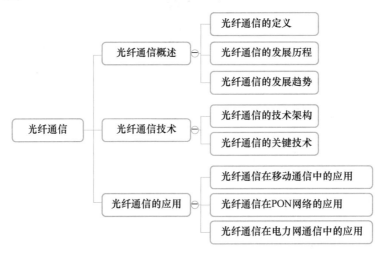

项目引入

微课

光纤通信
（项目引入）

　　自"宽带中国"战略实施以来,我国持续加大光纤网络建设投资力度,完成了从铜缆接入为主向光纤入户的全面替换。2021 年 4 月,中国移动有线宽带用户累计达 2.202 54 亿户;中国电信有线宽带用户累计达 1.622 亿户;中国联通固网宽带用户累计达 8 883.4 万户。

　　在现代信息化背景的条件下,光纤通信技术得到了前所未有的发展。目前,光纤通信技术已经被广泛应用在各个领域中,对我国经济、科技、工业等的发展,产生了积极的作用。本项目会跟大家一起来探讨学习光纤通信技术。

项目目标

- 掌握光纤通信的概念和特点;
- 了解光纤通信系统的基本组成;
- 掌握光纤的导光原理;
- 了解光纤、光缆的基本结构;
- 了解光纤通信的传输技术;
- 知道光纤通信在移动通信、电力网和家庭宽带中的应用场景;
- 了解光纤通信在 PON 网络的关键技术。
- 弘扬爱国情怀、践行工匠精神;
- 树立历史观点和国情意识。

本项目学习方法建议

- 登录"超星平台"进行网络学习;
- 课前预习与课后复习相结合;
- 参观通信展厅、开剥光缆与课堂学习相结合;
- 通过网络搜索了解光纤通信技术在行业中的应用场景;
- 任务单与个人总结相结合;
- 教师答疑与学习反馈相结合。

本项目建议学时数

8 学时。

7.1　光纤通信概述

所谓光纤通信,就是利用光纤来传输携带信息的光波,以达到通信的目的。光通信技术的进步推动了整个信息产业的飞速发展,已成为当前远距离、大容量信息传输的主要通信方式。

重点掌握

> ➢ 光纤通信系统结构;
> ➢ 光纤通信的特点;
> ➢ 光纤通信的发展历程和趋势。

7.1.1　光纤通信的定义

1. 光纤通信系统

光纤通信系统是以光波为载波,以光纤为传输介质的通信系统,它主要由光发射机、光纤、光中继器和光接收机组成,如图 7.1 所示。图中展示了一个通信方向的示意,实际的系统是双向通信的,即通信系统一端既有"发",也有"收"。

动画

光纤通信系统的结构

图 7.1　光纤通信系统基本组成

现代通信系统的数据源(用户)大部分为电信号,所以光纤通信基本的过程是:数据源电信号送给发射机,发射机执行电光转换并发射,光信号通过光纤和光中继器传输到光接收机,光接收机执行光电转换,恢复数据源电信号。

光纤通信系统可以传输模拟信号,也可以传输数字信号。与模拟光纤通信系统相比,数字光纤通信系统对光源特性的线性要求与对接收信噪比的要求都不高,更能充分发挥光纤的优势,所以光纤通信系统一般指数字光纤通信系统。

(1)光发射机——发

光发射机的主要器件是光源,作用是将电信号转换为适合在光纤中传输的光信号,即完成电光转换,如图 7.2 所示。常用的光源器件有半导体激光器(LD)和半导体发光二极管(LED)。LD 性能较好,价格较贵,而 LED 性能稍差,价格较低。

在光纤通信系统中,光纤中传输的是二进制光脉冲"0"码和"1"码,它由二进制数字信号对光源进行通断调制而产生。

光发射机工作原理:当数字信号为"1"时,光源器件发射一个"传号"光脉冲;当数字信号为"0"时,光源器件发射一个"空号"(不发光)。

图 7.2　"发"示意图

光纤的作用是将光信号由一处传送到另一处。

（2）光接收机——收

光接收机的主要器件是光检测器，作用是将光纤中传来的光信号转换为电信号，及完成光电转换，如图 7.3 所示。常用的光检测器有 PIN 光电二极管（PD）和雪崩光电二极管（APD）。APD 有放大作用，但其温度特性较差，且电路复杂。

光接收机工作原理与光发射机正好相反，即点接收到光脉冲时，转换成数字信号"1"；当接收不到光脉冲时，转换为数字信号"0"，从而恢复发端信号。

图 7.3　"收"示意图

（3）光中继器——中继

光信号在光纤中传输一定距离后，由于受到光纤损耗和色散的影响，会出现损耗和畸变，从而导致通信质量恶化，传输距离受限。为此，在光信号传输一定距离后就需要对有损耗和畸变的信号进行放大、整形，示意如图 7.4 所示。以上工作由光中继器来完成。

光中继器的作用是延长光信号的传输距离。它分为电中继器和全光中继器两种。其中，电中继器是先将光纤传来的有损耗和畸变的光信号转换为电信号，然后对其进行整形和再生为规则的电信号，最后再进行电光转换，生产新的光信号继续传输。全光中继器不需要进行光/电/光的转换，其直接对光信号进行放大，主要器件为光放大器。光放大器不能对被放大信号进行整形和再生，而且在放大有用光信号的同时，也放大了噪声（包括色散引起的波形展宽）。因此，一般连续应用几个光放大器后，要使用一个电中继器对光信号进行整形和再生。

图 7.4　"中继"示意图

2. 光纤通信系统的特点

与传统的电缆相比，光纤通信既有优点，也有缺点。

（1）光纤通信的主要优点

① 传输距离长

随着光纤制作工艺的提升，目前光纤的损耗已下降至 0.15 dB/km，这样光纤传输系统的中继距离可以达到上百千米。这是电缆通信无法比拟的。

微课

光纤通信特点

② 通信容量大

一根光纤的理论带宽能容纳 10^7 路 4 MHz 的视频或 10^{10} 路 4 kHz 的音频，而同轴电缆的带宽为 60 MHz，能传输 10^4 路 4 kHz 音频，光纤带宽是同轴电缆的 100 万倍。现代实用的波分技术，使得光纤带宽更大，可以认为是"无限大"。

③ 保密性好

现在的侦听技术已能做到在距同轴电缆几千米以外的地方窃听其内部传输信号。在光纤中传输的光信号泄露是非常微弱的，即使进行弯曲也无法窃听。没有专用的特殊工具，光纤是不能分接的，其信息保密性极高。

④ 传输质量好

由于光纤是非金属的介质材料，且传输的是光信号，因此其不受电磁干扰，传输质量好。

此外，光纤通信还有尺寸小、质量轻、便于运输和敷设、制作原材料来源丰富等优点。

（2）光纤通信的主要缺点

① 光纤细而脆,需要涂覆加以保护,为了达到工程应用要求,需要制作成光缆。

② 连接光纤时,需要高技术高精度的仪器仪表。

③ 光路的分路、耦合不方便。

尽管有以上不足,但通过技术的更新升级,现在这些问题都以克服,不影响光纤的广泛应用。

构智慧光网,筑 5G 承载坚实底座

通信技术专家马俊在"2021 世界电信和信息社会日大会"活动期间发表了题为《构智慧光网,筑 5G 承载坚实底座》的主旨演讲。

马俊表示,在数字经济、新基建的发展趋势和《"双千兆"网络协同发展行动计划》的牵引下,光网络已构成信息通信基础网络的坚实底座,其扮演的角色已从幕后走向前台,支撑了千行百业的数字化进程。

7.1.2　光纤通信的发展历程

微课

早在 2 700 多年前,我国已出现了用烽火传递信息的通信方法,这是一种可视光通信。现在仍使用的信号弹、交通信号灯等,都是可视光通信。它们是以可视光波段光波为信息载体,将烟、火、颜色等信息通过空气媒介传递。现代的光纤通信,是利用近红外区的光波为信息载体,使用光纤为传输媒介的通信方式,其只有五六十年的历史。

光纤通信的发展历程

1960 年,梅曼(T. H. Maiman)发明了红宝石激光器,产生了单色相干光,单色相干光有发散角小和光功率大的优点,为光通信提供了高性能的光源,激发了人们研究光通信的热情。

1966 年,英国标准电信研究所的英籍华裔学者高锟(K. C. Kao)等人发表了著名文章《用于光频的光纤表面波导》,从理论上分析和证明了用光纤作为传输媒介以实现光通信的可能性,并设计了通信用光纤的波导结构(即阶跃光纤)。该文章指出,光可以沿着导光的玻璃纤维传输,光纤损耗降低到 20 dB/km 以下,就可用于通信,并预言了制造超低损耗光纤的可能性。以后的事实发展证明了该文章的理论性和科学、大胆的预言的正确性。高锟博士被誉为"世界光纤之父"(如图 7.5 所示),并获得 2009 年诺贝尔物理奖。

图 7.5　世界光纤之父－高锟

1970 年,美国康宁玻璃公司根据高锟的理论设想,制造出了世界第一根超低损耗光纤,损耗为 20 dB/km。之前最好的光学玻璃制造的光导纤维损耗高达 1 000 dB/km。

1977 年,我国青年教师赵梓森使用自制的熔炼车床拉出了具有中国自主知识产权的第一根实用光纤,使我国在通信技术方面与世界最先进水平齐头并进,在部分领域甚至处于领先地位。赵梓森被誉为"中国光纤之父"(如图 7.6 所示)。

　　1970—1990 年,出现了以多模光纤和模拟传输技术为主体的第一代光纤通信系统。

　　1985—1995 年,出现了以单模光纤和数字传输技术为主体的第二代光纤通信系统。

　　1990—2000 年,出现了以单模光纤和波分复用技术(WDM)为主体的第三代光纤通信系统。

　　1995—2005 年,出现了以单模光纤和密集波分复用技术(DWDM)及光放大技术(OA)为主体,可实现超长距离和超大容量传输的第四代光纤通信系统。

　　直至现在,通信技术高速发展,移动通信、卫星通信和光纤通信将通信演变为高速、大容量、数字化和综合的多媒体业务。

图 7.6　中国光纤之父－赵梓森

在 ITU-T 的推动下,光纤通信标准经历了 PDH、SDH、DWDM、AN、IPRAN 等。各国相继制订自己的国家信息基础建设计划,并推出全球信息技术建设计划。目前,光纤通信已在普通用户普及,如光纤到大楼(FTTB)、光纤到户(FTTH)和光纤到房间(FTTR)等。

7.1.3　光纤通信的发展趋势

1. 光通信网络产品的发展趋势

　　光纤通信系统包括设备和光纤。设备的能力大小决定了整个系统的容量和效能。系统对带宽、能耗、稳定等的要求越来越高,使得通信设备的体积逐渐变小,接口密度和系统集成度逐渐提高。同时光收发模块作为重要器件,也会向体积小,速率高,传输距离远发展。

2. 新型光纤的应用

　　随着光纤通信系统的容量增大,传输距离要求更长,光纤正在向着大有效面积、超低损耗的方向演进。G.654E 光纤标准在 2016 年 9 月完成发布,相比传统的 G.652 光纤,G.654E 光纤无电中继距离优势明显,可以延长无电中继传输距离,能达 900 km 以上,减少中继站设置,并具有抗微弯性能。G.654E 已在干线网等场景应用。

3. 波分复用系统的发展

　　波分复用系统的发展迅猛。6 Tbit/s 的 WDM 系统已经大量应用,同时全光传输距离也在大幅扩展。提高传输容量的一种途径是采用光时分复用(OTDM)技术,与 WDM 通过增加单根光纤中传输的信道数提高其传输容量不同,OTDM 技术是通过提高单信道速率来提高传输容量,其实现的单信道最高速率达 640 Gbit/s。

4. 全光网络的应用

　　未来的高速通信网将是全光网(AON)。全光网是光纤通信技术发展的最高阶段,也是理想阶段。传统的光网络实现了节点间的全光化,但在网络节点处仍采用电器件,限制了通信网干线总容量的进一步提高,因此,真正的全光网已成为一个非常重要的课题。全光网络以光节点代替电节点,节点之间也是全光化,信息始终以光的形式进行传输与交换,交换机对用户信息的处理不再按比特进行,而是根据其波长来决定路由。

"中国光纤之父"的追光人生

　　赵梓森,光纤通信专家,中国工程院院士。1932年2月出生于上海,祖籍广东省中山市。早在1973年赵梓森院士就建议我国开展光纤通信技术研究,提出了正确的技术路线,参与起草了我国"六五""七五""八五"和"九五"光纤通信攻关计划,为我国光纤通信发展少走弯路起了决定性作用。赵梓森院士是我国光纤通信技术的主要奠基人和公认的开拓者,是"中国光谷"的主要倡导者和推动者,为我国光纤通信事业做出了杰出贡献,获国家科学技术奖4项,指导团队获得国家科学技术奖9项、中国专利金奖1项,取得中国十大科技进展1次,被誉为"中国光纤之父"。

【任务单】

任务单	寻找身边的光纤通信		
班级		组别	
组员		指导教师	
工作任务	光纤通信是 20 世纪 70 年代发展起来的一种新的通信方式,随着科技进步,光通信已走进了千家万户。寻找身边的光纤通信实例。		
任务描述	1. 列举光纤通信的应用场景; 2. 记录光纤光缆及光通信设备的型号; 3. 整理同类型光通信设备的异同点。		

评价标准	序号	评价标准	权重
	1	专业词汇使用规范正确。	20%
	2	应用场景的光缆、光设备型号统计准确。(至少两种)	20%
	3	同类型光通信设备的异同点正确。(至少三种)	30%
	4	小组分工合理,配合较好。	15%
	5	学习总结与心得整理得具体。	15%

学习总结 与心得	

任务实施	详细描述实施过程：

考核评价	考核成绩		教师签名		日期	

> ➤ 光纤通信系统是以光波为载波,以光纤为传输介质的通信系统。
> ➤ 光纤通信系统主要由光发射机、光纤、光中继器和光接收机组成。
> ➤ 光纤通信系统的优缺点有哪些?
> ➤ 光纤通信的发展历程中重要的节点有哪些?
> ➤ 光纤通信的发展趋势有哪几方面?

【随堂测试】

光纤通信概述

7.2　光纤通信技术

光纤通信系统主要包括光纤和设备。光纤通信技术主要体现在两个方面:一是光纤所涉及的理论、制造和实际应用;二是光纤通信传输技术和实际应用。

> ➤ 光纤导光原理;
> ➤ 光纤结构;
> ➤ 光纤的传输特性;
> ➤ 光缆结构及分类;
> ➤ 光纤通信的关键技术。

7.2.1　光纤通信的技术架构

1. 光纤导光原理

在几何光学中,光在同一均匀介质中是直线传播的,但在两种不同介质的交界处会发生反射和折射现象,如图 7.7 所示。

动画

光纤导光原理

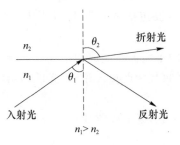

图 7.7　光的反射和全反射

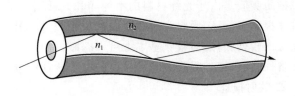

图 7.8　光纤内的光波传输

折射定律:

$$\frac{\sin\theta_1}{\sin\theta_2}=\frac{n_2}{n_1}$$

当光从光密介质(折射率相对较大)进入光疏介质,在两介质的交界面会发生全反射现象,即当入射角达到一定值时,折射光线与法线成 90°角,再增大入射角会使折射光线全部进入原介质中,此时入射角为 θ_c。

$$\sin\theta_c=\frac{n_2}{n_1}$$

从能量角度看,随着入射角 θ_1 的增大,折射光的能量越来越小,直到消失,此时入射光的能量全部为反射光的能量。由此可见,只有入射角 θ_1/θ_c 的入射光束才能在光纤中传输,如图 7.8 所示。

光纤就是利用纤芯折射率略高于包层折射率的特点,使符合入射角的光线束缚在光纤中,并在纤芯与包层的边界形成全反射,这样循环往复,使光信号在纤芯中以近似直线的方式从一端曲折前进到另一端。

2. 光纤的传输特性

光纤的特性有很多,主要包括几何特性、光学特性、传输特性、温度特性和机械特性。其中,传输特性是最主要的特性,它主要包括损耗特性和色散特性。传输特性与传输距离有着密切的关系。

微课

光纤的传输特性

(1)损耗特性

光纤损耗是指光在光纤中传输,由于各种因素引起的信号能量损失。此处光纤损耗是指来自光纤本身的损耗。光纤的衰减或损耗是一个非常重要的、对光信号的传播产生制约作用的特性。光纤的损耗限制了光信号的传播距离。光信号在光纤中传输,随着距离的延长,光的强度不断减弱,这正是由于损耗特性而导致的。根据损耗的机理,光纤的损耗分类如图 7.9 所示。

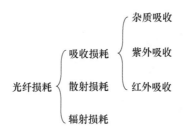

图 7.9 光纤的损耗分类

① 吸收损耗

光纤吸收损耗是制造光纤的材料(如 SiO_2)本身造成的,光波通过光纤材料时,有一部分光能变成热能,从而造成光功率的损失。光纤吸收损耗主要包括杂质吸收、紫外吸收和红外吸收。

杂质吸收是由于光纤材料的不纯净和光纤制作工艺的不完善而造成的损耗。影响较大的是氢氧根离子 OH^- 吸收和过渡金属离子吸收,以 OH^- 吸收最为严重。目前,光纤的杂质已经清除得比较彻底,杂质吸收基本上可以忽略。

紫外吸收、红外吸收是光纤材料的电子跃迁和分子振动引起的吸收损耗。

② 散射损耗

光通过密度或折射率不均匀的物质时,除在传输方向上外,在其他方向也可以看到光,这种现象称为光的散射现象。

散射损耗是由于光纤的材料、形状以及折射率分布不均匀,使光在光纤传输过程中发生散射而产生的损耗。

③ 辐射损耗

光纤在使用过程中,弯曲往往不可避免。当光纤弯曲的曲率半径小到一定值时,光的全反射条件将被破坏,导致纤芯中的部分光能量辐射进入包层,从而产生光能量的损耗。此类损耗就是辐射损耗,一般为光纤弯曲过大引起。

决定光纤损耗的主要是吸收损耗和散射损耗。

将光纤的各种损耗相加,得到总损耗,对于不同波长,光纤的总损耗各不相同,将总损耗与波长的关系做成曲线,就形成了光纤的损耗谱,如图 7.10 所示。

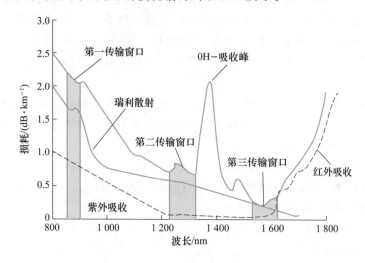

图 7.10　光纤的损耗谱

从损耗谱中可看出,有 3 个波长段的损耗比较小,我们称之为工作波长窗口,分别为 850 nm 短波长窗口、1 310 nm 中心波长窗口和 1 550 nm 长波长窗口,其中应用最广泛的是 1 550 nm 长波长窗口。

(2) 色散特性

色散是光学名词。光信号中的不同频率成分或模式在光纤中的群速度不同,因而这些频率成分和模式达到光纤终端有先有后,使得光信号发生展宽,这就是光纤的色散,如图 7.11 所示。

图 7.11　色散引起的脉冲展宽示意图

在数字光通信系统中,色散引起光脉冲的展宽,严重时,前后脉冲相互重叠,形成码间干扰,增加误码率,限制光纤通信系统的传输容量和距离。光纤中色散的分类如图 7.12 所示。

① 模式色散

模式色散也称为模间色散,主要存在于多模光纤中,是多模光纤中各个模式由于传播途径

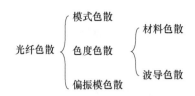

图 7.12　光纤中色散的分类

的差异而引起的色散。

② 色度色散

色度色散也称为模内色散,可分为材料色散和波导色散。材料色散是由于光信号中不同的频率成分在均匀介质中传播的速度不同,引起传输时延差,是材料本身所固有的特性。

波导色散跟光纤的结构有关。光信号在光纤传输过程中,一部分在纤芯中传播,另一部分在包层中传播。由于包层折射率低于纤芯,所以包层中传播的光信号会快于纤芯中的光信号,由此产生传输时延差,从而引发色散,我们将这种色散称为波导色散。

③ 偏振膜色散

偏振膜色散是由于信号光的两个正交偏振态在光纤中有不同的传播速度而产生传输时延差引起的色散。它是由于单模光纤结构上的缺陷或纤芯折射率分布不均匀等因素造成的。对于理想的单模光纤,偏振模色散是不存在的。

色散的大小用时延差表示,也称为色散系数,指单位波长间隔内光波长信号通过单位长度光纤所产生的时延差。色散的单位为 ps/(nm·km)。例如,G.652 单模光纤在 1 550 nm 工作波长的色散系数一般为 18 ps/(nm·km)。

3. 光纤的结构及分类

(1) 光纤的基本结构

光纤(如图 7.13 所示)是由中心的纤芯和外围的包层同轴组成的圆柱形细丝,它由纤芯、包层和涂覆层构成,如图 7.14 所示。它是由两种不同折射率的玻璃材料拉制而成,是利用光在玻璃材料制成的细丝中的全反射原理而达成的光传导工具。

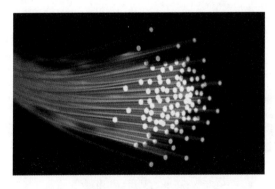

图 7.13　光纤

纤芯的折射率比包层稍高,损耗比包层更低,光能量主要在纤芯内传输。包层的主要作用是给纤芯提供一个能产生全反射的界面。只有纤芯和包层的光纤称为裸光纤,它的强度较差,在光纤制作过程中,预制棒拉丝成裸光纤后,在 2 秒内进行涂覆,形成涂覆层。涂覆层的作用是增加光纤的机械强度、柔软性和抗腐蚀性。我们通常所说的光纤,是指经过涂覆的光纤,此种光纤才能达到通信线路的实际使用要求。

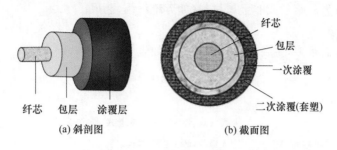

纤芯 包层 涂覆层

纤芯
包层
一次涂覆
二次涂覆(套塑)

(a) 斜剖图　　　　　　　　　(b) 截面图

图 7.14　光纤的基本结构

（2）光纤的分类

光在光纤中传播时,可能存在多种电磁场分布形式,也就是存在多个传导模式,简称导模。按导模的数目不同,光纤可分为单模光纤和多模光纤。

单模光纤,是只传输最低阶模的光纤,适用于长距离、大容量的光纤传输系统。多模光纤,是可传输多个模式的光纤,适用于短距离、中容量的光纤传输系统。

为了使光纤具有统一的国际标准,国际电信联盟(ITU-T)制定了统一的光纤标准。国际电工委员会(IEC)也对不同类型的光纤进行了命名,他们分类的对照关系如表 7.1 所示。

表 7.1　光纤命名与标准对照

中文名称	ITU-T 标准	IEC 命名
渐变型多模光纤(MMF)	G.651	A1a,A1b
非色散位移常规单模光纤(SMF)	G.652A.B	B1.1
低水峰(全波)单模光纤(AWF)	G.652C.D	B1.3
零色散位移单模光纤(DSF)	G.653	B2
截止波长位移单模光纤	G.654	B1.2
非零色散位移单模光纤(NZ-DSF)	G.655	B4
宽带非零色散位移单模光纤(S.C.L)	G.656	B5
抗弯曲衰减单模光纤	G.657	B6

4. 光缆的结构及分类

单根光纤,即使有涂覆层保护,其强度也很低,有细而脆的特点。在实际工程应用中,需要考虑温度、湿度、化学侵蚀、机械破坏等因素,将光纤制成不同结构形式的光缆,以提供全面保护。

（1）光缆的基本结构

光缆的种类很多,但是不论其具体结构如何,都是由光纤、护套和加强件组成。

一根光缆中光纤的芯数根据实际需要来决定,可以有 1～288 芯不等,每根光纤放在不同位置,涂覆层为不同颜色,便于熔接时识别。

护套作用是保护纤芯不受外界的伤害。要求具有良好的抗侧压力性能、密封防潮和耐腐蚀及日晒的能力。护套通常由聚乙烯(PE)或聚氯乙烯(PVC)

微课

光缆结构

动画

光缆熔接

和钢带或铝带构成。根据光缆的应用要求,护套选用不同的材料和结构。

加强件是为了加大光缆抗拉、耐冲击的能力,起着承受光缆拉力的作用。其通常用杨氏模量大的钢丝或非金属材料(如芳纶纤维)制成。

（2）光缆的分类

光缆的分类方法很多,主要的几种分类方法如表7.2所示。

表7.2　常用光缆分类方式

分类方法	光缆种类
按缆芯结构分类	层绞式、骨架式、中心束管式、带状式
按外护套结构分类	无铠装、钢带铠装、钢丝铠装
按光缆中有无金属分类	金属光缆、全非金属光缆
按敷设方式分类	直埋光缆、管道光缆、架空光缆

下面按缆芯结构分类进行介绍。

① 层绞式光缆

层绞式光缆是把经过套塑的光纤单元(管)螺旋绞合在中心加强件周围而制成的光缆。如图7.15所示,这种光缆的加强件放置在光缆中心,加强件可采用金属或非金属加强材料。在缆芯周围加装各种护层并填充缆膏。层绞式光缆的特点是结构简单、性能稳定、制造容易,目前我国生产的光缆多数采用此结构。

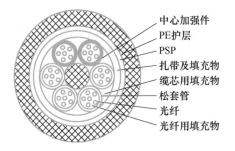

中心加强件
PE护层
PSP
扎带及填充物
缆芯用填充物
松套管
光纤
光纤用填充物

图7.15　层绞式光缆

② 骨架式光缆

骨架式光缆是把紧套光纤或一次涂覆光纤放入中心加强件周围的螺旋形塑料骨架凹槽内而制成的光缆。如图7.16所示,这种光缆使用骨架和中心加强件为支撑单元。骨架采用高密度聚乙烯材料,抗侧压性好,对光纤有很好的保护,同时可以防止开剥光缆时损伤光纤。在骨架外面是包带和护套等。骨架式光缆的特点是耐压、抗弯、外径小等。

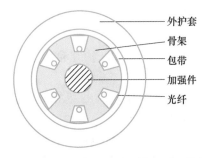

外护套
骨架
包带
加强件
光纤

图7.16　骨架式光缆

③ 中心束管式光缆

中心束管式光缆是把装有多根光纤的松套管置于光缆截面的中心位置,加强件配置在套管周围而制成的光缆。如图 7.17 所示,这种光缆的光纤在束管内有很大的活动空间,改善了光纤在光缆内受压、受拉、弯曲时的受力状态,同时加强件在光纤的外部,光纤抗冲击能力强。中心束管式光缆的特点是缆芯细、尺寸小、制造容易和成本低等。

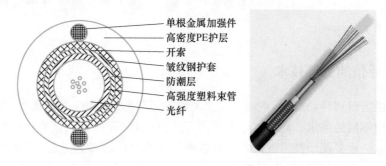

图 7.17　中心束管式光缆

④ 带状式光缆

带状式光缆的结构类同于非带状光缆,可把带状光纤单元放入松套管内、骨架凹槽内或中心大套管内,形成层绞式、骨架式或中心束管式结构,如图 7.18 所示。

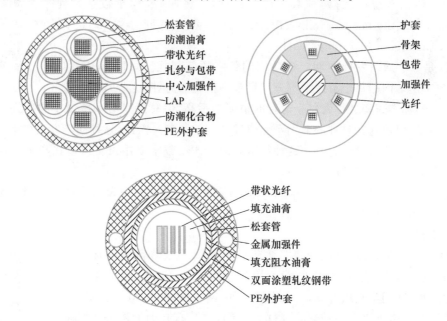

图 7.18　带状式光缆

根据我国电信行业相关标准(如 GB 6995.2),光缆内光纤涂覆层表面应有色标,并且不褪色不变色。光纤全色谱如表 7.3 所示。

表 7.3　光纤全色谱规则

序号	1	2	3	4	5	6	7	8	9	10	11	12
颜色	蓝	桔	绿	棕	灰	白	红	黑	黄	紫	粉红	天蓝

通信无处不在,光纤无处不在

光纤通信改变了世界通信模式,为信息高速公路奠下基石,促进了影像传输、电话和计算机互联网的极大发展。目前,5G 移动通信预计会再次改变人们的通信模式,各种新应用和新技术层出不穷,光纤通信必定大放异彩。光纤如同地球村的街道、大树的脉络、人体的血管,无处不在。

7.2.2 光纤通信的关键技术

从固定电话通信到移动通信,移动通信技术从 1G 到现在的 5G 发展历程,展示出了不同时代人们对通信不同的需求。同时有线电视网、计算机网络等通信网在不同时代给传送网提出了不同的需求。业务驱动技术发展在光传送网技术的发展历程上得到了很好的印证。

主要的光传送网技术可以从早期的 PDH 技术说起,后来经历了 SDH、MSTP、WDM、IPRAN/PTN/SPN、OTN、PON 等技术。下面分类进行简介。

1. 以时分复用技术为主体的 PDH/SDH/MSTP

(1) PDH

在数字传输系统中,有两种数字传输系列,一种叫"准同步数字系列"(plesiochronous digital hierarchy,PDH);另一种叫"同步数字系列"(synchronous digital hierarchy,SDH)。

微课

PDH 是数字通信发展初期广泛使用的数字通信制式。采用 PDH 的系统,是在数字通信网的每个节点上都分别设置高精度的时钟,这些时钟的信号

PDH 复接体系

都具有统一的标准速率。尽管每个时钟的精度都很高,但总还是有一些微小的差别。为了保证通信的质量,要求这些时钟的差别不能超过规定的范围。因此,这种同步方式严格来说不是真正的同步,所以称为"准同步"。这种数字通信制式使数字复用设备可以在数字交换设备之前就能开发应用,因而曾被广泛应用。

PDH 主要技术为时分复用技术(TDM)和数字复接技术。其复接路线有三种,如图 7.19 所示,我国采用欧洲体制。

(2) SDH

PDH 传输体制组建的传输网,由于有三种体系,没有国际性的标准电接口规范,造成了国际互联互通困难;没有国际性的光接口规范,造成了各厂家设备互通困难;准同步复用方式,上下电路不便;网络管理 OAM 能力弱,建立监控网管困难。由于以上各种缺陷,PDH 已不能适应现代通信网络的发展要求。为了适应网络发展的需求,SDH 技术应运而生。

微课

SDH 复接体系

根据 ITU-T 的定义,SDH 是为不同速率的数字信号的传输提供相应等级的信息结构(包括复用方法、映射方法以及相关的同步方法)的技术体制。SDH 概念包括以下几个要点:

① SDH 体制对网络节点接口(NNI)做了统一的规范。

② SDH 体制有一套标准的信息结构等级,即有一套标准的速率等级。STM-1 是 SDH 的第一个等级,又称为基本同步传送模块,比特率为 155.520 Mbit/s。STM-N 是 SDH 第 N 个等级的同步传送模块,比特率是 STM-1 的 N 倍($N=4n=1,4,16,\cdots$)。

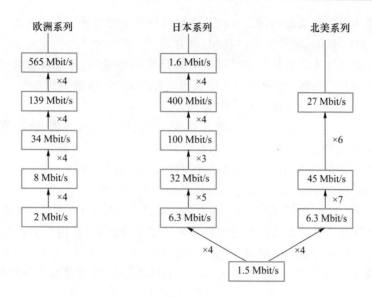

图 7.19　PDH 体制复接路线对比

③ SDH 体制有一套特殊的复接结构,兼容 PDH 体制,具有良好的兼容性。

④ SDH 体制大量采用软件进行网络配置和控制,网管 OAM 功能强大。

⑤ SDH 体制有标准的光接口,不同厂家设备可以互通。

ITU-T 规范的 SDH 标准速率如表 7.4 所示。

表 7.4　SDH 标准速率

等级	STM-1	STM-4	STM-16	STM-64
速率/(Mbit·s^{-1})	155.520	622.080	2 488.320	9 959.280

（3）MSTP

MSTP(多业务传送平台,multi-service transport platform)技术是指基于 SDH 平台,同时实现 TDM、ATM、以太网等业务的接入、处理和传送,提供统一网管的多业务传送平台。

MSTP 充分利用 SDH 技术,特别是保护恢复能力和确保延时性能,加以改造后可以适应多业务应用,支持数据传输,简化了电路配置,加快了业务提供速度,改进了网络的扩展性,降低了运营维护成本。在 PTN 技术应用以前,MSTP 技术是主要的传输承载网技术。

MSTP 是将传统的 SDH 复用器、数字交叉链接器(DXC)、WDM 终端、网络二层交换机和 IP 边缘路由器等多个独立的设备集成为一个网络设备,即基于 SDH 技术的多业务传送平台,进行统一控制和管理。基于 SDH 的 MSTP 技术最适合作为网络边缘的融合节点支持混合型业务,特别是以 TDM 业务为主的混合业务。以 SDH 为基础的多业务平台可以更有效地支持分组数据业务,有助于实现从电路交换网向分组网的过渡。

MSTP 可以实现对多种业务的处理,包括 PDH 业务、SDH 业务、ATM 数据业务及 IP、以太网业务等,既能实现快速传输,又能满足多业务承载,更重要的是能提供电信级的 QoS 能力。

2. 以波分复用技术为主体的 WDN/OTN/PON

（1）WDM

信息时代要求越来越大容量的传输网络,增加光纤网络的容量及灵活性,提高传输速率和扩容的手段成为急需解决的问题。常用的增加网络容量的办法有空分复用（SDM）、时分复用（TDM）、波分复用（WDM）等方式。

空分复用是靠增加光纤数量的方式线性增加传输的容量，传输设备也线性增加。时分复用是从传统 PDH 的一次群至四次群的复用，到如今 SDH 的 STM-1、STM-4、STM-16 乃至 STM-64 的复用。

采用 SDM 或者 TDM 的扩容方式，即采用单一波长的光信号传输，这种传输方式是对光纤容量的一种极大浪费，因为光纤的带宽相对于目前我们利用的单波长信道来讲几乎是无限的。一根光纤中如将多个不同波长的光信号同时传输则能成倍地增加系统传输容量。

WDM（wavelength division multiplexing，波分复用）技术是利用单模光纤低损耗区的巨大带宽，将多个不同频率（波长）的光信号混合在一起进行传输，可以大幅度增加网络的容量。

WDM 工作原理是在发送端将不同波长的光信号组合起来（复用），并耦合进光缆线路上同一根光纤中进行传输，在接收端将组合波长的光信号进行分离（解复用），并作进一步处理后恢复出原信号送入不同终端，如图 7.20 所示。WDM 作用可以理解为成倍地增加了光缆"纤芯"。

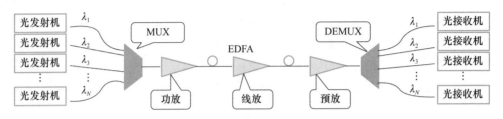

图 7.20　WDM 工作原理示意图

WDM 网络扩容通过在光纤中增加新的波长通道来实现，操作简单，成本较低。一段时期内出现了"SDH＋WDM"的传送方式。

值得注意的是，光波分复用的实质是在光纤上进行光频分复用（OFDM），只是因为光波通常采用波长而不用频率来描述、监测与控制。

（2）OTN

随着网络 IP 化进程的不断推进，传送网组网方式开始由点到点、环网向网状网发展，网络边缘趋向于传送网与业务网的融合，网络的垂直结构趋向于扁平化发展。在这种网络发展趋势下，传统的"WDM＋SDH"的传送方式已逐渐暴露其不足，OTN 组网方式脱颖而出。OTN 技术是在 SDH 和 WDM 技术的基础上发展起来的，兼有两种技术的优点，OTN 采用光电结合的网络技术，为 OTN 取代传统的 WDM＋SDH 组网，与 IP 网络融合推广奠定了坚实的基础。

OTN（optical transport network，光传送网络）是以波分复用技术为基础、在光层组织网络的传送网，能够提供基于光通道的客户信号的传送、复用、路由、管理、监控以及保护（可生存性），是现代的骨干传送网。OTN 的一个明显特征是对于任何数字客户信号的传送设置与客户特性无关，即客户无关性。

（3）PON

家庭宽带现在遍布千家万户，企业宽带也大量在企业内使用，这些都是光纤接入的实际应用场景。PON（passive optical network，无源光网络）主要解决光纤到户"最后 1 千米"问题。PON 是一种点到多点的无源光纤接入技术及相应的系统。所谓"无源"，是指局端设备与远端用户设备之间的光分配网络不含有任何有源电子器件及电子电源,全部由光纤和光分/合路器等无源器件组成,没有昂贵的有源电子设备,网络结构如图 7.21 所示。

PON 网络的优点是造价低,节省资源,便于维护。

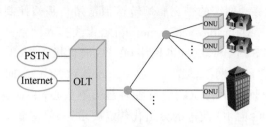

图 7.21 PON 网络结构示意图

由图 7.21 可以看出,PON 网络中 OLT(optical line terminal,光线路终端)与 ONU(optical network unit,光网络单元,即光猫)之间通信是靠一根光纤和树形结构实现的。需要采用 WDM 技术,实现单纤双向传输,下行波长 1 490 nm,上行波长 1 310 nm,如图 7.22 所示。为了分离同一根光纤上多个用户的来去方向的信号,采用了两种复用技术:下行数据流采用广播技术;上行数据流采用 TDMA 技术,如图 7.23 所示。

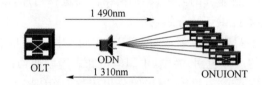

图 7.22 PON 网络上下行波长

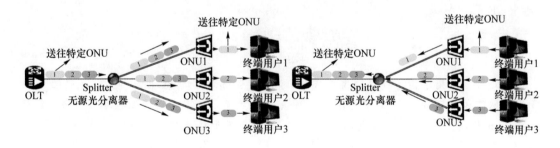

图 7.23 PON 网络上下行复用技术

3. 以分组技术为主体的 IPRAN

(1) IPRAN 1.0/PTN

业务驱动永远是技术和网络发展的原动力,IPRAN/PTN 技术的诞生也是如此。IPRAN 和 PTN 技术放到一起介绍,是有原因的,二者的产生背景、技术和应用场景基本相同,只在关键技术上稍有不同。

在实际应用上,中国移动 3G/4G 回传网络以 PTN(packet transport network,分组传送网)为主,中国电信以 IPRAN(IP radio access network,IP 化的无线接入网)为主,中国联通以 IPRAN 为主,同时部分引入了 PTN。

IPRAN/PTN 技术都是为了应对传统移动通信网络向移动互联网转型而产生的,时间节点为 3G 网络初期和中后期。现在 3G/4G 网络均承载在

微课

PTN

IPRAN/PTN 传送网络上。

在 2.5G 和 3G 初期,移动网络向 IP 化演进带来传送网的带宽需求。语音、视频、数据业务在 IP 层面的不断融合,使"ALL IP,Everything over IP"成为一种技术的发展趋势。移动互联网的带宽爆炸式增长,移动网络的带宽瓶颈转移到基站与基站控制器之间,而这一段网络,就是移动网络架构中的 RAN(radio access network,无线接入网络),也称为移动回传网。简单说,在 2G 时代就是 BTS 到 BSC 之间的网络;在 3G 时代指 NodeB 到 RNC 之间的网络;4G 时代指 eNodeB 到 EPC 之间的网络;5G 时代指 gNodeB 到 NGC 之间的网络。

当时的 SDH/MSTP 网络承载 3G RAN 业务已力不从心,主要是无法满足移动分组数据业务的承载需求。同时 3G 向 4G 演进的分组化传送要求等,促使能实现 RAN 的 IP 化的传送技术产生了。

IPRAN 和 PTN 均是基于分组交换的 IP 化承载传送技术,完成 RAN 的移动数据回传。接入层速率为 1GE 和 10GE。但狭义的概念上,IPRAN 指基于 IP/MPLS 技术的多业务承载网络,PTN 指采用 MPLS-TP 标准的分组传送网络。二者均有如下特点:高可用性和可靠性、高效的带宽管理机制和流量工程、便捷的 OAM 和网管、可扩展、较高的安全性等。

(2) IPRAN 2.0/SPN

到了 5G 时代,根据 5G 新业务的需求,移动网络需要进行切片,以满足不同类型的业务需求。这就需要回传网也能够提供切片分组功能。

在实际应用上,三家运营商均重新组建了 RAN 回传网。中国移动 5G 回传网以 SPN (slicing packet network,切片分组网)为主,中国电信和中国联通均以 IPRAN 2.0 为主。

IPRAN 2.0/SPN 是在承载 3G/4G 回传的分组传送网(IPRAN/PTN)技术基础上,面向 5G 和政企专线等业务承载需求,融合创新提出的新一代切片分组网络技术方案,接入层速率达到 50GE。

光进铜退

固定网络是整个信息社会的技术底座,即便是当前大热的 5G 无线网络,也需要依赖于固定网络才能完成信息数据的传输。过去十多年来,"光进铜退"工程稳步推进,截至 2020 年 5 月,我国光纤用户渗透率已达 93%,大幅领先于欧美和全球平均水平。

【任务单】

任务单	电信运营商传输网常用光缆		
班级		组别	
组员		指导教师	
工作任务	关注电信运营商传输网中的常用光缆,整理并撰写总结报告。		
任务描述	从以下三个方面撰写常用光缆的总结报告: ① 光缆敷设方式的归类; ② 光缆敷设场景的归类; ③ 工程中常用的光缆型号及其结构特点。		
评价标准	序号	评价标准	权重
	1	专业词汇使用规范正确。	20%
	2	光缆敷设方式及场景归类合理。	20%
	3	光缆型号及其结构特点描述准确。	30%
	4	小组分工合理,配合较好。	15%
	5	学习总结与心得整理得具体。	15%
学习总结 与心得			

任务实施	详细描述实施过程：

| 考核评价 | 考核成绩 | | 教师签名 | | 日期 | |

➤ 光纤是最基础的光信号传输物理工具。根据各种需求,我们制作了在不同应用场景使用的多种类型光纤。

➤ 光纤的传输特性主要包括损耗特性和色散特性。

➤ 光纤是在纤芯与包层的边界形成全反射,将光线束缚在光纤,从一端传到另一端。

➤ 为了在实际工程中应用,对光纤进行保护制作成了光缆。光缆中有多根光纤,根据不同应用要求,光缆会采用不同结构和材料制作。

➤ 针对各种应用场景和业务要求,出现了多种光纤通信的传输技术。

➤ 实用的光传送网技术有 PDH、SDH、MSTP、WDM、IPRAN/PTN/SPN、OTN、PON 等。

➤ 3G/4G/5G 回传网移动、电信、联通每一代网络都使用了哪些技术?

➤ WDM 将多个不同频率(波长)的光信号混合在一起进行传输,可以大幅度增加网络的容量。

➤ OTN 是以 WDM 技术为基础、在光层增加了调度功能的传送网。

➤ 家庭宽带使用的是 PON 网络。

【随堂测试】

光纤通信技术

7.3　光纤通信的应用

光纤通信系统既可传输数字信号,也可传输模拟信号,已经广泛应用于通信网、广播电视网、计算机网络,以及其他数据传输系统中,主要是扮演"管道"或"快递公司"的角色,实际应用表明其为快速高效大容量的优秀角色。

➤ 光纤通信在移动通信中的应用场景;

➤ 光纤通信在 PON 网络的应用场景;

➤ 光纤通信在电力网通信中的应用场景。

微课

7.3.1　光纤通信在移动通信中的应用

工业和信息化部统计显示,截至 2021 年年底,我国累计建成并开通 5G 基站 142.5 万个,我国 5G 基站总量占全球 5G 基站总量的 60% 以上,5G 网络已覆盖所有地级市城区,超过 98% 的县城城区和 80% 的乡镇镇区。5G 用户规模不断扩大,5G 移动电话用户已达到 3.55 亿户。

光纤通信在移动
通信网中的应用

5G 无线网络的组网拓扑图如图 7.24 所示,就是 5G 基站 gNodeB 与核心网相连,扁平化的组网结构。在实际网络建设和应用中,5G 核心网的数量是比较少的,一般都建设在核心机房内。一个地市级核心机房数量一般为 3 个左右。5G 基站的数量是成千上万的,如何将这些分散的基站与核心网连起来呢? 这就需要 5G 承载网来实现。在前面的章节中,介绍了 5G RAN 回传网。中国移动以 SPN 网络为主,中国电信和中国联通均以 IPRAN 2.0 网络为主。

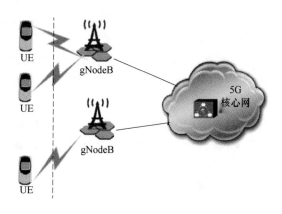

图 7.24　5G 无线网络的组网拓扑图

SPN 承载网结构,分为核心层、汇聚层和接入层,如图 7.25 所示。其有设备和光纤组成,为实用的光纤通信系统。实际中核心层、汇聚层之间采用了 OTN 网络进行连接,以节约光纤资源,形成"OTN+IPRAN/SPN"的实用光通信网络。

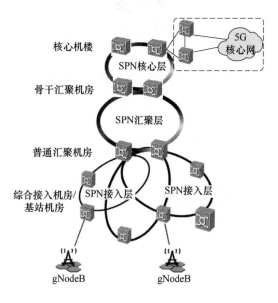

图 7.25　5G 承载网拓扑图

7.3.2　光纤通信在 PON 网络的应用

GPON 为千兆无源光网络,为 PON 的一种主流技术,基本原理详见 7.2.2 小节内容。GPON 技术是基于 ITU-TG.984.x 标准的最新一代宽带无源光综合接入标准,具有高带宽、高效率、大覆盖范围、用户接口丰富等众多优点,同时相较于 SDH 等网络,PON 网络投资较低,被大多数运营商视为实现接入网业务宽带化,综合化改造的理想技术。主流应用场景为小区及家庭宽带接入,主要有 FTTB(光纤到楼)、FTTH(光纤到户)到 FTTR(光纤到房间)等。如图 7.26 所示为 FTTH 的应用场景,现在用户家里的宽带均为此应用。

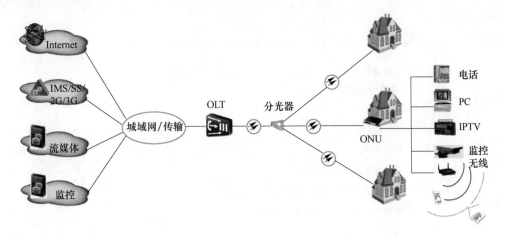

图 7.26　PON 网络 FTTH 应用示意

7.3.3　光纤通信在电力网通信中的应用

现在电力网络正在推进智能电网,电力变电站也进入了智能站时代。智能变电站包括了大量自动化中断设备,需要各种电网信息、保护装置信息的收集、检测和分析,才能够对自动化终端设备进行智能管理和控制。目前大量变电站站内设备均采用光纤组网,通过光纤通信完成低压侧、中压侧、高压侧与控制台的各种信息传输,辅助维护人员及时、准确地了解智能电网的运行状况,防止智能电网由于自动化设备产生问题不能及时处理,进而造成电网故障。

光纤通信抗电磁干扰性强,安全保密性强,传输距离远,同时运用 OTN 技术,传输容量大,很好地解决了电力网通信的各种难题。目前,我国电力行业的光缆技术水平已经非常成熟,特别是电力特殊光缆 OPGW 和 ADSS 光缆,在电力网通信中得到了大规模的应用。

图 7.27　电力通信网

【任务单】

任务单	光纤通信在基站中的应用			
班级		组别		
组员		指导教师		
工作任务	关注光纤通信在电信运营商基站中的应用,整理并撰写总结报告。			
任务描述	从以下三个方面撰写光纤通信在电信运营商基站中应用的总结报告: 1. 基站中光纤通信的应用; 2. 基站中光通信设备; 3. 基站中应用光纤通信的好处。			
评价标准	序号	评价标准		权重
	1	专业词汇使用规范正确。		20%
	2	整理基站中应用光纤通信设备正确。		20%
	3	整理基站中应用光纤通信好处准确。		30%
	4	小组分工合理,配合较好。		15%
	5	学习总结与心得整理得具体。		15%
学习总结 与心得				

	详细描述实施过程：
任务实施	详细描述实施过程：

考核评价	考核成绩		教师签名		日期	

➢ 光纤通信系统在移动通信中起无线回传网的作用,一般分为核心层、汇聚层和接入层。

➢ PON 网络的主流应用场景为小区及家庭宽带接入。

➢ 特殊光缆 OPGW 和 ADSS 光缆在电力通信网中大规模使用。

【随堂测试】

光纤通信的应用

【拓展任务】

任务 1　查询现阶段光纤通信的应用情况。

目的:

了解光纤通信的发展历程;

掌握光纤通信系统的应用场景和系统组成。

要求:

查询资料,撰写总结报告。

任务 2　开剥常用光缆,如 GYTS 24/48。

目的:

了解光缆结构;

掌握光纤结构;

了解光纤色谱。

要求:

明确开剥光缆的步骤;

整理需用到的工具;

按照操作步骤开剥光缆。

任务 3　实地走访或网络关注光纤光缆生产厂家,并撰写调研报告。

目的:

了解光纤光缆的生产过程;

知道工程中常用光缆的型号;

能依据工程需要选择合适光纤光缆。

要求:

制订调研方案;

撰写调研提纲;

撰写调研报告。

【知识小结】

光纤通信自“出生”即带有自己的光环,大容量、高速率和长距离传输为其主要特点,同时在成本经济性方面具有巨大优势,现在广泛应用于公用通信、铁路、电力、军用、和数据通信等方面。

光纤是利用纤芯折射率略高于包层折射率的特点,使符合入射角的光线束缚在光纤中,并在纤芯与包层的边界形成全反射,这样循环往复,使光信号在纤芯中以近似直线的方式从一端曲折前进到另一端。

单根光纤,即使有涂覆层保护,其强度也很低,有细而脆的特点。在实际工程应用中,需要考虑温度、湿度、化学侵蚀、机械破坏等因素,将光纤制成不同结构形式的光缆,以提供全面保护。光缆是由光纤、护套和加强件组成,根据使用环境和场景制作了多种种类和型号的光缆。

光纤通信传输技术的发展,经过了 PDH、SDH、WDM、WDM+SDH、IPRAN/PTN/SPN、OTN+IPRAN/PTN/SPN 等历程。

【即评即测】

光纤通信

项目8 微 波 通 信

项目介绍

　　微波通信与卫星通信、光纤通信一起被视为通信的三大传输手段。微波通信是直接使用微波作为介质进行的通信，不需要固体介质，当两点间直线距离内无障碍时就可以使用微波传送。利用微波进行通信具有容量大、质量好并可传至很远距离的特点，因此是国家通信网的一种重要通信手段，也普遍适用于各种专用通信网。

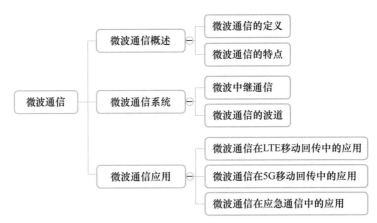

✏️ 项目引入

微课

微波通信

　　说到微波通信,大家常常会感到比较陌生,很多人经常会认为是移动通信基站,但是当你细心观察,就会发现,有些大楼楼顶上,除了基站,还会有一些像"大鼓"一样的设备,而且在野外,这种鼓一样的设备就更为常见,一般我们称之为"微波通信天线",如图 8.1 所示。

　　本项目会跟大家一起来探讨学习微波通信。

图 8.1　微波通信天线

项目目标

- 掌握微波通信的定义和特点;
- 知道微波的自由空间传输损耗;
- 知道微波通信系统的中继线路和波道配置;
- 知道微波通信在移动网络中的应用场景;
- 了解 5G 网络对移动回传的要求;
- 能计算微波的自由空间传输损耗;
- 能依据项目需求选择合适的微波设备;
- 弘扬爱国情怀、践行工匠精神;
- 培养学生跨领域的团队协作能力。

本项目学习方法建议

- 通过"智慧职教"平台进行网络学习;
- 课前预习与课后复习相结合;
- 观察微波站与课堂学习相结合;
- 通过网络搜索整理微波通信技术在行业中的应用场景;
- 小组协作与自主学习相结合;
- 教师答疑与学习反馈相结合。

本项目建议学时数

6 学时。

8.1 微波通信概述

微波通信是指利用微波波段的电磁波作为载波,进行中继接力传输的一种通信方式。微波具有似光性,微波在自由空间进行的是直线视距传播。

> ➤ 微波通信的常用频段;
> ➤ 自由空间传输损耗;
> ➤ 微波通信的特点。

8.1.1 微波通信的定义

1. 微波的视距传播

微波的传输特性如同光波,是沿直线传播的。在传播的路径上没有阻挡时,忽略不计绕射现象,因而是一种“视距”传播,视距微波通信的传播特性稳定。为了实现视距通信,必须首先考虑地球曲率的影响,如图 8.2 所示。

微课

微波视距传播

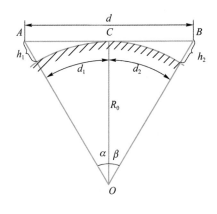

图 8.2 地球曲率的影响

设通信两端 A 和 B 的天线高度分别为 h_1 和 h_2。当 AB 和地球相切时的距离 d 就是最大视线距离。与切点 C 相对应的 AC 和 BC 近似等于弧长 d_1 和 d_2,因为 d_1 和 d_2 远远小于 R_0,R_0 为地球半径,约为 6 370 km。

由图 8.2 的几何关系可知:

$$d_1 \approx AC = \sqrt{(R_0 + h_1)^2 - R_0^2} \approx \sqrt{2R_0 h_1} \qquad (8.1)$$

$$d_2 \approx BC = \sqrt{(R_0 + h_2)^2 - R_0^2} \approx \sqrt{R_0 h_2} \qquad (8.2)$$

由此可得,在给定天线高度 h_1 和 h_2 时,最大视距为:

$$d_{\mathrm{m}} = d_1 + d_2 = \sqrt{2R_0}\,(\sqrt{h_1} + \sqrt{h_2}) \tag{8.3}$$

表 8.1 给出了不同天线高度时的最大视距 d。

表 8.1　不同天线高度的最大视距

天线高度/m	10	20	30	40	50	60
视距/km	23	32	39	45	50	55

由表 8.1 可见,天线高度越高,视线距离越大。对于跨距 d 较大的通信线路,必须要有足够高的天线高度,以防电波遭受额外的阻挡损耗。因此,对于平原地区,可利用铁塔或高层建筑物来提高天线高度;对于山区,可利用山峰架设天线进行通信。

2. 微波通信的常用频段

微波既是一个很高的频率,同时也是一个很宽的频段,微波通信使用的频率范围一般在 $1\sim140\,\mathrm{GHz}$ 之间,如表 8.2 所示。

表 8.2　微波通信的常用频段

L 波段	$1.0\sim2.0\,\mathrm{GHz}$	K 波段	$18\sim26.5\,\mathrm{GHz}$
S 波段	$2.0\sim4.0\,\mathrm{GHz}$	Ka 波段	$27\sim40\,\mathrm{GHz}$
C 波段	$4.0\sim8.0\,\mathrm{GHz}$	U 波段	$40\sim60\,\mathrm{GHz}$
X 波段	$8.0\sim12.4\,\mathrm{GHz}$	E 波段	$60\sim90\,\mathrm{GHz}$
Ku 波段	$12.4\sim18\,\mathrm{GHz}$	F 波段	$90\sim140\,\mathrm{GHz}$

3. 自由空间传输损耗

为了简化电波传播的计算,通常假定微波在大气中的传播条件为自由空间。在这个空间里电波不受阻挡、反射、折射、绕射、散射和吸收。电波在自由空间传播时,其能量会因扩散而衰减,这种衰减称为自由空间传输损耗。

 动画

自由空间传输损耗

假设发射功率为 P_{t},发射天线各向同性向外辐射,则以发射源为中心、d 为半径的球面上单位面积的功率为:

$$S = \frac{P_{\mathrm{t}}}{4\pi d^2} \tag{8.4}$$

如果接收天线也是用理想的各向同性天线,天线的有效面积为:

$$A = \frac{\lambda^2}{4\pi}G_{\mathrm{r}} \tag{8.5}$$

则接收天线所接收的功率为:

$$P_{\mathrm{r}} = SA = \frac{\lambda^2}{(4\pi d)^2}P_{\mathrm{t}} \tag{8.6}$$

微波的自由空间损耗为发射功率与接收功率之比:

$$L_{\mathrm{s}} = \frac{P_{\mathrm{t}}}{P_{\mathrm{r}}} = \left(\frac{4\pi d}{\lambda}\right)^2 = \left(\frac{4\pi}{c}\right)^2 d^2 f^2 \tag{8.7}$$

以分贝数表示,则自由空间传输损耗为:

$$L_s = 10 \lg \frac{P_t}{P_r} = 10 \lg \left(\frac{4\pi d}{\lambda} \right)^2 \tag{8.8}$$

若距离 d 的单位为 km,

当频率 f 的单位为兆赫(MHz)时,式(8.8)可写为:

$$L_s(\text{dB}) = 32.4 + 20 \lg d + 20 \lg f \tag{8.9}$$

当频率 f 的单位为千兆赫(MHz)时,式(8.8)可写为:

$$L_s(\text{dB}) = 92.4 + 20 \lg d + 20 \lg f \tag{8.10}$$

如果考虑实际收、发天线的功率增益 G_r 和 G_t,则对于同样的 P_r,实际发射天线输入的功率 P_t 可以小 $G_r G_t$ 倍。

【任务单】

任务单	微波的自由空间传输损耗		
班级		组别	
组员		指导教师	
工作任务	使用自由空间传输损耗的公式计算微波 E 波段在自由空间的传输损耗。 　　假设微波站间的距离是 40～80 km,要求列出表格进行计算,依据计算结果得出微波在自由空间的传输损耗与距离和频率的关系。		
任务描述	1. 列出需要计算填写的表格; 2. 选择微波 E 波段自由空间传输损耗的计算公式; 3. 依据公式进行计算,梳理出微波 E 波段自由空间传输损耗与距离和频率的关系。		

评价标准	序号	评价标准	权重
	1	专业词汇使用规范正确。	20％
	2	表格设计合理,使用公式正确。	20％
	3	计算正确,整理归纳的规律合理。	30％
	4	小组分工合理,配合较好。	15％
	5	学习总结与心得整理得具体。	15％

学习总结与心得	

	详细描述实施过程:
任务实施	

考核评价	考核成绩		教师签名		日期	

8.1.2　微波通信的特点

1. 微波通信的特点

（1）微波频段频带宽，传输容量大

微课

微波频段有近 300 GHz 的带宽，占据了分米波、厘米波和毫米波三个波段，通信的容量比较大。

微波通信特点

（2）适于传输宽频带信号

与短波、甚短波通信设备相比，在相同的相对通频带下，载频越高，通频带越宽。例如，相对通频带 1‰，当载频为 4 MHz 时，通频带为 40 kHz；而当载频为 4 GHz 时，通频带为 40 MHz。因此，一套短波通信设备一般只能容纳几条话路，而一套微波通信设备可容纳成千上万条线路同时工作。

（3）天线的增益高，方向性强

由于微波的波长很短，因此很容易制成高增益天线。另外，微波频段的电磁波具有近似光波的特性，因而可以利用微波天线把电磁波聚集成很窄的波束，制成方向性很强的天线。

（4）外界干扰小，通信线路稳定

天电干扰、工业噪声和太阳黑子的变化对短波和频率较低的无线电波影响较大，而微波频段频率较高，不易受以上外界干扰的影响，通信的稳定性和可靠性得到了保证。而且，微波通信具有良好的抗灾性能，对水灾、风灾以及地震等自然灾害，微波通信一般都不受影响。

（5）采用中继传输方式

微波波段的电磁波频率很高，波长较短，在自由空间传播时是沿直线传播的，就像视线一样。因此，微波波段的电磁波在视距范围内沿直线传播，其绕射能力很弱，考虑到地球表面的弯曲，其通信距离一般只有 40～50 km。正因为如此，在一定天线高度的情况下，为了克服地球的凸起而实现远距离通信就必须在视距传输的极限距离之内设立一个中继站，中继站会把信号传往下一个中继站，这样信号被一站一站地传输下去，如图 8.3 所示。

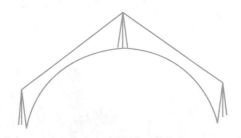

图 8.3　微波中继传输

微波采用中继方式的另一个原因是电磁波在空间的传播过程中会受到散射、反射、大气吸收等因素的影响，使信号能量受到损耗，且频率越高，站距越长，微波能量损耗就越大。因此，微波每经过一定距离的传播后就要进行能量补充，这样才能将信号传向远方。由此可见，一条上千千米的微波通信线路是由许许多多的微波站连接而成的，信号通过这些微波站由一端传向另一端。

微波通信与光纤通信的对比分析如表 8.3 所示。

表 8.3　微波通信与光纤通信的比对

对比项目	光纤通信	微波通信
传输媒介	光纤	自由空间
抗自然灾害能力	弱	强
灵活性	较低	高
建设费用	高	低
建设周期	长	短
传输速率	频带宽、速率高	频带窄、速率低

2. 微波通信的天线

无线电发射机输出的射频信号功率,通过馈线(电缆)输送到天线,由天线以电磁波形式辐射出去。电磁波到达接收地点后,由天线接收下来(仅仅接收很小一部分功率),并通过馈线送到无线电接收机。可见,天线是发射和接收电磁波的一个重要无线电设备,没有天线也就没有无线电通信。天线对于无线通信来说,起着举足轻重的作用,如果天线的类型、位置没选好,或者天线的参数设置不当,就会直接影响通信质量。

(1) 天线的方向性

根据天线的方向性可将天线分为全向天线和定向天线(或方向性)。全向天线在水平方向图上表现为 360°均匀辐射,也就是平常所说的无方向性,在垂直方向图上表现为有一定宽度的波束。在一般情况下,波瓣宽度越小,增益越大;定向天线在水平方向图上表现为一定角度范围辐射,也就是平常所说的有方向性,在垂直方向图上表现为有一定宽度的波束。与全向天线一样,波瓣宽度越小,增益越大,如图 8.4 所示。

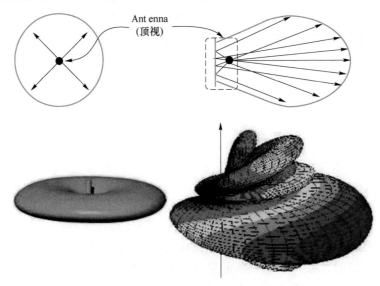

图 8.4　全向天线和定向天线

发射天线有两种基本功能:

① 把从馈线取得的能量向周围空间辐射出去;

② 把大部分能量朝所需的方向辐射。

（2）波瓣宽度

方向图通常都有两个或多个瓣，其中辐射强度最大的瓣称为主瓣，其余的称为副瓣或旁瓣。在主瓣最大方向角两侧，辐射强度降低 3dB 两点间的夹角定义为波瓣宽度（又称波束宽度、主瓣宽度或半功率角）。波瓣宽度越窄，方向性越好，作用距离越远，抗干扰能力越强。

（3）天线增益

天线增益是指在输入功率相等的条件下，实际天线与理想的球型辐射单元在空间同一点处所产生信号的功率密度之比。它定量地描述一个天线把输入功率集中辐射的程度。增益显然与天线方向图有密切的关系，方向图主瓣越窄，副瓣越小，增益越高。

可以这样来理解增益的物理含义，天线增益为在相同距离上某点产生相同大小信号所需发送信号的功率比，表征天线增益的参数为 dB_i。dB_i 是相对于在各方向的辐射是均匀的点源天线的增益。

如果用理想的无方向性点源作为发射天线，需要 100W 的输入功率，而用增益为 $G=13dB_i$（转换为放大倍数取值是 20）的某定向天线作为发射天线时，输入功率只需 $100/20=5W$。换言之，就其最大辐射方向上的辐射效果来说，某天线的增益，即为与无方向性的理想点源相比把输入功率放大的倍数。

（4）天线的极化

动画

天线的极化

所谓天线的极化，就是指天线辐射时形成的电场强度方向。当电场强度方向垂直于地面时，此电波就称为垂直极化波；当电场强度方向平行于地面时，此电波就称为水平极化波。由于电波的特性，决定了水平极化传播的信号在贴近地面时会在大地表面产生极化电流，极化电流因受大地阻抗影响产生热能而使电场信号迅速衰减，而垂直极化方式则不易产生极化电流，从而避免了能量的大幅衰减，保证了信号的有效传播。

通 信 园 地

微波毫米波科技成果及产品展

微波毫米波科技成果及产品展（MWIE）已经有 20 多年的历史，每年一届，在中国的不同城市举办。目的是为从事微波毫米波与射频领域的企业提供展示产品及服务交流的平台，为微波毫米波与射频领域的广大科学家、工程技术开发人员、学者提供一个相互交流、相互学习的机会。

MWIE2021 是继 2019 年在广州、2018 年在成都、2017 年在杭州、2016 年在北京、2015 年在合肥、2013 年在重庆、2012 年在深圳、2011 年在青岛、2010 年在成都、2009 年在西安、2008 年在南京举办的"微波毫米波科技成果及产品展"的又一届盛会！

归纳思考

➢ 生活中哪些应用属于微波通信？

➢ 现网中使用哪些微波频段较多？

➢ 微波在自由空间传输有损耗，那穿透窗户、墙壁、楼宇等建筑的损耗是多少？

➢ 定向天线波瓣宽度越小，增益越大，那垂直和水平的波瓣宽度一般取值是多少？

【随堂测试】

微波通信概述

8.2 微波通信系统

微波通信线路的基本组成框图如图 8.5 所示。

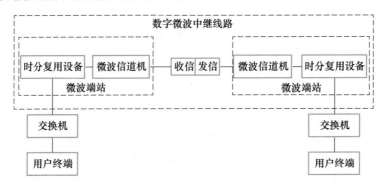

图 8.5 数字微波通信线路组成框图

设甲、乙两地的用户终端为电话机,在甲地,人们说话的声音通过电话机送话器的声/电转换后,变成电信号,再经过市内电话局的交换机,将电信号送到甲地的微波端站,在端站经过时分复用设备完成各种编码及复用,并在微波信道机上完成调制、变频和放大后发送出去,该信号经过中继站转发,到达乙地的微波端站,乙地框图和甲地相同,其功能与作用正好相反,乙地用户的电话机受话器完成电/声转换,恢复出原来的话音。

重点掌握

➤ 微波通信的中继线路;
➤ 中继站的中继方式;
➤ 微波通信的波道配置。

8.2.1 微波中继通信

1. 微波通信的中继线路

数字微波中继通信线路的典型组成结构如图 8.6 所示。

微课

微波通信的中继线路

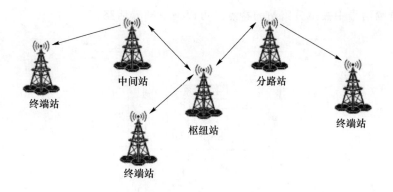

图 8.6　数字微波中继通信线路示意图

对于一条微波中继线路而言,它通常有两个终端站,若干个中间站,而中间站的数目取决于传输线路的传输距离。中间站设备的任务是完成微波信号的转发和分路。

(1) 终端站

微波中继通信中的终端站处于微波线路的两端或分支线路的终点。终端站只对一个方向收信和发信,配备复用设备和传输设备,收、发共用一副天线。终端站的任务是将终端设备送来的信号经中频调制后再进行上变频变成微波信号发射出去,同时接收传来的微波信号,将其下变频变成中频信号,并解调还原成 PCM 信号送往数字终端设备。终端站可上下所有的支路信号,并可作为监控系统的集中监视站或主站。

终端站设备比较齐全,一般装有微波收发信机、中频调制解调器、终端设备、分路滤波和波道倒换设备、多路复用设备以及监控系统等。终端站的特点是只对一个方向收发、全上全下话路。

(2) 中间站

中间站只完成微波信号的放大与转发,如图 8.7 所示。具体来说,将 A 方向传来的微波信号,经变频、放大等处理后,向 B 方向转发出去。同样,将 B 方向传来的微波信号,经变频、放大等处理后,向 A 方向转发出去。这种站的设备比较简单,主要配置天馈线系统与微波收发信设备。中间站的特点是对两个方向实现微波转发、一般不能插入或分出信号,即不能上下话路。

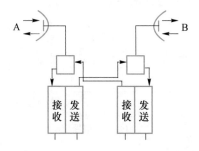

图 8.7　中间站功能示意图

(3) 分路站

在分路站可以分出和插入一部分话路,如图 8.8 所示。为了不增加信号噪声,在分路站不必对整个群频信号进行解调或者调制,在分出话路时,由分路设备把需分出的话路群频信号滤出,然后对它们进行解调。在插入话路时,先把这些话路调制到载波上,并滤出需要的边带,再加到规定的群频信号中去。分路站的特点是可以上下部分话路。

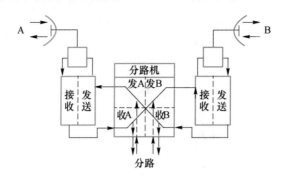

图 8.8　分路站功能示意图

（4）枢纽站

当线路中途要从几个方向分出和插入话路或多种信号时,要把整个超群信号进行解调,完成超群转接,这种中继站称为枢纽站(或主站)。例如,到某一中继站(一般设在城市附近),将几百路群路信号分割为一定容量的超群,然后按不同方向进行转接及分支,这种站便是主站。

2. 中继站的中继方式

地面远距离微波通信的一个重要特点是需要一站一站地进行接力,即用中继通信方式。由于微波信号、中频信号和基带信号中都携带着发信者所要传递的信号,所以各微波中继站可以在三个地方进行中继转接,即可以在基带部分、中频部分和高频部分进行转接。因此,微波中继通信系统的中继方式一般有三种,即基带中继、外差中继和直接中继。

（1）基带中继(再生转接)

如图 8.9 所示,接收信号经天线、馈线和微波低噪声放大器放大后与接收机的本振信号混频,混频输出为中频调制信号,然后经中频放大器放大后送往调制器,解调后的信号经判决再生电路还原出信码脉冲序列。该序列又对发射机的载频进行数字调制,再经变频和功率放大后由天线发射出去。

基带中继方式是 3 种中继方式中最复杂的,它不仅需要上下变频,还需要调制解调电路,因此基带中继可以上下话路,同时由于数字信号的再生消除了积累的噪声,传输质量得到了保证。因此基带中继是数字微波中继通信的主要中继方式。

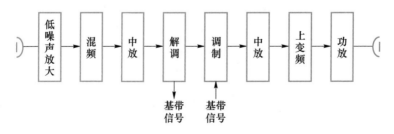

图 8.9　基带中继方式

（2）外差中继(中频转接)

如图 8.10 所示,接收信号经天线、馈线和微波低噪声放大器放大后与接收机的本振信号混频,混频输出为中频调制信号,然后经中频放大器放大后得到一定的信号电平,然后再经功率中放放大到上变频所需要的信号电平,然后和发射机本振信号经上变频得到微波调制信号,再经微波功率放大器放大后由天线发射出去。

外差中继方式采用中频接口,是模拟微波中继系统常用的一种中继方式。由于省去了调制解调器,故而设备比较简单,电源功率消耗较少。但外差中继方式不能上下话路,不能消除累积噪声,因而在实际应用中只起到增加通信距离的作用。

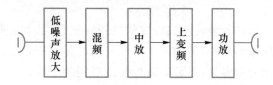

图 8.10　外差中继方式

（3）直接中继（射频转接）

直接中继方式与外差中继方式类似,二者的区别是直接中继方式在微波频率上进行放大,外差中继方式则是在中频上进行放大,如图 8.11 所示。为了使本站发射的信号不干扰本站接收的信号,需要有一个移频振荡器将接收信号的频率进行变换后发射出去,移频振荡器的频率是接收信号与发送信号的频率之差。

直接中继最简单,仅仅是将收到的射频信号直接移到其他射频上,无须经过微波-中频-微波的上下变频过程,因而信号传输失真小,这种方式的设备量小、电源功耗低,适于不须上下话路的无人值守中继站。

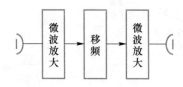

图 8.11　直接中继方式

8.2.2　微波通信的波道

一般,在微波通信中一条微波线路提供的可用带宽都非常宽,如 2 GHz 微波通信系统的可用带宽达 400 MHz。而一般收发信机的通频带要小得多,大约为几十 MHz。因此,如何充分利用微波通信的可用带宽是一个十分重要的问题。

1. 波道的设置

为了使一条微波通信线路的可用带宽得到充分利用,人们将微波线路的可用带宽划分成若干频率小段,并在每一个频率小段上设置一套微波收发信机,构成一条微波通信的传输通道。这样,在一条微波线路中可以容纳若干套微波收发信机同时工作,亦即在一条微波线路中构成了若干条微波通信的传输通道,每个微波传输通道称为波道,通常一条微波通信线路可以设置 6、8、12 个波道。微波通信频率配置的基本原则是使整个微波传输系统中的相互干扰最小,频率利用率最高。频率配置时应考虑的因素有:

（1）整个频率的安排要紧凑,使得每个频段尽可能获得充分利用。

（2）在同一中继站中,一个单向传输信号的接收和发射必须使用不同的频率,以避免自调干扰。

（3）在多路微波信号传输频率之间必须留有足够的频率间隔以避免不同信道间的相互

干扰。

（4）因微波天线和天线塔建设费用很高,多波道系统要设法共用天线,因此选用的频率配置方案应有利于天线共用,达到既能使天线建设费用低又能满足技术指标的目的。

（5）避免某一传输信道采用超外差式接收机的镜像频率传输信号。

2. 射频波道配置

由于一条微波线路上允许有多套微波收发信机同时工作,这就必须对各波道的微波频率进行分配。频率的分配应做到:在给定的可用频率范围内尽可能多地安排波道数量,这样,可以在这条微波线路上增加通信容量;尽可能减少各波道间的干扰,以提高通信质量;尽可能地有利于通信设备的标准化、系列化。

（1）单波道频率配置

目前,单波道的频率配置主要有两种方案:二频制和四频制。

二频制是指一个波道的收发只使用两个不同的微波频率,如图 8.12 所示。图中的 f_1、f_2 分别表示收、发对应的频率。它的基本特点是,中继站对两个方向的发信使用同一个微波频率,两个方向的收信使用另一个微波频率。

微课

单波道频率配置

二频制的优点是占用频带窄、频谱利用率高;缺点是存在反向干扰,由于在微波线路中,站距一般为 $30\sim50\,\mathrm{km}$,因此反向干扰比较严重。从图 8.12 中可以看到,这种频率配置方案干扰还包括越站干扰。

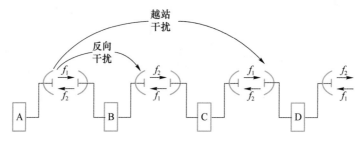

图 8.12　二频制频率分配

四频制是指每个中继站方向收发使用 4 个不同的频率,间隔一站的频率又重复使用,如图 8.13 所示,四频制的优点是不存在反向接收干扰;缺点是占用频带要比二频制宽 1 倍。

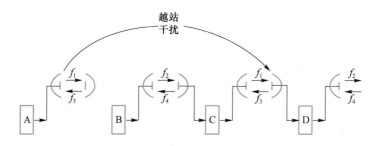

图 8.13　四频制频率分配

无论二频制还是四频制,它们都存在越站干扰。解决越站干扰的有效措施之一是:在微波路由设计时,使相邻的第 4 个微波站的站址不要选择在第 1、2 两个微波站的延长线上,如图 8.14 所示。

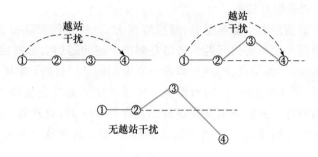

图 8.14　越站干扰示意图

微课

多个波道的
频率配置

（2）多个波道的频率配置

多个波道的频率配置一般有两种排列方式：一是收发频率相间排列；二是收发频率集中排列。图 8.15 所示为一个微波中继系统中 6 个波道收发频率相间排列的方案，若每个波道采用二频制，其中收信频率为 $f_1 \sim f_6$，发信频率为 $f'_1 \sim f'_6$。这种方案的收发频率间距较小，导致收发往往要分开使用天线，因此要用多天线，这种方案目前一般不采用。

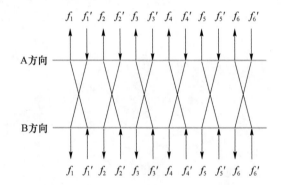

图 8.15　多波道频率设置中的收发频率相间排列方案

图 8.16 所示为一个中继站 6 个波道收发频率集中排列的方案，每个波道采用二频制，收信频率为 $f_1 \sim f_6$，发信频率为 $f'_1 \sim f'_6$。这种方案中的收发频率间隔大，发信对收信的影响很小，因此可以共用一副天线，也就是说只需两副天线分别对着两个方向收发即可，目前的微波通信大多采用这种方案。

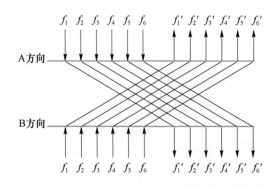

图 8.16　多波道频率设置中的收发频率集中排列方案

（3）微波通信中的备份与切换

一条微波线路的通信距离一般都很长,通信容量大,因此如何保证微波通信线路的畅通、稳定和可靠是微波通信必须考虑的问题。备份是解决上述问题切实可行的一种方法。在微波通信中备份方式有两种:一种是设备备份,即设一套专用的备用设备,当主用设备发生故障时,立即由备用设备替换;另一种是波道备份,即将 n 个波道中的某几个波道作为备用波道,当主用波道因传播的影响而导致通信质量下降到最小允许值以下时,自动将信号切换到备用波道中进行传输。对于 n 个主用波道、1 个备用波道的情况,我们经常称之为 n：1 备用。

"中国微波之父"林为干

林为干从教 60 多年来,为我国电子学特别是"电磁场与微波技术"学科的发展培养了一批杰出人才。1995 年 12 月,林为干的论文《一个介质球的静电镜像群》一举攻破了电磁学学界的"哥德巴赫猜想"。林为干是我国"电磁场与微波技术"学科的主要奠基人,是新中国 50 年具有重大贡献的科学家之一。

【任务单】

任务单		C 波段微波的应用		
班级		组别		
组员		指导教师		
工作任务		C 波段微波的频率范围是 4～8 GHz,在网络上搜索整理 C 波段微波的应用场景。		
任务描述		1. 以表格形式整理出 C 波段的应用场景划分; 2. 汇总整理 C 波段的射频波道配置及信道划分; 3. 汇总整理移动网络中常见的 C 波段微波设备。		
评价标准	序号	评价标准		权重
	1	词汇使用规范,表格设计合理,整理归纳的应用场景划分正确。		20%
	2	整理归纳的射频波道配置及信道划分正确。		20%
	3	整理的常见设备不少于 3 种。		30%
	4	小组分工合理,配合较好。		15%
	5	学习总结与心得整理得具体。		15%
学习总结 与心得				

任务实施	详细描述实施过程：	

考核评价	考核成绩		教师签名		日期	

- ➤ 中继站的任务是完成对微波信号的转发和分路,数目取决于线路的传输距离。
- ➤ 单波道的频率配置主要有两种方案:二频制和四频制。
- ➤ 多个波道的频率配置一般有两种排列方式:一是收发频率相间排列;二是收发频率集中排列。

【随堂测试】

微波通信系统

8.3　微波通信应用

不论是宽带还是移动通信,用户终端数据都需要传输到服务器或核心网,这个过程涉及回传。微波系统是高效可靠的宽带无线传输系统,能有效解决光纤有线部署的难题,全球约60%的无线基站采用微波提供大带宽、长距离、高可靠的电信级回传。在行业领域,微波主要应用于应急通信、企业专线互联、宽带接入回传、视频监控和信息化站点接入回传等。

- ➤ 微波通信在 LTE 移动回传中的应用;
- ➤ 微波通信在 5G 移动回传中的应用;
- ➤ 微波通信在应急通信中的应用。

8.3.1　微波通信在 LTE 移动回传中的应用

1. 微波通信在 LTE 基站的末端接入

在无法实现光纤接入的区域部署基站是分组微波设备在 LTE 移动回传中的主要应用场景。LTE 网络为了提高覆盖,宏站和小站协同组网,宏站负责网络覆盖,小站负责覆盖补盲和数据热点吸收等,分组微波可以灵活适应 LTE 回传承载时宏站和小站协同组网下的不同应用需求。

（1）分体式分组微波在 LTE 宏基站的末端接入

LTE 宏基站通常安置在固定站址的机房,多采用 IDU 和 ODU 分离的分体式分组微波设备承载接入,以提供多业务接入和汇聚能力。IDU 负责完成业务接入、复分接和调制解调,在室内将业务信号转换成中频模拟信号。ODU 负责完成信号的变频和放大,再通过天线,将射频信号转换成电磁波,向空中进行辐射;或者接收电磁波,转换成射频信号,送给 ODU,如图 8.17 所示。

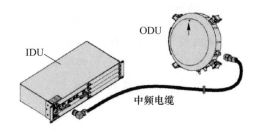

图 8.17　分体式分组微波在 LTE 宏基站的末端接入

（2）全室外分组微波在 LTE 小基站的末端接入

LTE 小基站的数量众多,分布密集,且多分布在人口密度较大的繁华街道、楼宇、广场等区域,站点部署环境复杂,通常不能提供固定的站址或机房,常需要安装在墙壁、灯杆等上面,对于没有光纤接入资源的地方,全室外的分组微波设备有了用武之地。与分体式分组微波设备相比,全室外微波设备提供的数据接口少,功能较简单,但其轻便、易安装、易维护、低功耗、即插即用、低成本等特点很好地适应了小站接入模式,如图 8.18 所示。

图 8.18　全室外分组微波在 LTE 小基站的末端接入

（3）小站回传

小站的回传应用模式主要包括小站和宏站之间传送,小站和小站汇聚网关之间传送,小站网关和回传网络的汇聚节点之间传送,如图 8.19 所示。

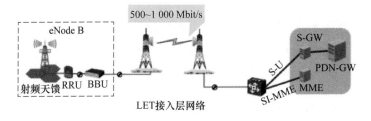

图 8.19　小站的回传

2. 分组微波设备在 LTE 移动回传网络接入层补环

鉴于微波传输性能受天气影响较大,LTE 移动回传网络的物理链路在当前及可预见的未来仍然以光纤为主,但现有光纤资源因业务开展逐渐消耗殆尽,部分区域可能无光纤资源可用,尤其是在人口密度较大的中心城市,铺设新光纤资源难度大、周期长,造成该区域接入层网络链型较多,成环率较低,在可靠性上存在隐患,分组微波设备因灵活部署可作为接入层补环的有效手段,提高网络健壮性,如图 8.20 所示。

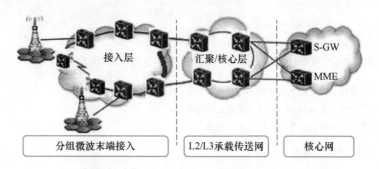

图 8.20　LTE 回传网络接入层分组微波设备补环应用

8.3.2　微波通信在 5G 移动回传中的应用

1. 5G 中的微波回传

5G 的大带宽、低时延、灵活运维等特点,对微波回传提出挑战,如带宽的增加、公共频段的稀缺、网络体验的严苛等。此前,全球微波回传主要采用 6～42 GHz 频段,平均回传容量在50～500 Mbit/s 之间,显然,这是无法满足 5G 时代的基站回传容量需求的。

2. E 波段微波

E 波段微波 80 GHz 频段由 71～76 G/81～86 G 频谱资源构成,既是目前民用微波通信领域发布的最高传送频段,也是迄今为止 ITU-R 一次性发放的频谱资源中波道间隔最大的一次。80 GHz E 波段频段拥有 10 GHz 的收发间隔(TR 间隔),以及总共 5 GHz 的可调制带宽,如图 8.21 所示。按照 1 Hz 传送 1 bit 这样最基本的传送能力计算,5 GHz 的频带宽度使得空口吉比特(Gbit/s)级高速率传输成为可能,这是以往常规低频段的微波无法实现的。E 波段确实为 5G 的回传提供了强有力的支撑。

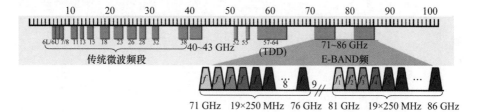

图 8.21　E 波段微波

【任务单】

任务单		E 波段微波的应用		
班级		组别		
组员		指导教师		
工作任务	E 波段微波的频率范围是 60～90GHz,在网络上搜索整理 E 波段微波的应用场景。			
任务描述	1. 以表格形式整理出 E 波段的应用场景划分; 2. 汇总整理 E 波段的射频波道配置及信道划分; 3. 汇总整理移动网络中常见 E 波段微波设备。			
评价标准	序号	评价标准		权重
	1	词汇使用规范,表格设计合理,整理归纳的应用场景划分正确。		20%
	2	整理归纳的射频波道配置及信道划分正确。		20%
	3	整理的常见设备不少于 3 种。		30%
	4	小组分工合理,配合较好。		15%
	5	学习总结与心得整理得具体。		15%
学习总结 与心得				

任务实施	详细描述实施过程：

考核评价	考核成绩		教师签名		日期	

8.3.3　微波通信在应急通信中的应用

1. 微波通信在应急通信中的使用场景

（1）用于临时的热点覆盖

对于某些临时的大型体育活动和文艺演出,因人员密度很高,原来配置的LTE基站带宽不能满足业务的接入需要,需要增设基站,但可能的情况是光纤或其他有线接入资源匮乏,此时分组微波设备快速部署、灵活配置的特点得以充分发挥,对于可灵活选址的全室外微波尤其如此,如图8.22所示。

图 8.22　热点覆盖

通信园地

建党百年伟大征程文艺演出通信保障工作

中国联通北京视频保障团队承担活动的视频直播保障,6名党员骨干工作一丝不苟,开通了4个点位8路信号的传送通路,同时测试开通2路通话路由,共计高质量传送时长540分钟。当天,中国联通北京分公司在全网安排骨干力量值守,重点加强对国际、卫星网络的监控;重点对京津宁沪等数十条长途一级干线、上百条长中继光缆加强巡查,重点保障时段安排夜巡;对多条图像传送光缆加强巡查,重点保障时段安排人员全程在线盯守;由三百多人组成的大网重保团队共出动78辆重保车,巡查管线设备达3 800 km。

（2）用于救灾的通信保障

当自然灾害(如地震、洪水)或人为灾难(如战争)来临时,通信畅通是救灾的最基本保障;在灾难发生现场,原有的基站、光纤链路可能被摧毁,导致通信中断,在通信抢通实施中,分组微波设备的灵活安装,快速实施的特点可成为应急通信的有效传输手段。

2. 应急通信的应用原则

（1）稳定可靠

数字微波通信技术应用到应急通信情况中,可以发挥更为稳定与及时应对复杂情况的能力,让通信网络即便处于复杂多变的情况中也可以保证系统反应及时快速。与此同时,系统维修工作也可以更为简易地操作,有助于系统出现故障后快速地反应与解决故障。

（2）反应快速

应急通信一般是在暴乱、洪水、地震等异常情况下启用，由此需要确保在面对灾害情况时能快速下达指令，同时接收终端也能快速反馈情况。

（3）及时安全

数字微波通信在建立方面需要考虑其安全性，要设置监控配置，由此实现系统实时监控，避免外界非法入侵与对信息的恶意篡改，并在发现有不法分子入侵时及时做出指令；此外需要建立配套管控系统，由此来保证通信系统拥有绝对控制权，让通信系统有更强的安全性。

归纳思考

➤ 移动回传在 4G 和 5G 网络中要求有哪些不同？

➤ 微波通信在移动通信网络中的应用有哪些？

➤ 微波通信在国内需求低于光纤通信，原因有哪些？

➤ 应急通信的微波设备有哪些？

【随堂测试】

微波通信应用

【拓展任务】

任务 1　查询企业专网使用微波通信的案例。

目的：

了解微波通信系统的应用场景；

掌握微波通信系统的组成。

要求：

查询资料，撰写总结报告。

任务 2　查询现网中常见的微波设备。

目的：

了解微波设备的厂商；

知道常见微波设备的型号；

掌握光微波设备的功能及接口类型。

要求：

梳理出设备的具体功能；

列出设备的接口类型及数量；

举例设备的使用场景。

任务 3　实地调研本地微波站，并撰写调研报告。

目的：

知道微波站的组网设备；

掌握微波站的组网设备的功能与接口；

能依据需求规划微波站。

要求：

制订调研方案；

撰写调研提纲；

撰写调研报告。

【知识小结】

电波在自由空间传播时，其能量会因扩散而衰减，这种衰减称为自由空间传输损耗。

微波通信的特点：微波频段频带宽，传输容量大；适于传输宽频带信号；天线的增益高，方向性强；外界干扰小，通信线路稳定；采用中继传输方式。

对于一条微波中继线路而言，通常有两个终端站、若干个中继站，而中继站的数目取决于传输线路的传输距离。中继站设备的任务是完成微波信号的转发和分路，分为中间站、分路站和主站(或枢纽站)三种类型。

微波中继通信系统的中继方式一般有三种，即基带中继、外差中继、直接中继(射频中继)。

单波道的频率配置主要有两种方案：二频制和四频制。

多个波道的频率配置一般有两种排列方式：一是收发频率相间排列；二是收发频率集中排列。

在行业领域，微波主要应用于应急通信、企业专线互联、宽带接入回传、视频监控和信息化站点接入回传等。

【即评即测】

微波通信

项目9　卫星通信

项目介绍

项目介绍

卫星通信就是指地面上的两个或多个无线通信站之间利用卫星作为中继而进行的通信,它是结合了微波通信技术和航天技术而发展起来的一种无线通信技术。人们把利用人造地球卫星在地球站之间进行通信的通信系统称为卫星通信系统,而用于实现通信的卫星称为通信卫星。随着科技的不断发展,卫星通信技术也有了很大的进步和提升,凭借其覆盖范围广、不受地理条件影响等优势,与地面通信系统形成互补,广泛应用于地面通信系统不易覆盖或建设成本过高的领域。

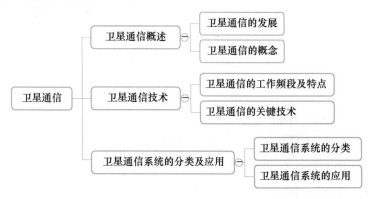

项目引入

　　2013 年 6 月 20 日上午 10 点,我国航天员王亚平在天宫一号上为身处地面的学生们带来了一节别开生面的太空课。持续了 51 分钟的课看似很简单,但其背后需要强大的通信卫星的支持。2008 年到 2012 年,我国先后发射了天链一号 3 颗卫星,标志着我国中继卫星通信系统迈入全球组网阶段,这次太空课就借助了天链一号卫星通信系统:天宫一号的数据会先传给天链一号中继卫星,再由中继卫星传回地面,保证天宫一号传回地面的数据连续不断(如图 9.1 所示)。如今,时隔八年,2021 年 12 月 9 日,王亚平在天宫空间站中,再次担任太控授课主讲教师,开讲"太空第二课"。

微课

卫星通信

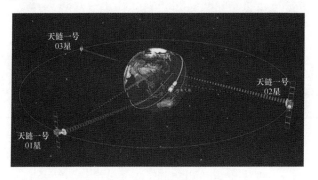

图 9.1　太空授课的卫星链路

　　上述事例就是卫星通信系统的实际应用,本项目会跟大家一起来探讨学习卫星通信。

项目目标

- 了解卫星通信的发展史;
- 了解卫星通信的基本原理;
- 知道卫星通信中的关键技术;
- 知道卫星通信的常见应用;
- 依据通信需求,能选择适合的卫星通信业务;
- 强化以爱国主义为核心的民族精神;
- 加强对科学创新和职业道德的体会。

本项目学习方法建议

- 通过"智慧职教"平台进行网络学习;
- 课前预习与课后复习相结合;
- 自学与探讨相结合;
- 任务单与个人总结相结合;
- 小组协作与自主学习相结合;
- 教师答疑与学习反馈相结合。

本项目建议学时数

　　4 学时。

9.1　卫星通信概述

随着科技和经济的发展,卫星通信的重要作用也逐渐被人们认识到。卫星通信不仅在普通通信传输中起作用,而且影响着国防建设、生产安全和经济发展。因此,在进行经济发展和社会建设的同时,加强对卫星通信的认识和研究同样具有重要的意义。

重点掌握

> ➤ 卫星通信的发展历程;
> ➤ 卫星通信的概念;
> ➤ 卫星通信系统的结构。

9.1.1　卫星通信的发展

1. 卫星通信的发展史

1945 年英国物理学家 A.C.克拉克在《无线电世界》杂志上发表了《地球外的中继》一文,文中提出利用地球同步轨道上的人造地球卫星作为中继站在地球上进行通信的设想,并在 20世纪 60 年代成为现实。

同步卫星问世以前,曾用各种低轨道卫星进行了科学试验及通信。世界上第一颗人造卫星"卫星 1 号"由苏联于 1957 年 10 月 4 日发射成功,并绕地球运行,地球上首次收到从人造卫星发来的电波。世界上第一颗同步通信卫星是 1963 年 7 月美国宇航局发射的"同步 2 号"卫星,1964 年 8 月发射的"同步 3 号"卫星,定点于太平洋赤道上空国际日期变更线附近,为世界上第一颗静止卫星。至此,卫星通信尚处于试验阶段。1965 年 4 月 6 日发射了最初的半试验、半实用的静止卫星"晨鸟",用作欧美间的商用卫星通信,从此卫星通信进入了实用阶段。

(1) 第一代卫星通信——模拟信号阶段

1965 年发射的静止卫星"晨鸟"由西方国家财团组成的"国际卫星通信组织"发射到西经35°的大西洋上空的静止同步轨道。

1972 年,加拿大首次发射了国内通信卫星"ANIK",率先开展了国内卫星通信业务,获得了明显的规模经济效益。地球站开始采用 21 m、18 m、10 m 等较小口径天线,用百瓦级行波管发射机、常温参量放大器、接收机等使地球站向小型化迈进,成本也大为下降。

1976 年,由 3 颗静止卫星构成的 MARISAT 系统成为第 1 个提供海事移动通信服务的卫星系统。

(2) 第二代卫星通信——数字信号阶段

1988 年,Inmarsat-C 成为第 1 个陆地卫星移动数据通信系统。1993 年,Inmarsat-M 和澳大利亚的 Mobilesat 成为第 1 个数字陆地卫星移动电话系统支持公文包大小的终端。1996年,Inmarsat-3 可支持便携式的膝上型电话终端。20 世纪 80 年代,VSAT 卫星通信系统问世,卫星通信进入突破性的发展阶段。VSAT 是集通信、电子计算机技术为一体的固态化、智能化的小型无人值守地球站,如图 9.2 所示。

图 9.2　VSAT 地球站

VSAT 技术的发展,为大量专业卫星通信网的发展创造了条件,开拓了卫星通信应用发展的新局面。20 世纪 90 年代,中、低轨道移动卫星通信的出现和发展开辟了全球个人通信的新纪元,大大加速了社会信息化的进程。

(3) 第三代卫星通信——手持终端

1998 年,铱(Iridium)系统成为首个支持手持终端的全球低轨卫星移动通信系统(如图 9.3 所示),2003 年以后,集成了卫星通信子系统的全球移动通信系统(UMTS/IMT-2000)。

图 9.3　铱星卫星移动电话

卫星移动通信的"手机时代"

2016 年 8 月成功发射中国自主研制的移动通信卫星——天通一号 01 星。

2018 年面向商用市场放号,我国进入卫星移动通信的"手机时代",填补了国内自主移动通信系统的空白。

卫星移动通信使得我们的手机在城市公网环境中可以作为普通智能手机使用,在传统地面移动通信网络覆盖不到或不稳定区域可以开启卫星通信模式,不受地面环境影响,无论身处何处都可以与外界进行无障碍通信,让"不在服务区"成为历史,拒绝断网,不再失联。

2. 我国卫星通信的发展史

（1）中国进入航天时代

1965 年，中国开始实施第一颗人造地球卫星工程。1970 年 4 月 24 日，"长征"1 号火箭在酒泉卫星发射中心成功发射"东方红"1 号卫星，中国成为世界上第五个能独立研制和发射卫星的国家，宣告中国进入航天时代。

1975 年 11 月 20 日，"长征"2 号火箭发射返回式卫星获得成功，三天后卫星成功收回，中国成为世界上第三个掌握卫星回收技术的国家。

（2）卫星通信

1975 年 4 月，国家批准卫星通信工程，至 1984 年 4 月 8 日，第一颗地球静止轨道通信卫星在西昌卫星发射中心由"长征"3 号火箭成功发射并准确定点，中国成为世界上第三个掌握液氢液氧发动机技术、第二个掌握低温发动机高空二次点火技术和第五个能独立研制发射静止轨道通信卫星的国家。1977 年 11 月，国家批准"风云"1 号气象卫星工程，1988 年 9 月，"长征"4 号甲火箭在太原卫星发射中心成功发射，中国成为世界上第三个独立研制发射太阳同步轨道卫星的国家。

（3）载人航天

20 世纪 90 年代，中国除发射新一代通信广播卫星、气象卫星和地球资源卫星，研制成功第一枚大型捆绑式火箭外，还开始实施了载人航天工程，用 7 枚"长征"2 号 F 火箭，先后完成了 4 艘无人试验飞船和 3 艘载人飞船的成功发射和成功回收，载人航天技术取得突破。

（4）蓬勃发展时期

进入 21 世纪，我国卫星通信事业正处在迅速发展时期，技术能力逐渐完善，布局时机已经成熟。卫星通信应用领域不断扩大，除金融、证券、邮电、气象、地震等部门外，远程教育、远程医疗、应急抢险、应急通信、应急广播、海陆空导航、互联网电话电视等将会广泛应用。

目前，我国长征系列运载火箭领先世界，无毒、无污染、推力大、环保型的火箭在我国试验成功，这为我国发展大型通信卫星、航天工程、探月计划等创造了有利的条件，使我国在卫星通信领域逐渐站了起来，并走在了前列。

9.1.2　卫星通信的概念

从 20 世纪 90 年代至今，卫星通信技术方面的发展有着显著的提高，不断地推动着移动卫星的发展。卫星通信覆盖的范围极其广泛，通信包含的容量大，传输的效果极佳，抗干扰的能力也很强，基于这些普遍性的优点，卫星通信被人们普遍认为是通信道路上不可缺少的技术之一，为人们的生活带来了方便。

1. 卫星通信系统的组成

所谓卫星通信简单地说就是地球上（包括地面和低层大气中）的无线电通信站间利用卫星作为中继而进行的通信。卫星通信系统是由通信卫星、地球站、跟踪遥测和指令分系统、监控管理分系统组成，如图 9.4 所示。

通信卫星由若干个转发器、数副天线、位置和姿态控制系统、遥测和指令系统、电源分系统组成，其主要作用是转发各地球站信号。

地球站由天线、发射、接收、终端分系统及电源、监控和地面设备组成，主要作用是发射和接收用户信号。

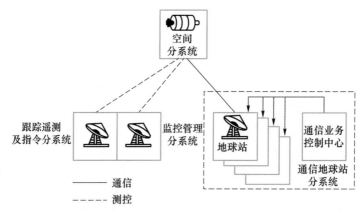

图 9.4 卫星通信系统图

跟踪遥测指令站是用来接收卫星发来的信标和各种数据,然后经过分析处理,再向卫星发出指令去控制卫星的位置、姿态及各部分工作状态。

监控管理分系统对在轨卫星的通信性能及参数进行业务开通前的监测和业务开通后的例行监测与控制,以便保证通信卫星的正常运行和工作。

2. 通信卫星的分类

通信卫星是指接收和转发中继信号,用来作为通信中介的人造地球卫星。

(1) 按通信方式分类

按通信方式来分,通信卫星可分为有源和无源两种。由于无源通信卫星只是反射电波,需要大功率的发射机,大尺寸的接收天线和高灵敏的放大接收设备,对发送和接收设备的技术要求较高,费用昂贵,因而难以实现;有源通信卫星则在卫星上装备了电源和接收、放大、发送设备,使地面接收设备简化,易于实现。目前运行的卫星均为有源卫星。

(2) 按轨道分类

微课

通信卫星多采用低轨、大椭圆或地球同步轨道。目前,通信卫星绝大部分采用地球同步轨道,在地球赤道上空约 36 000 km 外围绕地球的圆形轨道运行,绕地球转一圈的时间是 24 小时,刚好与地球自转同步,这样相对于地球上的某一区域就像是静止不动的一样,因此称为同步卫星,也称为静止卫星,其

高中低轨道卫星

运行轨道称为同步或静止轨道。我们常常提到的 VSAT 卫星和我国相继发射的几颗通信卫星都属于同步轨道卫星。近年来人们耳熟能详的几个全球移动卫星通信——国际卫星(ICO)、铱(Iridium)和全球星(Globalstar)系统都属于中轨道(MEO,5 000 km～15 000 km)、低轨道(LEO,500 km～1 500 km)卫星通信系统。

(3) 按工作区域分类

按工作区域通信卫星可分为国际通信卫星、国内通信卫星和区域通信卫星。

(4) 按应用领域分类

按应用领域通信卫星可分为广播电视卫星、跟踪卫星、数据中继转发卫星、国防通信卫星、航空卫星、航海卫星、战术通信卫星、舰队通信卫星和军用数据转发卫星。

中国卫通

　　中国卫通作为我国唯一拥有自主可控商用通信广播卫星资源的基础电信运营企业,中国卫通目前运营管理着 16 颗商用通信广播卫星,资源覆盖中国全境、澳大利亚、东南亚、南亚、中东、欧洲、非洲等地区,综合实力排名全球第 6 位。

　　2022 年 1 月 5 日消息,中国卫通承担 2022 年北京冬奥会、冬残奥会的广播电视卫星信号传输工作,为奥运会提供高质量应急通信保障,确保各项赛事节目的安全播出。

归纳思考

> 卫星通信系统是由通信卫星、地球站、跟踪遥测和指令分系统、监控管理分系统组成。

> 我国卫星通信可以用于哪些民用领域?

> 如何开通卫星电话业务?

【随堂测试】

卫星通信概述

【任务单】

任务单	卫星通信系统的结构		
班级		组别	
组员		指导教师	
工作任务	关注卫星通信系统,手绘某个卫星通信系统的简易系统图。		
任务描述	1. 标明卫星通信系统的名称; 2. 简单说明该卫星通信系统的用途; 3. 手绘出该卫星通信系统的结构图,并标明各部分的名称。		

评价标准	序号	评价标准	权重
	1	专业词汇使用规范正确。	20%
	2	文字说明表达明确。	20%
	3	图纸绘制清晰准确。	30%
	4	小组分工合理,配合较好。	15%
	5	学习总结与心得整理得具体。	15%

学习总结与心得	

任务实施	详细描述实施过程：

考核评价	考核成绩		教师签名		日期	

9.2　卫星通信技术

卫星通信系统是一种把卫星作为信号中继站来接收和转发多个地面站之间微波信号的通信系统。一个完整的卫星通信系统是由卫星端、地面端和用户端三个部分组成的。在地球上空作业的卫星端在微波通信的传递过程中起的是中转站的作用。卫星移动通信技术具有覆盖面广、通信频带宽、灵活机动以及不受地域限制等优势,是未来通信技术发展的主流趋势。

重点掌握

➢ 卫星通信的工作频段;
➢ 卫星通信的主要特点;
➢ 卫星通信的关键技术。

9.2.1　卫星通信的工作频段及特点

1. 卫星通信的工作频段

卫星通信属于无线通信的范畴,以电磁波作为信息的载体,工作在电磁波的微波频段(300 MHz～300 GHz),其频率范围分布在 1～40 GHz。按照频段可涵盖 L、S、C、X、Ku、K、Ka 波段,不同的频段对应的用途也不同,其中 K 频段处于大气吸收损耗影响最大的频率窗口,不适合于卫星通信。因此,卫星通信常用的频段为 L、S、C、X、Ku、Ka 波段,对应的频谱范围和主要用途如表 9.1 所示。

微课

卫星通信的
工作频段

表 9.1　卫星通信常用的频段及用途

频段	频率范围	用途
L	1～2 GHz	主要用于卫星移动通信、卫星无线电测定、卫星遥测链路等应用
S	2～4 GHz	主要用于卫星移动通信、卫星无线电测定、卫星遥测链路等应用
C	4～7 GHz	主要用于卫星固定业务通信,已近饱和
X	7～12 GHz	主要用于卫星固定业务通信,常被政府和军方占用
Ku	12～18 GHz	主要用于卫星固定业务通信,已近饱和
Ka	27～40 GHz	正在被大量投入使用

根据 IEEE 521—2002 标准,X 波段是指频率在 8～12 GHz 的无线电波波段,在电磁波谱中属于微波。而在某些场合中,X 波段的频率范围则为 7～11.2 GHz。通俗而言,X 波段中的 X 即英语中的"extended",表示"扩展的"调幅广播。

X 波段通常的下行频率为 7.25～7.75 GHz,上行频率为 7.9～8.4 GHz,也常被称为 7/8 GHz 波段(8/7 GHz X 波段)。而 NASA 和欧洲空间局的深空站通用的 X 波段通信频率范围则为上行 7 145～7 235 MHz,下行 8400～8 500 MHz。根据国际电信联盟无线电规则第 8 条,X 频段在空间应用方面有空间研究、广播卫星、固定通信业务卫星、地球探测卫星、气象卫星等用途。

鉴于 Ka 频段具有可用带宽宽、干扰少、设备体积小的特点。因此，Ka 频段卫星通信系统可为高速卫星通信、千兆比特级宽带数字传输、高清晰度电视（HDTV）、卫星新闻采集（SNG）、VSAT 业务、直接到家庭（DTH）业务及个人卫星通信等新业务提供一种崭新的手段。Ka 频段的缺点是雨衰较大，对器件和工艺的需求较高，但这些都可以采取相关技术手段予以克服。总之，Ka 频段卫星通信系统主要是在提供双向多媒体业务方面具有较大优势。

2. 卫星通信的特点

卫星通信是现代通信技术的重要成果，它是在地面微波通信和空间技术的基础上发展起来的。与电缆通信、微波中继通信、光纤通信、移动通信等通信方式相比，卫星通信具有以下特点。

微课

卫星通信的特点

（1）卫星通信覆盖区域大，通信距离远

因为卫星距离地面很远，一颗地球同步卫星便可覆盖地球表面的 1/3，因此，利用 3 颗适当分布的地球同步卫星即可实现除两极以外的全球通信。卫星通信是目前远距离越洋和电视广播的主要手段。

（2）卫星通信具有多址联接功能

卫星所覆盖区域的所有地球站都能利用同一卫星进行相互间的通信，即多址联接。

（3）卫星通信频段宽，容量大

卫星通信采用微波频段，每个卫星上可设置多个转发器，故通信容量很大。

（4）卫星通信机动灵活

地球站的建立不受地理条件的限制，可建在边远地区、岛屿、汽车、飞机和舰艇上。

（5）卫星通信质量好，可靠性高

卫星通信的电波主要在自由空间传播，噪声小，通信质量好。就可靠性而言，卫星通信的正常运转率达 99.8% 以上。

（6）卫星通信的成本与距离无关

地面微波中继系统或电缆载波系统的建设投资和维护费用都随距离的增加而增加，而卫星通信的地球站至卫星转发器之间并不需要线路投资，因此，其成本与距离无关。

但卫星通信也有不足之处，主要表现在如下两个方面。

（1）传输时延大

在地球同步卫星通信系统中，通信站到同步卫星的距离最大可达 40 000 km，电磁波以光速（3×10^8 m/s）传输，这样，路经地球站 → 卫星 → 地球站（称为一个单跳）的传播时间约需 0.27 s。如果利用卫星通信打电话，由于两个站的用户都要经过卫星，因此，呼叫方要听到对方的回答必须额外等待 0.54 s。

（2）回声效应

在卫星通信中，由于电波来回转播需 0.54 s，因此产生了讲话之后的"回声效应"。为了消除这一干扰，卫星通信系统中增加了一些设备，专门用于消除或抑制回声干扰。

9.2.2　卫星通信的关键技术

为了有效地提升卫星移动通信系统数据传输的实时性、高效性以及优质性，所使用的卫星平台必须具备调制解调、波束成型、星上交换、星载校准以及馈电链路数字处理等核心技术。

1. 星上处理技术

现阶段，卫星移动通信系统数据交换技术主要包括透明转发、部分处理交换以及星上处理交换三种模式。其中透明转发(bent pipe)卫星通信系统中,卫星转发器只完成信号放大和频率转换,基本上与信号形式无关,对协议是透明的。该项技术较为成熟、风险相对较低,但是需要配合地面进行数据交换,因此信息传输的延时性较大;星上处理是卫星通信重要的技术之一,异步传输模式(ATM)是一种重要的星上交换处理模式,该技术实时性高、资源处理能力大、抗干扰能力强,但是由于技术发展时间较短,适用性和可靠性都不高。

2. 卫星天线技术

卫星移动通信系统的天线技术经历了从简单天线,标准圆或椭圆波束、赋形天线,多馈源波束赋形到反射器赋形以及为支持个人移动通信而研制的多波束成型大天线的发展道路。卫星天线技术适用于地球同步轨道卫星和大型可展开多波束天线技术提供面向全球的移动通信系统,亚洲蜂窝卫星(ACeS)装配有两副 12 m 口径 L 波段天线,瑟拉亚(Thuraya)装配有 12.25 m 口径天线,INMARSAT 国际海事卫星装配有多波束天线。现阶段,卫星天线技术是提升高频谱利用率的最佳方式,通过天线波束成形、多点波束蜂窝结构和智能天线技术可以有效实现高密度、多重的频率再利用。

3. 星间链路技术

星间链路是指用于卫星之间通信的链路,又被称为星际链路或交叉链路(crosslink)。通过星间链路可以实现卫星之间的信息传输和交换。通过星间链路将多颗卫星互联在一起,形成一个以卫星作为交换节点的空间通信网络。该项技术对于大型低轨道卫星系统而言,由于其信息覆盖面较小,需要借助星间链路技术实现地面对卫星的有效控制,以及移动用户之间的信息互联。现阶段,星间链路技术主要可以分为微波通信以及激光通信两种实现方式。目前常用的是微波通信技术,该技术的缺点在于受频带宽度、重量、体积、价格以及功耗等方面的影响,无法实现卫星移动通信系统的高效使用,而激光通信方式则具有明显的优势,其超宽的频谱带宽可以有效地提升卫星通信的潜在容量并且降低卫星载荷体积和重量,在提升信息保密性的同时还能减小信息传输的延时性。

4. 数据压缩技术

数据压缩不仅可以节约传输时间和存储空间,还能提高通信的便捷性和频带的利用率。数据压缩技术在处理数据的专业领域里已经发展得相当成熟了。不管是静态的数据压缩还是动态的数据压缩都可以为卫星通信系统在时间、频带和能量上带来相对较高的传输效率。例如,ISO 对静态图像压缩编码的标准和 CCOTT 的 H.26 标准,以及 MPEG62 设计中的同步交互性和多媒体等技术都成为广泛应用于多媒体压缩的公认标准。

归纳思考

> 相对于其他微波系统来说,卫星通信系统使用的电磁波频率往往更高,这是为什么?
> 简述卫星通信系统的特点。

【随堂测试】

卫星通信技术

9.3 卫星通信系统的分类及应用

> 不同轨道下的卫星通信系统;
> 各种不同用途的卫星通信系统;
> 北斗卫星导航系统。

9.3.1 卫星通信系统的分类

按照工作轨道区分,卫星通信系统分为低轨道卫星通信系统(LEO)、中轨道卫星通信系统(MEO)和高轨道卫星通信系统(GEO),如图 9.5 所示。

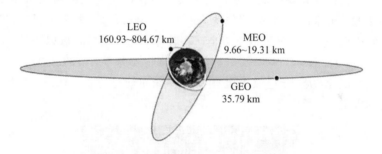

图 9.5 LEO、MEO、GEO 卫星轨道示意图

1. 低轨道卫星通信系统

低轨道卫星通信系统距地面 500~2 000 km,传输时延和功耗都比较小,但每颗星的覆盖范围也比较小,典型系统有 Motorola 的铱星系统。

低轨道卫星通信系统由于卫星轨道低,信号传播时延短,所以可支持多跳通信;其链路损耗小,可以降低对卫星和用户终端的要求,可以采用微型/小型卫星和手持用户终端。

但是低轨道卫星系统也为这些优势付出了较大的代价,由于轨道低,每颗卫星所能覆盖的范围比较小,要构成全球系统需要数十颗卫星(如图 9.6 所示),如铱星系统有 66 颗卫星、Globalstar 系统有 48 颗卫星、Teledisc 系统有 288 颗卫星。同时,由于低轨道卫星的运动速度快,对于单一用户来说,卫星从地平线升起到再次落到地平线以下的时间较短,所以卫星间或载波间切换频繁。因此,低轨系统的系统构成和控制复杂,技术风险大,建设成本也相对较高。

2. 中轨道卫星通信系统

中轨道卫星通信系统距地面 2 000~20 000 km,传输时延要大于低轨道卫星,但覆盖范围也更大,典型系统是国际海事卫星系统。中轨道卫星通信系统可以说是同步卫星系统和低轨道卫星系统的折中,中轨道卫星系统兼有这两种方案的优点,同时又在一定程度上克服了这两种方案的不足之处。

中轨道卫星的链路损耗和传播时延都比较小,仍然可采用简单的小型卫星。如果中轨道和低轨道卫星系统均采用星际链路,当用户进行远距离通信时,中轨道系统信息通过卫星星际

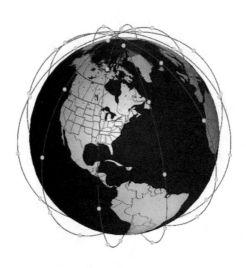

图 9.6　LEO 星座网络示意图

链路子网的时延将比低轨道系统低。而且由于其轨道比低轨道卫星系统高许多,每颗卫星所能覆盖的范围比低轨道系统大得多,当轨道高度为 10 000 km 时,每颗卫星可以覆盖地球表面的 23.5%,因而只要几颗卫星就可以覆盖全球。若有十几颗卫星就可以提供对全球大部分地区的双重覆盖(如图 9.7 所示),这样可以利用分集接收来提高系统的可靠性,同时系统投资要低于低轨道系统。因此,从一定意义上说,中轨道系统可能是建立全球或区域性卫星移动通信系统较为优越的方案。

图 9.7　MEO 星座网络示意图

　　当然,如果需要为地面终端提供宽带业务,中轨道系统将存在一定困难,而利用低轨道卫星系统作为高速的多媒体卫星通信系统的性能要优于中轨道卫星系统。具有代表性的中轨道卫星通信系统主要有 Inmarsat-P、Odyssey、MAGSS-14 等,另外我们国家自主建设运行的北斗卫星导航系统中也包含了 27 颗中轨道卫星。

　　3. 高轨道卫星通信系统

　　高轨道卫星通信系统距地面 35 800 km,即同步静止轨道。理论上,用 3 颗高轨道卫星即可以实现全球覆盖(如图 9.8 所示)。传统的同步轨道卫星通信系统的技术最为成熟,自从同步卫星被用于通信业务以来,用同步卫星来建立全球卫星通信系统已经成为建立卫星通信系统的传统模式。

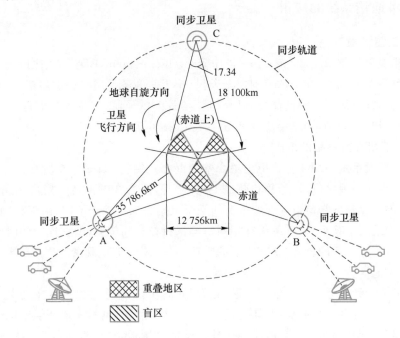

图 9.8　GEO 卫星轨道示意图

但是,同步卫星有一个不可克服的障碍,就是较长的传播时延和较大的链路损耗,严重影响到它在某些通信领域的应用,特别是在卫星移动通信方面的应用。

① 同步卫星轨道高,链路损耗大,对用户终端接收机性能要求较高。

这种系统难于支持手持机直接通过卫星进行通信,或者需要采用 12 m 以上的星载天线(L 波段),这就对卫星星载通信有效载荷提出了较高的要求,不利于小卫星技术在移动通信中的使用。

② 链路距离长,传播延时大。

单跳的传播时延就会达到数百毫秒,加上语音编码器等的处理时间则单跳时延将进一步增加,当移动用户通过卫星进行双跳通信时,时延甚至将达到秒级,这是用户(特别是话音通信用户)所难以忍受的。为了避免这种双跳通信就必须采用星上处理使得卫星具有交换功能,但这必将增加卫星的复杂度,不但增加系统成本,也有一定的技术风险。

目前,同步轨道卫星通信系统主要用于 VSAT 系统、电视信号转发等,较少用于个人通信。

卫星通信系统的分类方法还有按照通信范围区分可以分为国际通信卫星、区域性通信卫星、国内通信卫星;按照用途区分可以分为综合业务通信卫星、军事通信卫星、海事通信卫星、电视直播卫星等;按照转发能力区分又可以分为无星上处理能力卫星、有星上处理能力卫星。

中国卫星互联网

2021 年 4 月 28 日,国务院国资委发布关于组建中国卫星网络集团有限公司的公告。新组建的"星网"公司总部落地雄安新区,注册资本 100 亿元,也是国资委公布的央企名单中仅次于电信、联通、移动之后的又一家通信运营商。至此,中国"星网"公司终于破茧而出。在国家有力推动下,中国卫星互联网建设正式进入"一盘棋"的全新阶段。

9.3.2 卫星通信系统的应用

1. 北斗卫星导航系统

中国北斗卫星导航系统(beidou navigation satellite system,BDS)是中国自行研制发射运行的全球卫星导航系统,可在全球范围内全天候、全天时为各类用户提供高精度、高可靠定位、导航、授时服务,并具短报文通信能力,已经初步具备区域导航、定位和授时能力,定位精度为dm(分米)、cm(厘米)级别,测速精度0.2 m/s,授时精度10 ns。

(1)北斗卫星导航系统的组成

北斗卫星导航系统采用3种轨道卫星合璧的混合式结构(如图9.9所示),除与赤道平面重合的地球同步轨道卫星(即地球静止轨道卫星)之外,还有3颗保持一定倾斜角度的地球同步轨道卫星(IGSO)。与前者相对于地球上的某个点始终保持静止不同,由于其倾斜角度的存在,造成相对于地面上某个点,其每天在相同时刻保持在相同位置,但在连续的时间内,卫星位置是变化的,星下点运行的轨迹呈"8"字形的封闭曲线,就像卫星跳着"8"字形舞,以这种运行方式,聚焦亚太地区。

北斗卫星第三种轨道为地球中圆轨道,它们是"北斗三号"全球组网的主力卫星,共24颗,运行在距离地面2万多千米的高度,轨道周期约为12小时,时刻不停地环绕地球运转,每颗卫星的聚焦点都在地面"画"着波浪线,实现全球范围的广覆盖,它们组成的星座构成了"北斗三号"全球组网的核心星座。

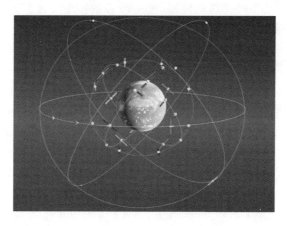

图9.9 北斗星座3种轨道示意图

(2)"四星定位"原理

假如所在位置在空间中距某一颗卫星距离为25 000 km,距离另一颗卫星距离为8 000 km,那么以这2个距离为半径、以2颗卫星为球心画球,这2个球的相交面会形成一个圆形,所在位置可能在这个圆形上任意一点。这时候引入第3颗卫星。假如和其距离为31 000 km,以此为半径绕该卫星画球,这个球和之前的圆就相交在这2个点上。排除掉1个不在地球上的点,剩下1个点就是所在位置。这样,通过3颗卫星,就能知道在地球上的坐标(x,y,z),如图9.10所示。

微课

定位

在实际情况下,前面说的"距离"都是伪距,也就是假的距离。因为实际测量中,这些距离是用信号传输时间(光速)倒推的,最典型的就是卫星使用的原子钟和地面接收机石英钟之间

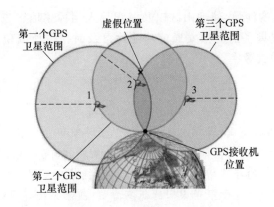

图 9.10　3颗卫星定位示意图

的误差,这可能导致测量出的位置出现几十至数百米的误差。这时就需要引入第 4 颗卫星作为时间零点,专门用来计算时间误差,才能精确解算出位置信息。此外,同时能接收到的卫星信号越多,计算出来的位置精度就越好。

（3）北斗系统授时

北斗系统授时可分为单向授时模式和双向授时模式,单向授时精度的系统设计值为100 ns,双向授时为 20 ns,实际授时用户机的性能通常优于该指标。

在单向授时模式下,用户机不需要与地面中心站进行交互,但需已知接收机精密坐标,从而可计算出卫星信号传输时延,经修正得出本地精确的时间。

① 中心控制站精确保持的标准北斗时间,并定时播发授时信息,为定时用户提供时延修正值。

② 标准时间信息经过中心站到卫星的上行传输延迟、卫星到用户机的下行延迟以及其他各种延迟（对流层、电离层等）传送到用户机。

③ 用户机通过接收导航电文及相关信息自主计算出钟差并修正本地时间,使本地时间和北斗时间同步。

在双向授时模式下,所有信息处理都在中心控制站进行,用户机只需把接收的时标信号返回即可。其无须知道用户机位置和卫星位置,通过来回双向传播时间除以 2 的方式获取,更精确地反映了各种延迟信息,因此其估计精度较高。

（4）北斗系统的短报文通信应用

北斗卫星的短报文通信功能是美国 GPS 和俄罗斯 GLONASS 都不具备的特殊功能,是全球首个在定位、授时之外具备报文通信为一体的卫星导航系统。北斗卫星短报文通信具有用户机与用户机、用户机与地面控制中心间双向数字报文通信功能,一般的用户机一次可传输 36 个汉字,申请核准的可以达到传送 120 个汉字或 240 个代码。短报文不仅可点对点双向通信,而且其提供的指挥端机可进行一点对多点的广播传输,为各种平台应用提供了极大便利,应用前景十分广阔。

微课

北斗的短
报文应用

① 可以向紧急救援服务单位提供移动信号中断,如地震、灾难时的紧急救援的文字信息等。

② 为喜欢去偏远地区远足的人提供查询最近的停车位、餐厅、旅馆等,以及无信息覆盖的遇险情况下的求救服务等。

③ 当在无信号覆盖的沙漠、偏远山区以及海洋等人烟稀少地区进行搜索救援时,北斗设备可导航定位,北斗卫星具备的短报文通信功能除可及时报告所处位置外,还可报告受灾情况,从而有效提高救援搜索效率。

北斗卫星导航系统

北斗卫星导航系统的建成,可促进我国自主卫星导航事业的发展,体现国家综合实力,使我国在卫星应用方面摆脱对国外卫星导航系统的依赖,打破美国 GPS 的垄断,并带动一大批高技术产业,形成新的经济增长点。北斗导航系统的应用具有广泛的应用潜力,北斗卫星导航系统的应用前景"仅受限于人们的想象力"。随着系统建设的不断发展,很多潜在的应用必将被发掘出来,北斗卫星导航系统必将得到越来越广泛的应用,从而产生巨大的社会效益和经济效益。

【任务单】

任务单		北斗卫星导航系统		
班级			组别	
组员			指导教师	
工作任务	关注北斗卫星导航系统,整理并撰写总结报告。			
任务描述	从以下三个方面撰写北斗卫星导航系统的总结报告: 1. 北斗系统的发展历程; 2. 北斗系统的技术特点; 3. 北斗系统的技术优势。			
评价标准	序号	评价标准		权重
	1	专业词汇使用规范正确。		20%
	2	发展历程描述准确。		20%
	3	技术特点及技术优势描述正确。		30%
	4	小组分工合理,配合较好。		15%
	5	学习总结与心得整理得具体。		15%
学习总结 与心得				

	详细描述实施过程：
任务实施	

考核评价	考核成绩		教师签名		日期	

2. VSAT 卫星系统

VSAT 是"Very Small Aperture Terminal"的缩字,直译为"甚小口经终端",意译应是"甚小天线地球站"。于 20 世纪 80 年代最先在美国兴起,发展速度很快,是 40 多年来卫星通信技术的转折性发展。这里的"小"指的是 VSAT 系统中小站设备的天线口径小,通常为 0.3～1.4 m,设备结构紧凑,智能化,价格便宜,安装方便,对使用环境要求不高,且不受地面网络的限制,组网灵活。

(1) VSAT 系统

VSAT 系统由一个主站及众多分散设置在各个用户所在地的远端 VSAT 组成,可不借助任何地面线路,不受地形、距离和地面通信条件限制,主站和 VSAT 间可直接进行高达 2 Mbit/s 的数据通信,特别适用于有较大信息量和所辖边远分支机构较多的部门使用。

VSAT 系统有两种类型:一种是双向 VSAT 系统,它由中心站控制许多 VSAT 终端来提供数据传输、语音和传真等业务;另一种是单向 VSAT 系统,在这种系统中,图像和数据等信号从中心站传到许多单收 VSAT 终端。

(2) VSAT 通信系统在海洋船舶上的应用

通过一体化船载通信天线,将卫星信号转化为 IP 业务信号,再通过本地无线 AP 进行整船的 WiFi 覆盖,并可提供有线、无线的网络接入手段,终端可为手机、计算机、IP 摄像头等,如图 9.11 所示。

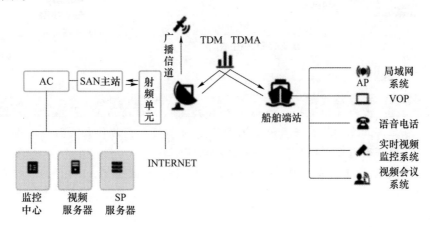

图 9.11　VSAT 船舶应用的网络拓扑图

基于 IP 的终端设备,满足船载网络的应用,该系统具有以下功能。

(1) 宽带网络接入

通过标准 Ku 波段"动中通"系统配置,单船带宽可满足宽带接入,可提供船舶各类信息,如图像、视频、语音、数据等的回传需求,并可通过卫星网络接入公网,实现各类 App、专网应用等功能。

(2) SIP 语音电话

网络通话服务可以支持网络电话功能,在船上可直接拨打外线电话,在海上也能享受到陆地固话一样的高音质通话服务。

(3) 远程视频监控

在船上布置适量摄像头、监控视频录像主机等监控设备,把监控视频主机接入卫星网络中,在岸端通过远程监控软件可以实时查看船上某个摄像头的监控画面。

（4）远程数据回传

智能船舶数据通过服务器主机,接入卫星网络中,在岸端通过智能船舶管理软件可以实时查看船上采集到的信息数据。

3. 直播卫星业务

直播卫星业务(direct broadcasting satellite service,DBS),通常是指采用地球同步轨道卫星,以大功率辐射地面某一区域,向小团体及家庭单元传送电视娱乐、多媒体数据等信息,造福广大用户的一种卫星广播业务。该系统采用 3 颗休斯 HS601 三轴稳定型卫星,每颗卫星有 16 个 120W Ku 波段发射器,用 MPEG-1 数字压缩技术使每个转发器传送 4～8 个电视频道,系统容量为 175 个数字频道,用户天线口径 $D=0.46\,\mathrm{m}$,系统效果良好,如图 9.12 所示。

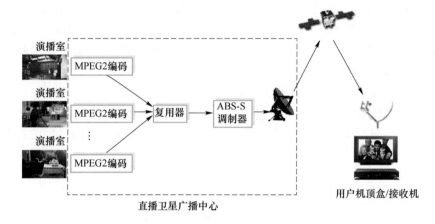

图 9.12　直播卫星业务网络拓扑

归纳思考

➢ 直接在上海正上方放置一颗静止轨道卫星,是否可能? 为什么?

➢ 北斗系统一共有多少颗卫星? 分别运行在哪个轨道?

➢ 北斗系统相对于美国 GPS、俄罗斯 GLONASS 和欧盟 GALILEO 具有哪些特殊功能?

【随堂测试】

卫星通信系统的分类及应用

【拓展任务】

任务 1　搜索整理北斗卫星导航系统提高定位精度的技术。

目的:

掌握卫星导航系统的基本定位技术;

知道北斗卫星导航系统定位精度高的原因;

了解北斗卫星导航系统提高定位精度的技术。

要求：

查询资料,撰写总结报告;

任务2　搜索整理 VSAT 通信系统在某领域的应用。

目的：

了解 VSAT 通信系统的适用场景;

知道 VSAT 通信系统的具体应用场景。

要求：

查询资料,撰写总结报告。

任务3　实地走访或网络关注调研我国酒泉卫星发射中心,并撰写调研报告。

目的：

了解我国酒泉卫星发射中心的发展历史;

知道我国卫星系统的发展现状。

要求：

制订调研方案;

撰写调研提纲;

撰写调研报告。

【知识小结】

卫星通信不仅在普通通信传输中起作用,甚至影响着国防建设、生产安全和经济发展。

卫星通信系统是由通信卫星、地球站、跟踪遥测和指令分系统、监控管理分系统组成。

卫星移动通信技术具有覆盖面广、通信频带宽、灵活机动以及不受地域限制等优势,是未来通信技术发展的主流趋势。

卫星平台必须具备调制解调、波束成型、星上交换、星载校准以及馈电链路数字处理等核心技术。

卫星通信系统按照工作轨道区分,分为低轨道卫星通信系统(LEO)、中轨道卫星通信系统(MEO)和高轨道卫星通信系统(GEO)。

北斗卫星导航系统采用3种轨道卫星合璧的混合式结构。

【即评即测】

卫星通信

项目10 接入网

项目介绍

随着通信技术的迅猛发展,电信业务向综合化、数字化、智能化、宽带化和个人化方向发展,人们对电信业务多样化的需求也不断提高,同时主干网上 SDH、ATM、无源光网络(PON)及 DWDM 技术的日益成熟和使用,为实现话音、数据、图像"三线合一、一线入户"奠定了基础。如何充分利用现有的网络资源增加业务类型,提高服务质量,已成为电信专家和运营商日益关注研究的课题,"最后一千米"的解决方案是大家最关心的焦点。因此,接入网成为网络应用和建设的热点。

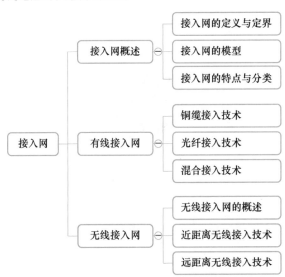

项目引入

如今,宽带已经像水电一样普及,无论是在家里上网购物、工作、看电视,还是在办公室里开远程视频会议,抑或是在街边咖啡店通过 WiFi 与朋友聊天,宽带无处不在,总与我们形影不离。我们正在享受的这一切都离不开接入网的支持。

上述业务都需要一个用户网络终端以及一根连接到运营商网络的线缆来实现。这些线缆的背后就是运营商的通信网络,接入网是用户终端到城域汇聚网之间的所有通信设备。其长度一般为几百米到几千米,因而被形象地称为"最后一千米"。

接入网（项目引入）

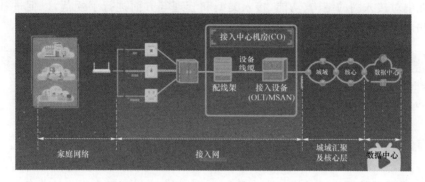

图 10.1　接入网

本项目会跟大家一起来探讨学习接入网。

项目目标

- 掌握接入网的概念和特点;
- 理解主要的接入网技术及应用;
- 了解 xDSL 技术的分类和系统结构;
- 能描述光纤接入的应用场景;
- 理解 PON 技术的分类及特点;
- 能概述常见的短距离无线接入技术;
- 能理解无线接入城域网技术 WiMAX 的组成和特点;
- 加强对科学创新和职业道德的体会;
- 树立世界视野和问题意识。

本项目学习方法建议

- 登录"超星平台"进行网络学习;
- 课前预习与课后复习相结合;
- 自学与探讨相结合;
- 任务单与个人总结相结合;
- 教师答疑与学习反馈相结合。

本项目建议学时数

6 学时。

10.1 接入网概述

公用电信网至今已有 100 多年的历史,它是一个几乎可以在全球范围内向住宅和商业用户提供接入的网络。随着通信技术的飞速发展和用户的新需求,电信业务也从传统的电话、电报业务向视频、数据、图像、语言、多媒体等非话音业务方向拓展,使电信网络的规模和结构都变得扩大化和复杂化。为此,ITU-T 现已正式采用用户接入网(简称为接入网)的概念,并在 G.902 标准中对接入网的结构、功能、接入类型和管理等方面进行了规范,以促进社会对接入网的研究和应用。

> ➢ 接入网的概念;
> ➢ 接入网的位置及定界。

传统通信网一直是以电话网为基础的,电话业务占整个电信业务的主要地位。多年来,电话网一直是以交换为中心、以干线传输和中继传输为骨干构成的分级电话网结构。电话网从整体结构上,分为长途网和本地网。在本地网中,本地交换机到每个用户的业务分配是通过双绞线来实现的。这一分配网路称为用户环路,具体结构如图 10.2 所示。

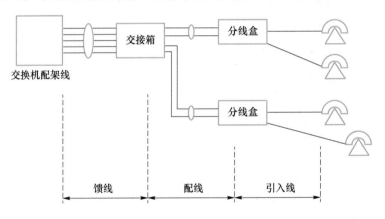

图 10.2 传统电话网用户环路的结构示例

如图 10.2 所示,一个交换机可以连接许多不同的用户,对应不同用户的多条用户线就组成树状结构的本地用户网。随着经济的发展和人们生活水平的提高,整个社会对信息的需求日益增加,传统的电话通信已不能满足要求。为了满足社会对信息的需求,相应地出现了多种非话音业务,如数据、可视图文、电子邮箱和会议电视等。新业务的出现促进了通信网的发展,传统电话网的本地用户环路已不能满足要求。因此,为了适应新业务发展的需要,用户环路也要向数字化、宽带化等方向发展,并要求用户环路具有灵活组网、可靠运行和易于管理等特点。近几年来,各种用户环路新技术的开发与应用发展较快,复用设备、数字交叉连接设备和用户环路传输系统等的引入,都增强了用户环路的功能和能力。在这种情况下,接入网的概念应运而生。

ITU-T

ITU-T 的中文名称是国际电信联盟电信标准分局（ITU Telecommunication Standardization Sector），它是国际电信联盟管理下的专门制定电信标准的分支机构。

该机构创建于 1993 年，总部设在瑞士日内瓦，其主要职责是制定国际标准。由 ITU-T 制定的国际标准通常被称为建议（recommendations）。由于 ITU-T 是 ITU 的一部分，而 ITU 是联合国下属的组织，所以由该组织提出的国际标准比起其他的组织提出的类似的技术规范更正式一些。

10.1.1　接入网的定义与定界

1.接入网在电信网中的位置

电信网是由在不同区域之间提供电信业务的所有实体组成，如设备、设施和装置等。整个电信网包括传送网、交换网和接入网三部分，关系如图 10.3 所示。传送网和交换网是公用网，将交换网和传送网放在一起，称为核心网，余下部分称为接入网。接入网是为特定用户服务的专用网。在这里用户接入网是指终端交换局与用户之间的网络，是通信网中的"最后 1 千米"。

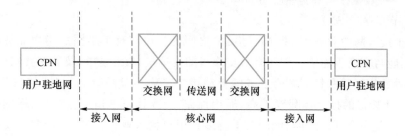

图 10.3　用户接入网在通信网中的位置

引入接入网的目的是通过有限种类的接口，利用多种传输媒介灵活地支持各种不同的接入类型业务。

2.接入网的定义

接入网是由用户环路发展起来的，覆盖从本地交换机的交换端口至用户终端之间的所有设备和传输媒质，通常包括用户线传输系统、复用设备，还包括数字交叉连接设备、远端交换模块和用户/网络接口设备。

微课

接入网

根据国际电信联盟关于接入网框架建议书（G.902 标准），对接入网的结构、功能、接入类型和原理进行了规范。对用户接入网的定义如下。

接入网（access network，AN）是由业务节点接口（service node interface，SNI）和用户网络接口（user-network interface，UNI）之间的一系列传送实体（如线路设备和传输设备）组成，为供给电信业务而提供所需传送承载能力的实施系统，可通过管理接口（Q3）实现接入网的配置和管理。原则上对接入网可以实现的 UNI 和 SNI 的类型和数量没有限制。接入网不解释信令。

3．接入网的定界

（1）接入网由 UNI、SNI 和 Q3 接口定界。如图 10.4 所示，接入网通过 UNI 与用户终端相连，通过 SNI 连接到业务节点（service node，SN），通过 Q3 接口连接到电信管理网（telecommunications management network，TMN）。

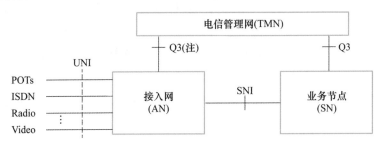

注：接入网可经外接协调设备(ME)，再通过Q3接口与TMN相连。

图 10.4　接入网的定界

（2）接入网的接口

① 用户网络接口 UNI

UNI 位于接入网的用户侧，是用户终端设备与接入网之间的接口，支持各种业务的接入。对不同的业务采用不同的接入方式，对应不同的接口类型。UNI 分为独立式和共享式。共享式 UNI 能支持多个逻辑用户端口功能。UNI 主要包括模拟二线音频接口、N-ISDN 接口、B-ISDN 接口、各种数据接口和宽带业务接口。

② 业务节点接口 SNI

SNI 位于接入网的业务侧，是 AN 与 SN 之间的接口。对于不同的用户业务提供相对应的 SNI，使其能与交换机连接。SNI 有对交换机的模拟接口（Z 接口）及数字接口（V 接口）、对节点机的各种数据接口和针对宽带业务的各种接口。V 接口经历了从 V1 接口到 V5 接口的发展，V1 到 V4 接口的标准化程度不高，通用性差。V5 接口是适应范围广、标准化程度高的新型数字接口，是完全开放式的，能同时支持多种用户接入业务。V5 接口包括支持窄带接入类型的 V5.1 和 V5.2 接口及可支持现有的所有窄带和宽带接入类型的 VB5 接口。

③ 管理接口 Q3

AN 经过 Q3 接口与电信管理网（TMN）相连，把接入网的管理纳入整个电信管理网的管理范畴中，使 TMN 通过 Q3 接口可实施对 AN 的操作维护管理功能，在不同网元之间相互协调，形成用户所需要的接入和接入承载能力。

10.1.2　接入网的模型

1．接入网的物理参考模型

一个完整的接入网的物理参考模型可以用图 10.2 的有线接入网的形式来表示。其中灵活点和分配点是两个重要的信号分路点，分别对应于传统铜缆用户线的交接箱和分线盒。

2．接入网的功能模型

接入网不解释（用户）信令，具有业务独立性和传输透明性的特点为与其他交换和传送技术的发展相适应，充分利用网络资源，既能经济地将现有各种类型的用户业务综合地接入到业务节点，又能对未来接入类型提供灵活性，ITU-T 提出了功能性接入网概貌的框架建议

(G.902)。图 10.5 所示为接入网的功能模型,由业务节点接口(SNI)和用户—网络接口(UNI)之间一系列的传送实体组成。

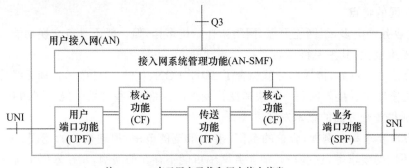

图 10.5 接入网的功能结构图

接入网有 5 个功能,分别是用户端口功能、核心功能、传送功能、业务端口功能及 AN 系统管理功能。

(1) 用户端口功能(user port function,UPF)

UPF 将特定的 UNI 的要求适配到核心功能和管理功能。UPF 主要是 UNI 功能的终接、A/D 转换、信令转换(但不解释信令)、UNI 的激活/去激活、UNI 承载通路/承载能力的处理、UNI 的测试、UPF 的维护、管理功能及控制功能。

(2) 业务端口功能(service port function,SPF)

SPF 将使特定 SNI 规定的要求适配到公共承载体,以便在核心功能中加以处理,并选择相关信息用于接入网中管理模块的处理。SPF 主要有 SNI 功能的终接、特定 SNI 所需的协议映射、SNI 的测试、SPF 的维护、管理及控制功能。

(3) 核心功能(core function,CF)

CF 位于 UPF 和 SPF 之间,将单个用户端口承载或业务端口承载的要求与公共传送承载体适配,包括依据所要求的协议适配以及通过接入网传送复用要求进行协议承载处理。核心功能可分布于整个接入网内。CF 主要有接入承载处理、承载通路集中、信令和分组信息复用、对 ATM 传送承载的电路仿真、管理功能和控制功能。

(4) 传送功能(transport function,TF)

TF 为接入网中不同位置的公共承载体的传送提供通道,并对所用相关传输媒质适配。TF 主要有复用、业务疏导和配置的交叉连接功能、管理和物理媒质功能。

(5) AN 系统管理功能(access network system management function,AN-SMF)

AN-SMF 协调接入网中的 UPF、SPF、CF 和 TF 的指配、操作和管理,还负责协调用户终端(经 UNI)和业务节点(经 SNI)的操作功能。AN-SMF 主要有配置和控制、指配协调、故障检测和指示、使用信息和性能数据收集、安全控制、对 UPF 及经 SNI 的 SN 的实时管理及操作要求的协调、资源管理功能。AN-SMF 通过 Q3 接口与 TMN 通信,以便接收监视和/或接收控制信息。

10.1.3　接入网的特点与分类

1. 接入网的特点

接入网业务种类多,组网能力强,网络拓扑结构多样,但一般不具备交换功能,网径大小不一,线路施工难度大,其主要特点如下:

① 综合性强。例如,传送部分就综合了 SDH、PON、ATM、HFC 和各种无线传送技术等。

② 发展速度快。接入网是一个快速变化发展的网络,一些可用于接入网的新技术还将不断出现,特别是宽带方面的技术发展更快。

③ 适应性要求高。例如,容量的范围、接入带宽的范围、地理覆盖的范围、接入业务的种类、电源和环境的要求等,这些在其他业务网中可能不存在的问题,在接入网中都变成了问题。

2. 接入网的分类

根据传输方式的不同,可将接入网分为有线接入网和无线接入网两大类,如图 10.6 所示。

微课

接入网的分类

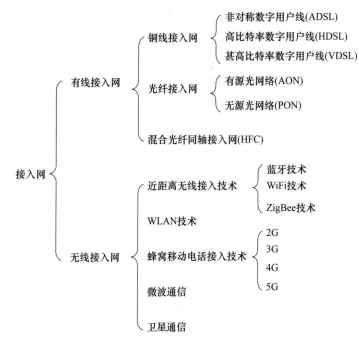

图 10.6　接入网传输技术的分类

【任务单】

任务单		有线接入网的演进		
班级		组别		
组员		指导教师		
工作任务	关注有线接入网的演进过程,整理并撰写总结报告。			
任务描述	从以下三个方面撰写有线接入网演进的总结报告: 1. 有线接入网的类型介绍; 2. 各种有线接入网的特点进行比较; 3. 有线接入网的未来发展趋势。			
评价标准	序号	评价标准		权重
	1	专业词汇使用规范正确。		20%
	2	有线接入网的技术特点描述清晰。		20%
	3	有线接入网的未来发展趋势描述准确完备。		30%
	4	小组分工合理,配合较好。		15%
	5	学习总结与心得整理得具体。		15%
学习总结 与心得				

	详细描述实施过程:
任务实施	

考核评价	考核成绩		教师签名		日期	

➢ 整个电信网包括传送网、交换网和接入网三部分。

➢ 交换网和传送网放在一起,称为核心网,余下部分称为接入网,接入网是为特定用户服务的专用网。

➢ 接入网是由业务节点接口(SNI)和相关用户网络接口(UNI)组成的,为传送电信业务提供所需承载能力的系统。

➢ 按照 UNI 和 SNI 间传输介质的不同,接入网可以分为有线接入网和无线接入网。

【随堂测试】

接入网概述

10.2 有线接入网

有线接入网以双绞线、光缆、同轴电缆等作为传输媒介,目前主要有铜缆线接入网 、光纤接入网和混合接入网三类。

➢ DSL 技术的分类;

➢ ADSL 的系统结构;

➢ ADSL 的复用方式;

➢ 光接入网的概念;

➢ PON 网络的结构。

10.2.1 铜缆接入技术

1. DSL 技术

微课

为了充分利用现有的用户线资源,20 世纪 80 年代开始研究铜线上高速调制与解调技术,各种数字用户线(DSL)技术应运而生。DSL 技术是在一对铜线上分别传送话音和数据信号,而数据信号并不通过电话交换机设备,也不需要拨号,一直在线,属于专线上网方式。

铜缆接入网

2. xDSL 技术的分类

xDSL 技术是对多种用户线高速接入技术的统称。它包括 ADSL、HDSL、VDSL、SDSL 和 RADSL 等。它们主要的区别体现在信号传输速度和距离的不同以及上行速率和下行速率对称性的不同这两个方面。DSL 按其上行和下行速率是否相同,可分为速率对称型和速率不对称型两类,其中速率对称的 DSL 有 HDSL(高速用户数字线)、SDSL(对称数字用户线路,标准版 HDSL)等;速率不对称的 DSL 有 ADSL(非对称用户数字线)、VDSL(超高速用户数字线)、RADSL(速率自适应数字用户线路)等。

所有这些 DSL 统称为 xDSL,其中的"x"用标识性字母代替,表示各种不同的数字用户线技术。

目前对 xDSL 的研究主要集中在 ADSL 和 VDSL 技术及宽带接入应用上,一般认为这种接入技术可作为光纤接入的补充,能在 FTTC(光纤到路边)基础上向用户提供宽带业务。

3. ADLS 技术

ADSL (asymmetric digital subscriber line ,非对称数字用户线环路)是充分利用普通电话线有效带宽的宽带接入技术。它因为上行(用户到电信服务提供商方向,如上传动作)和下行(从电信服务提供商到用户的方向,如下载动作)带宽不对称(即上行和下行的速率不相同)而被称为非对称数字用户线环路。

它采用频分复用技术把普通的电话线分成了电话、上行和下行三个相对独立的信道,从而避免了相互之间的干扰。即使边打电话边上网,也不会发生上网速率和通话质量下降的情况。

(1) 基本原理

图 10.7 中的 DSLAM(digital subscriber line access multiplexer,数字用户线接入复用器)是局端 DSL 接入模块,用于汇聚各 ADSL 用户的数据。DSLAM 设备包括局端 ADSL Modem 的功能。在 ADSL Modem 中使用带通调制方式,可以将高速数字信号安排在普通电话频段的高频侧。在局端和用户端各通过由一个高通滤波器和一个低通滤波器组成的 3 端口的分离器来实现高速数字信号和电话信号的合路和分离。它能够在普通电话线上提供高达 8 Mbit/s 的下行速率和 1 Mbit/s 上行速率,因为 ADSL 的上行速率低、下行速率高,大大减少了近端串音的影响,特别适合于传送多媒体信息业务。传输距离可达 3~5 km。

ADSL 还采用自适应的数字均衡器来调节与每一对双绞线的适配并跟踪由于温度、湿度或连续干扰源引起的任何变化。

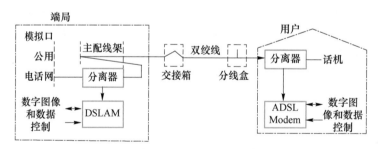

图 10.7　ADSL 的系统结构示意图

(2) 频谱安排

为了在同一双绞线上传输两个方向的信号,ADSL 系统通常采用频分复用(FDM)方式分隔两个方向的信号,如图 10.8 所示。它把普通电话双绞线的频率划分为 3 个频段,话音频段(0.3~3.4 kHz)、上行频段(32~134 kHz)和下行频段(181~1 100 kHz)。话音频段用来传话音,上行频段用来传上行数据,下行频段用来传下行数据。

FDM 方式的缺点是占据较宽的频率范围,而双绞线的衰减随频率升高而迅速增加,因而 FDM 方式的传输距离有较大局限性。为了充分利用双绞线衰减的频率特性,目前倾向于允许高速的下行通道与低速的上行通道重叠使用,两者之间的干扰可利用非对称回波消除器来消除。

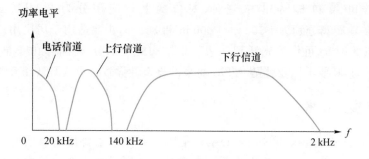

功率电平

电话信道　　上行信道　　　　下行信道

0　　20 kHz　　140 kHz　　　　　　　　　　　2 kHz　　f

图 10.8　频谱分布图

4. HDSL 技术

HDSL(高速用户数字线)是 xDSL 技术中最成熟的一种,其上行和下行速率相同,已经得到了较为广泛的应用。HDSL 采用 2B1Q(四电平脉冲幅度调制)编码技术(CAP 可选,CAP 是无载波幅度、相位调制的英文缩写),并利用数字信号处理自适应均衡技术和回波抵消技术来消除传输线路中的各种干扰,如近端串音、脉冲噪声及因线路阻抗不匹配而产生的回波等。它通过现有电话线中的两对或三对双绞线以全双工方式传输 T1 或 E1 信号,无中继传输距离可达 3~6 km。如果采用两对铜质双绞线传输 E1 信号,每对铜线上的传输速率可降为 1.168 Mbit/s;如果采用三对铜质双绞线,每对铜线上的传输速率则可降为 768 kbit/s。还有一种类似于 HDSL 的 HDSL 2,采用频谱互锁定重叠脉码调制技术,可以在一对双绞线上实现 T1/E1 速率信号的传输。

HDSL 可支持 $N \times 64$ kbit/s 各种速率,最高达 E1 速率,主要用于数字交换机的连接、高带宽视频会议、远程教学、蜂窝电话基站连接、专用网络建立等。

HDSL 系统结构如图 10.9 所示。在中心局端放置 HDSL 局端设备——线路终端单元(LTU),在远端用户侧放置 HDSL 远端设备——网络终端单元(NTU),两端的设备都含有发送和接收两部分。在发送端,将符合 ITU-T G.703 建议规定的 2 Mbit/s 的信号分成两部分或三部分,将每部分转换为相应的线路码后在两对或三对双绞线上无中继传输。在接收端,将接收到的每对线上的 HDSL 码流合并为一路符合 ITU-T G.703 建议规定的 2 Mbit/s 的信号送出,从而在局端和用户端之间形成 2 Mbit/s 码流的透明传输。

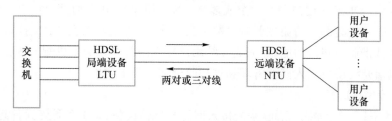

交换机　　HDSL 局端设备 LTU　　　两对或三对线　　HDSL 远端设备 NTU　　用户设备　……　用户设备

图 10.9　HDSL 系统结构

5. VDSL 技术

由于 ADSL 技术在提供图像业务方面的带宽十分有限,且其成本偏高,人们进一步开发出了 VDSL(超高速数字用户线)系统。VDSL 是 xDSL 技术中速率最高的一种,其传输速率的大小取决于传输线的长度,能在较短距离的双绞线上提供极高的传输速率。VDSL 传输系统的建立可分为对称和不对称两类,对称系统在双绞线上可以双向传输 26 Mbit/s 速率的信号,传输距离不超过 500 m,主要适用于企事业用户;在非对称系统的双绞线上,下行速率分为

13 Mbit/s、26 Mbit/s 和 52 Mbit/s 三种,对应的上行速率分为 2 Mbit/s、2 Mbit/s 和 6.4 Mbit/s,其传输距离分别为 1 500 m、1 000 m 和 300 m,主要适用于居民用户。VDSL 可以支持一点到多点的配置,可作为光纤到路边网络结构的一部分。然而,由于早期的 VDSL 主要是基于 ATM 的,高成本以及伴随 ATM 而来的复杂性导致这种 VDSL 没有发展起来。

10.2.2　光纤接入技术

微课

光纤接入网

光接入网(optical access network,OAN)是以光纤作为主要传输媒质的接入网,泛指本地交换机或远端模块与用户之间采用光纤通信或部分采用光纤通信的系统。OAN 是采用基带数字传输技术并以传输双向交互式业务为目的的接入传输系统,支持传输宽带广播式和交互式业务。

1. 光接入网的参考配置

一般来说,OAN 是一个点到多点的光传输系统,由光线路终端(OLT)、光分配网(ODN)、光网络单元(ONU)组成。按系统配置,光接入网(OAN)可分为无源光网络(PON)和有源光网络(AON)。ITU-T 建议 G.982 提出的光接入网功能的参考配置如图 10.10 所示。

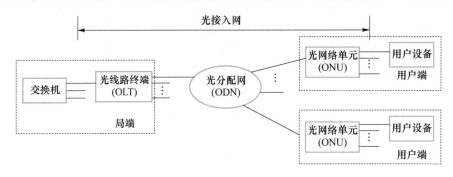

图 10.10　光接入网功能的参考配置

(1)光线路终端(OLT)

OLT 是光接入网与本地交换机之间的接口设备,通过标准接口将光纤用户接入网连接到本地交换机上,从而为业务节点侧提供一个接口;OLT 在网络侧可为一个或多个 ODN 提供接口,以便于通过 ODN 在用户侧与一个或多个 ONU 相连。OLT 内部由核心部分、业务部分和公共部分组成。核心部分功能主要包括数字交叉连接、传输复用及 ODN 接口等功能;业务部分功能主要是指业务端口功能,即完成光纤用户接入网与本地交换机侧的业务接口;公共部分功能主要包括光线用户接入网的管理和维护及全网的供电功能。

(2)光分配网(ODN)

ODN 位于 OLT 和 ONU 之间,是光接入网的光传输设备,是由各种光元件组成的无源分配网,主要元件有:单模光纤和光缆、无源光衰减器、光纤带和带状光缆、光纤接头、光连接器和光分路器。ODN 一般采用点到多点的结构,主要完成光信号的功率分配。

(3)光网络单元(ONU)

ONU 为光纤接入网提供直接的或远端的用户侧接口,并连接一个 ODN。其功能是对来自于送给不同用户的信息进行组装和拆卸,并与每种不同的业务接口功能相连;对出入信号进行评估和分配,提取和输入与 ONU 相关的信息;提供一系列物理光接口功能,包括光/电转换、电/光转换。ONU 内部由核心部分、业务部分和公共部分组成。

2. 光接入网的应用类型

光纤通信具有通信容量大、质量高、性能稳定、防电磁干扰、保密性强等优点,在干线通信中,光纤扮演着重要角色。根据 ONU 的位置不同,光接入网可分为 FTTC、FTTB、FTTO 和 FTTH 几种基本的应用类型,如图 10.11 所示。

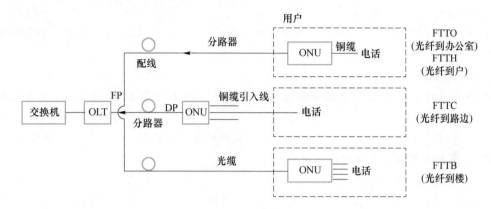

图 10.11　光接入网的应用示例示意图

(1) 光纤到户

光纤到户(FTTH)是一种全光网络结构,它是接入网的最终解决方案。FTTH 的带宽、传输质量和运行维护都十分理想。由于整个用户接入网完全透明,对传输制式、波长和传输技术没有严格限制,因而 FTTH 适合于各种交互宽带业务。另外,光纤直接到家不受外界干扰也无泄漏问题,室外设备可以做到无源,以避免雷击,供电成本较低。FTTH 的缺点是成本太高,尚不能大量推广应用。

(2) 光纤到路边

光纤到路边(FTTC)用光纤代替主干馈线铜缆和局部配线铜缆,将 ONU 设置在路边,然后通过双绞铜线或电缆接入用户。FTTC 适合于居住密度较高的住宅区。

(3) 光纤到楼

光纤到楼(FTTB)用光纤将 ONU 接到大楼内,再用线缆延伸到各用户。FTTB 特别适用于给一些智能化办公大楼提供高速数据以及电子商务和视频会议等业务。将 FTTB 与目前已在许多办公大楼使用的以 5 类线为基础的大楼综合布线系统结合起来,能够较好地提供多媒体交互式宽带业务。

FTTC/FTTB 成本比 FTTH 低,容易过渡到 FTTH,可提供宽的对称带宽,省掉了大部分铜缆,但它们的成本比一般铜缆高,传输模拟信号分配业务困难。

3. 无源光接入

无源光网络(PON)的概念最早是英国电信公司的研究人员于 1987 年提出的,是一种应用光纤的接入网,因为它从光线路终端(OLT)一直到光网络单元(ONU)之间没有任何用电源的电子设备,所用的器件包括光纤、光分路器等,都是无源器件,所以被称为"无源光网络"。

微课

无源光网络(PON)

根据封装的协议不同,无源光网络(PON)技术有 APON、EPON、GPON 等。APON (ATM passive optical network)是指基于 ATM 的 PON 技术,EPON(ethernet passive optical network)是指基于以太网的 PON 技术,GPON(gigabit-capable passive optical network)是吉比特的 PON 技术。

(1) 基于 ATM 的无源光网络(APON)

在 PON 系统中采用 ATM 技术就成为 ATM-PON,简称 APON。它把 ATM 多业务、多比特率支持能力和 PON 透明宽带传输能力及业务接入的灵活性结合在一起,可为本地用户提供一个经济有效的多媒体业务传送平台,有效地利用网络资源,让用户获得宽带多媒体服务。APON 的主要特点如下:

① 支持对称速率(155.52 Mbit/s)和非对称速率(下行 622.08 Mbit/s,上行 155.52 Mbit/s)。

② 传输距离最大为 20 km。

③ 支持的分光比在 32~64 之间。

④ 具备综合业务接入、QoS 服务质量保证的特点。由于标准化时间较早,已有成熟的商用产品。

但是,APON 技术也存在利用 ATM 信元造成的传输效率较低、带宽受限、系统相对复杂、价格较贵、需要进行协议之间的转换等缺点。

(2) 无源光以太网(EPON)

无源光以太网(ethernet passive optical network,EPON),是基于以太网的 PON 技术。它采用点到多点结构、无源光纤传输,在以太网之上提供多种业务。EPON 技术由 IEEE 802.3 EFM 工作组进行标准化。

EPON 的主要特点如下:

① 相对成本低,维护简单,容易扩展,易于升级。

② 提供非常高的带宽。EPON 可以提供上、下行对称的 1.25 Gbit/s 的带宽,并且随着以太网技术的发展可以升级到 10 Gbit/s。

③ 服务范围大。在 EPON 中,OLT 到 ONU 间的距离最大可达 20 km,支持的分光比最大可达 64,而且作为一种点到多点网络,可节省核心网的资源,服务大量用户。

④ 带宽分配灵活,服务有保证。EPON 对带宽的分配和 QoS 都有一套完整的体系,可以对每个用户进行带宽分配,并保证每个用户的 QoS。

EPON 标准是通过牺牲性能使得技术复杂度和实现难度得以降低,因而在带宽能力和带宽使用效率方面存在不足。

(3) GPON 技术

GPON 为千兆无源光网络或称为吉比特无源光网络,GPON 技术是基于 ITU-T G.984.x 标准的最新一代宽带无源光综合接入标准,具有高带宽、高效率、大覆盖范围、用户接口丰富等众多优点,被大多数运营商视为实现接入网业务宽带化、综合化改造的理想技术。

GPON 主要具有如下特点:

① 业务支持能力强,具有全业务接入能力。GPON 系统可以提供 64 kbit/s 业务、E1 电路业务、ATM 业务、IP 业务和 CATV 等在内的全业务接入能力。

② 提供较高带宽和较远的覆盖距离。GPON 提供 1.244 Gbit/s 和 2.448 Gbit/s 的下行速率和所有标准的上行速率,传输距离可达 20 km,支持的分光比在 64~128 之间。

③ 带宽分配灵活,有服务质量保证。GPON 系统可以灵活调用带宽,能够保证各种不同类型和等级业务的服务质量。

④ 简单、高效的适配封装。

GPON 技术相对复杂,设备成本较高。EPON 的相对成本低,维护简单,容易扩展,易于升级。EPON 和 GPON 的技术比较如表 10.1 所示。

表 10.1　EPON 和 GPON 的技术比较

项目	EPON	GPON
下行速率/(Gbit·s^{-1})	2.448	1.244
上行速率/(Gbit·s^{-1})	1.244, 0.622	1.244
分光比	1:32, 1:64, 1:128	1:32, 1:64, 1:128
实际下行带宽/(Gbit·s^{-1})	2.3	0.9
实际上行带宽/(Gbit·s^{-1})	1.11	0.85

第 23 届中国光博会

　　2021 年 9 月 16—18 日,第 23 届中国光博会在深圳开幕。第 23 届中国光博会指出当前光纤网络的技术发展进入到千兆光网时代,我国高水平的宽带网络为千兆光网的快速发展奠定了基础。工信部的最新数据显示,截至 2021 年 7 月月底,我国 1 000 Mbit/s 速率以上的固定互联网宽带接入用户达 1 604 万户,占总用户数的 3.1%。

10.2.3　混合接入网

　　混合接入网的全称为光纤/同轴接入网(HFC),这是一种综合应用模拟和数字传输技术、同轴电缆和光缆技术的接入网络,是电信网和 CATV 网(community antenna television,广播有线电视网络)相结合的产物,是将光纤逐渐向用户延伸的一种演进策略。HFC 技术使得接入网可保留传统的模拟传输方式,从而可充分利用现有的 CATV 同轴电缆资源,不必重新敷设用户接入网的同轴电缆配线部分,就可以将多种业务信息送达每个用户。

微课

混合接入网

1. HFC 的基本结构

　　HFC 系统的基本结构如图 10.12 所示。由图可以看出,HFC 网络主要由馈线网、配线网和用户引入线三部分构成。

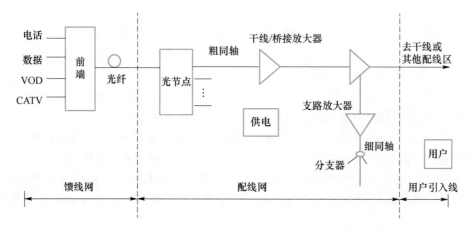

图 10.12　HFC 系统的基本结构

(1) 馈线网

HFC 的馈线网对应 CATV 网络中的干线部分,即从前端(局端)至服务区(SA)的光纤节点之间的部分。与 CATV 不同的是，从前端到服务区的光纤节点是用一根单模光纤代替了传统的干线电缆和一连串的几十个有源干线放大器。从结构上说则是相当于星型结构代替了传统的树型-分支型结构。

（2）配线网

配线网是指从服务区光纤节点至分支点之间的部分，大致相当于电话网中远端节点与分线盒之间的部分。在 HFC 网中，配线网部分还是采用与传统 CATV 网基本相同的同轴电缆网，而且很多情况常为简单的总线结构，但其覆盖范围大大扩展，可达 5～10 km，因而仍需保留几个干线/桥接放大器。这一部分非常重要，其好坏往往决定了整个 HFC 网的业务量和业务类型。

（3）用户引入线

用户引入线与传统的 CATV 网相同，是指从分支点至用户之间的部分。其中分支点上的分支器是配线网和用户引入线的分界点。分支器是信号分路器和方向耦合器结合的无源器件，功能是将配线的信号分配给每一个用户。每隔 40～50 m 就有一个分支器。引入线负责将分支器的信号引入到用户，传输距离只有几十米。它使用的物理媒质是软电缆，这种电缆比较适合在用户的住宅出处铺设，与配线网使用的同轴电缆不同。

2. HFC 的工作原理

HFC 系统综合应用模拟和数字传输技术，可接入多种业务信息（如话音、视频、数据等）。当传输数字视频信号时，可采用正交幅度调制（如 64QAM）或正交频分复用（QFDM）；当传输话音或数据时，可采用正交相移键控（QPSK）或 QFDM；当传送模拟电视信号时，可采用幅度调制残余边带方式（AMVSB）。

HFC 网络采用副载波频分复用方式，将各种图像、数据和语音信号经过相应的调制器形成相互区分的频谱，再经电-光变换形成光信号经光纤传输，在光节点处完成光-电变换，经同轴电缆传输后，再送往相应的解调器以恢复成图像、数据和话音信号。

3. HFC 的特点

① 频带宽。同轴电缆的带宽可达到 1 GHz，可用于数字电视传输和双向数据通信。

② 传输速率高。利用 Cable Modem 进行双向通信时，下行速率可达 30 Mbit/s，上行速率可达 10 Mbit/s，比电话线调制解调器的高出几百倍。

③ 灵活性和扩展性。HFC 网络能兼容现阶段的业务（如数字电视、VOD 及其他未来的交互式业务），同时支持 Internet 接入。HFC 结构可以平滑地向 FTTH 过渡或延伸。

4. HFC 接入系统存在的问题

① 增加了技术难度。HFC 网络采用模拟频分复用技术，而主干网络和交换机都是采用数字技术，中间需要数模转换，增加了同步、网管和信令的技术难度。

② 易受干扰。双向 HFC 网络上行通道的频段在 50MHz 以下，极易受到各种干扰，其同轴电缆网采用树型结构，上行信号容易产生噪声积累，形成"漏斗效应"，影响通信质量。

③ 不利于发展交互式宽带业务。HFC 系统可用于双向数据通信的带宽相当有限，且由服务区内所有用户共享，不利于发展交互式宽带业务。随着用户传输容量的增加，系统指标会逐渐下降。

④ 滤波技术难度大。双向传输时，低频段（上行）和高频段（下行和上行）存在频率干扰，使滤波技术难度加大。

⑤ 安全性和可靠性低。同轴电缆分配网在进行交互式数据通信时安全性和可靠性不

够好。

⑥ 同步困难。HFC 网络上传送的数据来自不同的数据源,给系统的同步增加了一定难度。

FTTR 家庭全光网络组网

2021 年 9 月中国信息通信研究院技术与标准研究所所长、正高级工程师敖立指出,未来 3～5 年,接入网络及终端将全面升级为 10G PON,千兆宽带接入广泛覆盖,基于更高速率的 50G PON 标准将逐步成熟。

FTTR 家庭全光网络组网,能够借助光纤高带宽、信号稳定不易受干扰、30 年超长寿命的特性,将入户千兆带宽延伸到每个房间,避免家庭内部带宽缩水,构建家庭千兆体验向用户延伸。当前 FTTR 标准化工作进展顺利,ITU-T 已于 2021 年发布了《FTTR 用例和网络需求》技术报告,并正式立项了 FTTR 系列标准,由 ITU-T SG15 Q18 引领光纤到房间联网技术的标准。

归纳思考

- ➢ DSL 技术是在一对铜线上分别传送话音和数据信号,而数据信号并不通过电话交换机设备,也不需要拨号,一直在线,属于专线上网方式。
- ➢ DSL 技术包括 ADSL、HDSL、VDSL、SDSL 和 RADSL 等。它们主要的区别体现在信号传输速度和距离的不同以及上行速率和下行速率对称性的不同这两个方面。
- ➢ 根据接入网室外传输设施中是否含有源设备,光纤接入网分为无源光网络(passive optical network,PON)和有源光网络(active optical network,AON)。
- ➢ 根据封装的协议不同,无源光网络(PON)技术有 APON、EPON、GPON 等。这些技术的各自特点及发展方向是怎样的?
- ➢ 混合接入网的全称为光纤/同轴接入网(HFC),这是一种综合应用模拟和数字传输技术、同轴电缆和光缆技术的接入网络。
- ➢ HFC 网络主要由馈线网、配线网和用户引入线 3 部分构成。

【随堂测试】

有线接入网

10.3　无线接入网

随着互联网的高速普及,用户对带宽的要求越来越高,有线接入网无法跟上发展的速度;传统的双绞线已完全不能满足传输的要求,如果添加额外的调制和压缩设备,成本又往往是用户所不愿负担的;全光缆网络虽是比较完美的解决方案,但对基础网络的要求过高,即使在发达国家也还需要一段时间才能实现。此外,各种介质的有线接入网由于需要敷设传输线路,从而会大大增加建设成本。在这种情况下,无线接入网得到了发展。

10.3.1 无线接入网的概述

无线接入是指从交换节点到用户终端,部分或全部采用无线传输手段的接入技术。蜂窝移动、卫星移动通信等技术已被开发用于无线接入网中。

典型的无线接入系统主要由基站、用户单元和用户终端等几个部分组成。无线接入系统结构如图 10.13 所示。

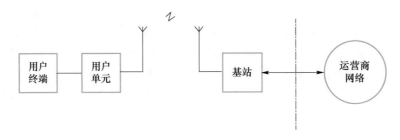

图 10.13　无线接入系统结构

1. 基站

基站通过无线收发信机提供与用户单元之间的无线信道,并通过无线信道完成话音呼叫和数据的传递。基站与用户单元之间的无线接口可以使用不同技术,并决定整个系统的特点,包括所使用的无线频率及其一定的适用范围。

2. 用户单元

用户单元与基站通过无线接口相接,并向用户终端透明地传送业务。对于固定无线接入方式,用户单元与用户终端一般是分离的。根据所能连接的用户终端数量的多少,固定用户单元可分为单用户单元和多用户单元。单用户单元只能连接一个用户终端,适用于用户密度低、用户之间距离较远的情况;多用户单元则可以支持多个用户终端,较常见的有支持 4 个、8 个、16 个和 32 个用户的多用户单元,多用户单元在用户之间距离很近的情况下(比如一个楼上的用户)比较经济。对于移动无线接入方式,用户单元与用户终端一般是合为一体的。

3. 用户终端

用户终端就是接收和发送业务数据的用户侧终端设备。

10.3.2 近距离无线接入技术

1. 蓝牙技术

蓝牙技术是一种短距离无线通信技术,利用蓝牙技术能有效地简化移动电话手机、笔记本计算机和 Pad 等移动通信终端设备之间及其与因特网之间的通信,从而使这些设备之间及其与因特网之间的数据传输变得更加方便和高效,为无线通信拓宽道路。蓝牙耳机和蓝牙模块如图 10.14 所示。

图 10.14　蓝牙耳机和蓝牙模块

（1）蓝牙技术的主要特点

① 蓝牙工作在 2.4 GHz 的 ISM 频段,全球大多数国家 ISM 频段的范围是 2.4～2.483 5 GHz。因此全球范围内的用户可无界限地使用蓝牙,这解决了蜂窝式移动电话的国界障碍。

② 蓝牙技术具有跳频的功能,有效地避免了 ISM 频段遇到干扰源。蓝牙技术提供了认证和加密功能,以保证链路级的安全,因此其抗干扰能力强和安全性高。

③ 传输距离较短,现阶段蓝牙技术的主要工作范围在 10 m 左右,增加射频功率后的蓝牙技术可以在 100 m 的范围进行工作,只有这样才能保证蓝牙在传播时的工作质量与效率,提高蓝牙的传播速度。

④ 支持点对多点连接,主设备是组网连接主动发起连接请求的蓝牙设备,几个蓝牙设备连接成一个皮网(piconet)时,其中只有一个主设备,其余的均为从设备。无须电缆,通过电磁波使计算机和电信网进行通信。

⑤ 可同时传输语音和数据,蓝牙采用电路交换和分组交换技术,支持异步数据信道、三路语音信道以及异步数据与同步语音同时传输的信道。

（2）蓝牙技术的应用

蓝牙主要应用于 3 个领域,即取代线缆功能、个人随意网络、数据/语音接入。蓝牙可广泛应用于局域网络中各类数据及语音设备,涉及家庭和办公室自动化、娱乐、电子商务、工业控制、智能化建筑物等场合。

① 蓝牙技术在家电中的应用:将蓝牙系统嵌入微波炉、洗衣机、电冰箱、空调机等传统家用电器,使之智能化并具有网络信息终端的功能,能够主动地发布、获取和处理信息,赋予传统电器新的内涵。

② 蓝牙技术在工业生产中的应用:将蓝牙设备安装在数控机床的监控设施中,技术人员即可随时监控与管理机床运行,同时还可以利用蓝牙技术对零部件磨损程度进行检测等。

③ 蓝牙技术在办公中的应用:应用于桌上计算机的周边设备的信息传输,如无线打印机、无线键盘、无线鼠标、无线喇叭等;应用于笔记本计算机、个人数字助理、移动电话上的通信录等信息的自动同步更新功能;应用于笔记本计算机通过移动电话以无线方式上网等。

2. 超宽带技术

超宽带(UWB)技术是一种无线载波通信技术。它通过对具有很陡上升和下降时间的冲激脉冲进行直接调制,使信号具有 GHz 量级的带宽。UWB 无线通信技术的基础就是脉冲无线电。它不利用纳秒级的非正弦波窄脉冲传输数据,因此其所占的频谱范围很宽。美国联邦通信委员会(FCC)对 UWB 的规定为,在 3.1～10.6 GHz 频段中占用 500 MHz 以上的带宽,传输距离为 10～20 m,传输速率小于 1 Gbit/s,技术标准为 IEEE 802.15.4a。

(1)超宽带的优点和特点

UWB 技术具有系统复杂度低、发射信号功率谱密度低、对信道衰落不敏感、截获能力低、定位精度高等优点。UWB 技术的主要特点如下:

① 带宽极宽,传输速率高,UWB 工作频率为 3.1～10.6 GHz,使用的带宽在 1 GHz 以上,高达几 GHz,系统容量大,其数据速率一般可以达到几十 Mbit/s 到几百 Mbit/s,高于蓝牙近100 倍。

② 抗干扰性能强,UWB 系统采用跳时扩频信号,在发射时将微弱的无线电脉冲信号分散在极宽的频带中,输出功率甚至低于普通设备产生的噪声。接收时将信号能量还原出来,在解扩过程中产生扩频增益。在同等码速条件下,UWB 系统比 IEEE 802.11a、IEEE 802.11b 和蓝牙具有更强的抗干扰特性。

③ 消耗能量小,设备成本低,UWB 不使用载波,只是发出瞬时脉冲电波,并在需要时才发送脉冲电波,也不需要混频器和本地振荡器、功率放大器等,所以耗电少,设备成本低。

④ 保密性好,UWB 采用跳时扩频,接收机只有在已知发送端扩频码时才能解出发射数据,而且系统发射功率谱密度极低,用传统的接收机无法接收,所以 UWB 保密性相当好。

⑤ 发射功率非常小,UWB 设备可以用小于 1mW 的发射功率实现通信,大大延长了电池的持续工作时间,且其电磁波辐射对人体的影响和对其他无线系统的干扰都很小。

(2)超宽带的应用

由于 UWB 通信利用了一个相当宽的带宽,就好像使用了整个频谱,并且它能够与其他的应用共存,因此 UWB 可以应用在很多领域,如个域网、智能交通系统、无线传感网、射频标识、成像应用等。具体应用如下。

① 短距离(10 m 以内)高速无线多媒体智能家域网/个域网:在家庭和办公室中采用 UWB 技术,将计算机、外设、打印机、数码相机、便携式摄像机、DVD 数码音乐播放器等在小范围内根据需要动态地组成分布式自组织(Ad Hoc)网络,相互无线连接,协同工作,传送高速多媒体数据,并可通过宽带网关,接入高速互联网或其他宽带网络。

② 雷达系统:利用 UWB 技术可以构成穿墙、穿地成像系统,可以用于抗震救灾,还可以用于汽车的防撞感应器和无人驾驶飞机等方面。

③ 智能交通系统:UWB 系统具有的无线通信和定位功能,可方便地用于智能交通系统,为汽车防撞、电子牌照、电子驾照、智能收费、车内智能网络、测速、监视、分布式信息站等提供高性能、低成本的解决方案。

④ 精确定位和跟踪系统:利用多个 UWB 节点,通过电波到达时差(TDOA)等技术,可以构成移动节点的精确定位和跟踪系统。

⑤ 无线以太网接口:在短距离内,以 UWB 技术构成的以太网接入点的数据速率可达到2.5Gbit/s。

⑥ 传感器网络和智能环境:主要用于对各种对象进行检测、识别、控制和通信。

10.3.3　远距离无线接入技术

微课

WiMax

　　全球微波接入互操作系统（WiMAX）是一项基于 IEEE 802.16 标准的宽带无线接入城域网技术，其基本目标是提供一种在城域网范围内一点对多点的多厂商环境下，可有效地互操作的宽带无线接入手段。

　　它是针对微波和毫米波段提出的一种新的空中接口标准，频段范围为 2~11 GHz。WiMAX 的主要作用是提供面向互联网的高速连接，数据传输距离最远可达 50 km，最大数据速率可达 75 Mbit/s。

1. WiMAX 系统的组成

　　支持固定和移动接入的 WiMAX 网络的物理结构如图 10.15 所示。基站扮演业务接入点的角色，可以根据覆盖区域用户的情况，通过动态带宽分配技术，灵活选用定向天线、全向天线以及多扇区技术来满足大量用户终端接入核心网的需求。必要时，可以通过中继站扩大无线覆盖范围，还可以根据用户群数量的变化，灵活地划分信道带宽，对网络扩容，实现效益与成本的协调。对于运营商大规模布设的 WiMAX 系统，需要相关的网络支撑系统来管理设备、用户与业务资源。这一网络支撑系统包括鉴权、认证与计费系统（AAA）、网络管理系统（NMS）以及 IP 增值业务系统。对于宽带网络运营商而言，很容易将 WiMAX 网络与宽带网络统一进行管理。不过，当移动 WiMAX 系统提供移动业务时，需要增加与用户位置及移动性管理有关的网络实体。

图 10.15　WiMAX 网络的物理结构

2. WiMAX 技术的优势

　　WiMAX 是一项新兴的宽带无线接入技术，采用了代表未来通信技术发展方向的 OFDM/OFDMA、AAS、MIMO 等先进技术，WiMAX 有 QoS 保障，传输速率高，业务丰富多样。随着技术标准的发展，WiMAX 逐步实现宽带业务的移动化，而 3G 则实现移动业务的宽带化，两种网络的融合程度会越来越高。

　　（1）传输距离远

　　WiMAX 的无线信号传输距离最远可达 50 km。。

　　（2）接入速率高

　　WiMAX 能提供的最高接入速率是 70 Mbit/s。

　　（3）无"最后 1 千米"瓶颈限制

　　用户无须线缆即可与基站建立宽带连接。

(4) 提供广泛的多媒体通信服务

能够实现电信级的多媒体通信服务。

3. WiMAX 应用场景

(1) 固定场景

固定场景包括用户互联网接入、传输承载业务及 WiFi 热点回程等。

(2) 游牧场景

终端可以从不同地点接入到一个运营商的网络中。

(3) 便携场景

用户可以在步行中连接到网络,除了进行小区切换外,连接不会发生中断。

(4) 简单移动场景

用户在使用宽带无线接入业务中,能够步行、驾驶或者乘坐汽车等。

(5) 自由移动场景

用户可以在移动速度达 120 km/h,甚至更高的情况下,无中断地使用宽带无线接入业务。

通信园地

WiMAX 与 LTE 之争

拥有专利自主权,是高新技术企业认证企业资质的重要条件。尤其在通信领域,行业发展还处于早期阶段,各国的企业之间就开始进行专利布局、生态链布局和标准制定。

在 4G 标准制定的初期,LTE 和 WiMAX 都是并行推进的 4G 标准。LTE 仅支持分组业务,它旨在在用户终端和分组数据网络间建立无缝的 IP 连接,语音和数据全部走 IP 网络。LTE 取消了一个重要的网元——无线网络控制器(RNC),这使得 LTE 网络扁平化发展。在后期发展的过程中,LTE 逐渐占据主导地位,成为最终的 4G 标准。

【任务单】

任务单	光纤猫安装			
班级		组别		
组员		指导教师		
工作任务	安装配置光纤猫,使计算机能通过网线联网。			
任务描述	1. 整理安装配置光纤猫的操作步骤,画出光猫连接网络结构图; 2. 列出并准备好需要使用的工具; 3. 按照操作步骤完成配置; 4. 使用计算机测试网络。			
评价标准	序号	评价标准		权重
	1	专业词汇使用规范正确。		20%
	2	光猫连接网络结构图完整、准确。		20%
	3	建立 PON 连接,进行正确设置。		30%
	4	小组分工合理,配合较好。		15%
	5	学习总结与心得整理得具体。		15%
学习总结 与心得				

任务实施	详细描述实施过程：

考核评价	考核成绩		教师签名		日期	

归纳思考

➢ 典型的无线接入系统主要由基站、用户单元和用户终端等部分组成。

➢ IEEE 802.15 标准主要用于短距离设备之间的通信，一般在 10 m 以内。

➢ 近距离通信的技术主要有蓝牙、紫蜂和超宽带技术。

➢ 常用的近距离无线接入蓝牙技术有哪些优缺点及发展趋势？

【随堂测试】

无线接入网

【拓展任务】

任务 1　查询 PON 网络的发展及应用。

目的：

了解 PON 网络的技术特点；

掌握光纤接入技术的应用场景和系统组成。

要求：

查询资料，撰写总结报告。

任务 2　查询现网中常见的 PON 设备。

目的：

了解 PON 设备的厂商；

知道常见 PON 设备的型号；

掌握 PON 设备的功能及接口类型。

要求：

梳理出设备的具体功能；

列出设备的接口类型及数量；

举例设备的使用场景。

任务 3　实地测试蓝牙技术的传输距离和可靠性，并撰写调研报告。

目的：

了解蓝牙传输技术的特点及传输距离；

理解蓝牙传输的工作原理。

要求：

制订调研方案；

撰写调研提纲；

撰写调研报告。

【知识小结】

接入网是由业务节点接口（SNI）和相关用户网络接口（UNI）组成的，为传送电信业务提供所需承载能力的系统。

按照 SNI 和 UNI 间传输介质的不同,接入网分为有线接入网和无线接入网。

DSL 包括 ADSL、HDSL、VDSL、SDSL、SRADSL 等,一般统称为 xDSL。它们主要的区别体现在信号传输速率和距离的不同,以及上、下行速率对称性的不同。

光接入网(optical access network,OAN)就是采用光纤传输技术的接入网,泛指本地交换机或远端模块与用户之间采用光纤通信或部分采用光纤通信的系统。

根据 ODN 中是否含有有源设备,OAN 可以划分为无源光网络(PON)和有源光网络(AON)。PON 又分为 APON、EPON、GPON 等。

典型的无线接入系统主要由基站用户单元和用户终端等部分组成。

近距离通信的技术主要有蓝牙和超宽带技术。

【即评即测】

接入网

11

项目 11 通信新技术

当今时代,移动互联网与物联网正加速升级和泛在化,人类社会各个领域对于移动通信技术的需求在不断提高,移动通信技术的持续演进升级也随之进行,新型的通信技术研发和应用正在付诸实现。本篇着重介绍了量子通信、可见光通信和水下通信三大领军技术的有关知识。

项目引入

现今各国的学术界和产业界都在不断开展对新型通信技术的研究工作,以期在这个关系到全局和长远发展的战略必争领域拔得头筹。我们也应该围绕国家重大战略需求和世界科学技术前沿,注重战略性和前瞻性布局,珍惜前人的研究成果,发挥自己的智慧和优势,突破一切束缚枷锁,继往开来,为人类的通信事业做出贡献。

本项目会跟大家一起来探讨学习通信新技术。

微课

通信新技术

项目目标

- 了解量子通信、可见光通信和水下通信的基本概念;
- 了解量子通信、可见光通信和水下通信的发展愿景和应用场景;
- 了解量子通信、可见光通信和水下通信的关键技术;
- 能够简述量子通信、可见光通信和水下通信的相关基本内容;
- 能够简述量子通信、可见光通信和水下通信与其他通信的区别;
- 弘扬中国通信人自主创新、砥砺前行的精神;
- 加强国家安全、国家忧患意识。

本项目学习方法建议

- 通过"智慧职教"平台进行网络学习;
- 课前预习与课后复习相结合;
- 查阅资料与课堂学习相结合;
- 通过网络搜索可见光通信的应用场景、量子通信过程的报告等;
- 小组协作与自主学习相结合;
- 教师答疑与学习反馈相结合。

本项目建议学时数

4 学时。

11.1　量子通信

随着科技不断的发展,以"绝对安全"为特征的量子通信技术开始进入各国通信前沿研究领域并成为全球焦点。量子理论被认为是继牛顿经典力学后,人类科学的颠覆性发现。量子通信在传统通信基础上,依靠量子纠缠效应来传递信息。量子密码通信传递的不是信息本身,而是传递密钥,可以实现防窃听,实现"绝对安全"的通信。未来量子通信技术,将广泛地应用于军事保密通信及政府机关、军工企业、金融、科研院所和其他需要高保密通信的场合。量子通信作为未来通信安全的关键技术,为信息社会的发展提供可靠的安全保障。

重点掌握

➢ 量子通信的类型;

➢ 量子通信的实现方案;

➢ 量子通信的发展前景;

➢ 量子通信的应用。

11.1.1　量子通信技术概述

物理上,量子通信可以被理解为在物理极限下,利用量子效应实现的高性能通信。量子信息学下属的量子通信学科,是量子信息中研究非常早的学科。量子通信具有保密性强、载体容量大、传输距离远等特点,能够完成 4G/5G 通信技术所不能完成的特殊领域的信息通信。量子通信能够创建坚固的密钥系统,因此量子通信成为现阶段全世界重点研究的科技领域。量子通信是以量

微课

量子通信

子态作为信息元实现对信息的有效传送。它是有线电话和光纤通信之后通信历史上的又一次重大革命。量子通信的基本原理主要包括量子态隐形传输和量子密钥分配两部分。

1. 量子态隐形传输

量子态隐形传输是现阶段科学界和各个国家重点关注的领域。如图 11.1 所示,量子态隐形传输的基本原理是:将原物的信息分成经典信息和量子信息两个部分,然后两者分别从经典信息通道和量子信息通道传输到接收者处。信息发出者对原物进行某种测量而获得的是经典信息,信息发出者在测量中未提取的其他信息是量子信息;而可以保持量子态的量子特性的传输通道是量子通道,但在量子态隐形传输中,量子通道的角色是由双方共享的量子纠缠态所担任的。当隐形传输的量子态是一个纠缠态的一部分时,隐形传输就变成了量子纠缠交换。利用纠缠交换,可以将两个原本毫无联系的粒子纠缠起来,在它们之间建立量子关联。隐形传输和纠缠交换可以实现将原物的量子信息在非常短的时间内精准地传输给更远的接收者。

微课

量子隐形传态

微课

量子密钥分发

2. 量子密钥分配

量子密钥分配不是用于传送保密内容,而是用于建立和传输密码本,即在

保密通信双方分配密钥,俗称量子密码通信。通过量子密钥分配能够创建安全的通信密码,在每次加密方式下,以点对点的方式实现安全经典通信,打破了传统加密方法的束缚,以不可复制的量子状态作为密钥,具有理论上的"无条件安全性"。任何盗取或截取量子密钥的操作,都会改变量子的状态。这样,截获者得到的只能是没有实际信息的数据,而信息数据的合法接收者也可以从量子态的改变,知道密钥被截取过。最重要的是,与经典通信传输的公钥密码体系不同,即使实用的量子计算机出现甚至得到量产,量子密钥分配仍是安全的。量子密钥分配示意:

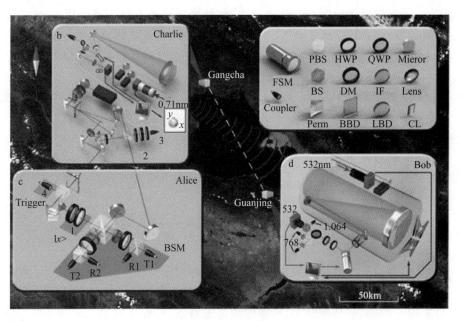

图 11.1　自由空间量子态隐形传输原理图

① 发送方使用不同偏振滤色片,从左至右将 9 个不同偏振状态的光子随时间先后逐个发送给下面绿色接收方,这些光子列于第一排,如图 11.2 所示。

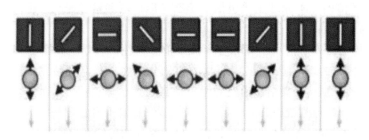

图 11.2　发送方使用不同偏振滤色片发送光子

② 接收方随机使用"＋"字或"×"字偏振滤色片将送来的光子逐一过滤,接收到的 9 个光子的状态分别显示在第二排,如图 11.3 所示。

③ 经对比,发送和接收方滤色片一致的光子的编码即为双方共有的密匙,如图 11.4 所示。

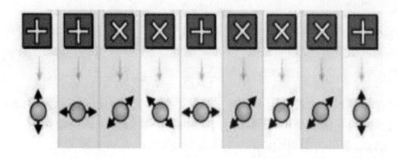

图 11.3　接收方随机使用"＋"字或"×"字偏振滤色片过滤光子

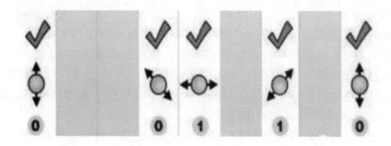

图 11.4　对比判断收发双方共有的密匙

11.1.2　量子通信系统的类型

目前,量子通信的主要形式有三种:第一种是基于 QKD 的量子保密通信方式;第二种是量子间接通信方式;第三种是量子安全直接通信方式。

1. 基于 QKD 的量子保密通信方式

量子密钥分发建立在量子力学的基本原理之上,应用量子力学的海森堡不确定性原理和量子态不可克隆定理,在发送者和接收者之间建立一串共享的密钥,通过一次一密(one-time-pad,OTP)的加密策略,实现了真正意义上的无条件安全通信。BB84 协议仍是现阶段量子通信领域单光子量子密钥分配的主流协议。

BB84 协议本质上利用了纠缠的单配性质:如图 11.5 所示,若 A 和 B 建立最大纠缠则 A 和 E 不存在任何纠缠,三方共享资源有限。

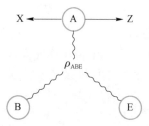

图 11.5　BB84 量子通信协议的安全性示意图

从信息论的角度证明:假设 A 为 Alice,B 为 Bob,Alice 和 Bob 之间的不确定度:

$$H(X|Y)=h(\lambda_1+\lambda_2)$$

不同测量基下有相同的误码率:

$$\lambda_3 + \lambda_4 = Q$$

$$\lambda_2 + \lambda_4 = Q$$

最终的安全密钥率公式为：

$$R = \min_{\lambda_4} 1 - (1-Q)h\left(\frac{1-2Q+\lambda_4}{1-Q}\right) - Qh\left(\frac{Q-\lambda_4}{Q}\right) - h(Q)$$

信息发出者和信息接收者都由经典保密通信系统和量子密钥分发(QKD)系统组成,QKD系统产生密钥并存放在密钥池中,此秘钥用于经典保密通信系统。通信系统中有量子信道和经典信道两个信道,量子信道用 QKD 的光子进行传输,经典信道用 QKD 过程中的辅助信息传输,如基矢对比、数据协调和密性放大,也传输加密后的数据。从而使基于 QKD 的量子保密通信方式成为现阶段发展最迅速且能够用于实际通信的量子信息技术。

2. 量子间接通信

量子间接通信可以传输量子信息,但不是直接传输,而是利用纠缠粒子对,将携带信息的光量子与纠缠光子对之一进行贝尔态测量,将测量结果发送给接收方,接收方根据结果进行相应的酉变换,从而恢复发送方的信息。上述传输方式即是量子隐形传输(quantum teleportation)的原理。应用量子力学的纠缠特性,基于两个粒子具有的量子关联特性建立量子信道,可以实现远距离传输未知量子态。

另一种方法是发送方对纠缠粒子之一进行酉变换,变换之后将这个粒子发到接收方,信息接收者对这两个粒子联合测量,根据测量结果判断所作变换的类型(共有 4 种酉变换,所以能够携带 2bit 的经典信息),即量子密集编码(quantum dense coding)。

3. 量子安全直接通信

量子安全直接通信(quantum secure direct communications,QSDC)可以直接传输信息,并通过在系统中添加控制比特来检验通信信道是否安全。量子态的制备可采用单光子源或纠缠源。若为单光子源,则可将信息调制在单光子的偏振态上,再通过发送装置发送到量子信道;接收端收到后进行测量,由对控制比特进行测量的结果来分析判断信道的安全性,如果信道无窃听则进行通信。其中,经典辅助信息辅助进行安全性分析。

11.1.3　量子通信的实现方案

量子通信的实现方案目前大多以光子作为载体,主要原因是现阶段能够控制光子和环境相互影响所产生的退相干(decoherence),且能够利用传统光通信的相关设备和技术。为了研究突破长距离的光纤量子通信中光子损耗以及双折射引起的退相干效应带来的传输距离上限,目前有两种方案比较可行,即量子中继器(quantum repeater)和自由空间量子通信。现阶段量子中继器还不能进入实用阶段,量子通信还在基于人造卫星的自由空间量子通信方案上进行深入研究。现阶段的自由空间量子隐形传输能够实现 143 km 的远距离通信传输,也奠定了量子通信覆盖全球的基础。参考系与测量设备双无关量子密钥分配实验的实验系统如图 11.6 所示。

1. 自由空间量子通信

量子通信和量子计算能够通过光学系统实现,但可升级的、大尺度的光量信息处理才是我们所期望的量子通信。在量子通信领域,由于传输信号不能被中继放大,在光纤里传输到百千米左右时,信号衰减得非常严重,因此量子通信的传输距离受到很大限制。为了解决光纤通道中的损耗,可以利用自由空间的量子通信减少光纤通道中的信号衰减。因为大气层外的真空环境不会对传输信号有衰减,能够穿透大气层到达接收者的约有 80% 的光信号依旧可以满足全球范围内的通信传输。

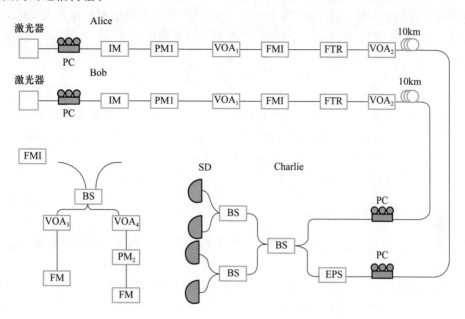

图 11.6 参考系与测量设备双无关量子密钥分配实验系统

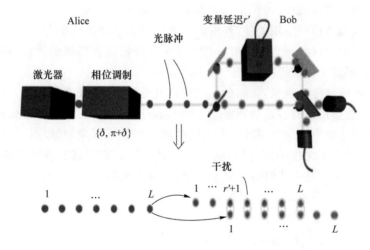

图 11.7 无须检测误码率的 QKD 协议图

2. 量子中继

虽然星地之间能够进行量子通信,但发射卫星的高额成本,促使学科界研究出不用发射卫星就能实现量子通信的解决方案——量子中继,即采用量子纠缠交换、量子纠缠纯化和量子存储三种技术结合的方法,减少光子数据损耗和概率性带来的资源消耗。同时量子中继也能够用于量子模拟和量子计算,还能够产生确定性的多光纠缠。

3. 量子卫星

为了借助卫星平台进行星地高速量子密钥分发实验,中国科学院空间科学先导专项首批科学实验卫星就包括了量子卫星,并在发射量子卫星的基础上进行广域量子密钥网络实验,用于空间量子通信实用化方面的研究;且为了开展空间尺度量子力学完备性检验,还进行了量子纠缠分发和量子隐形传输实验研究。

为了实现全球化的量子保密通信,我国于 2016 年 8 月 16 日在酒泉卫星发射中心成功发射了中国研发的量子科学实验卫星"墨子号"。"墨子号"的发射标志着全球首次实现卫星和地面间的量子通信,对天地一体化量子科学实验有着非常重大的意义。

通信园地

创新是社会发展的重要动力

习近平总书记指出,科学技术从来没有像今天这样深刻影响着国家前途命运,从来没有像今天这样深刻影响着人民生活福祉。我国经济社会发展比过去任何时候都更加需要科学技术解决方案,更加需要增强创新这个第一动力。

11.1.4　量子通信的发展前景

量子通信有着非常广泛的应用前景,与现有的通信技术相比,是又一次划时代的技术革命。

(1) 量子通信有空间距离远、容量大、组网易等特点,利用量子通信技术来构筑高速、大容量的通信网络,从而开展高清晰度图像和大容量超高速数据的传输,为建立量子因特网奠定了坚实的基础。

(2) 在现有的通信模式中,即使是保密性最高的光纤通信传输,也存在被窃听的可能性。而基于量子纠缠效应严格的应用条件,利用量子通信理论进行密钥的分发能够完全消除信息被窃取的可能。因而全球各国为了军事、国防、国民经济建设等领域的通信传输安全,防止被窃听,均在大力发展量子通信模式。

(3) 在现阶段通信传输领域,传输的实时性由光速满足,即使是最近的月球探索,受制于光速和地月距离,数据信息的往返时延将近 2 000 ms,这样大的时延会带来很多不确定性,从而增加了姿态控制等命令下达的难度。人类正在研究在宇宙探索领域应用量子通信,因为量子通信的时延是零,基本无视距离传输,航天器或卫星收集的数据能够实时传给地面指挥中心,地面的指令信息也能高速实时地传到宇宙中,从而实现如亲自操控遥控飞机一样指挥深空飞行器探索更广阔的的宇宙。

(4) 量子通信总体发展路线:

① 通过光纤实现城域量子通信网络;

② 通过中继器连接实现城际量子网络;

③ 通过卫星中转实现远距离量子通信;

④ 最终构成广域量子通信网络。

(5) 量子通信发展方向:量子通信将成为网络信息安全领域的战略制高点,实现量子信息技术产业化,在网络通信安全、国家战略安全、量子精密测量、量子计算与模拟、量子互联网等领域得到重要应用。

11.1.5　量子通信国内外研究和应用状况

1. 国内的研究和应用状况

2012 年 11 月,为保证党的"十八大"期间的安全通信保障,会务组安排中国科学院和山东省政府联合成立了项目领导小组,山东量子科学技术研究院有限公司与合作单位在项目领导小组的指导下,成功地在部分核心部位部署了 7×24 小时零故障运行量子通信系统,实现了与会代表信息数据库实时高速同步、音视频密话指挥网络系统,为大会的安保工作做出了贡献,且此量子通信系统应用至今。

2015 年 3 月 6 日,国际权威物理学期刊《物理评论快报》发表了中国科学技术大学多方量子通信方案,该方案在实用化、远距离多方量子通信方面迈出了重要的一步。多方量子通信旨在为多用户保密通信提供基于量子力学原理的安全性。此前最远的三光子纠缠态实验分发距离仅为 1 km。

2018 年 9 月,在国家重点研发计划量子调控与量子信息重点专项项目"固态量子存储器"的支持下,中国科学技术大学李传锋团队在自主研制的高品质三维纠缠源的基础上,进一步制备出偏振-路径复合的四维纠缠源,保真度达到 98%。这项工作充分展示了高维纠缠在量子通信中的优势,为高维纠缠在量子信息领域的深入研究打下重要基础。

2020 年,中国科学技术大学与合作者首次在国际上实现基于远距离自由空间信道的测量设备无关量子密钥分发(MDI-QKD),这一成果在国际学术期刊《物理评论快报》上发表。这项成果不仅实现了将 MDI-QKD 从光纤信道拓展到自由空间信道的突破,也开启了在自由空间信道中实现基于远距离量子干涉的更复杂量子信息处理任务的可能。

2021 年 1 月 7 日,中国科学技术大学宣布中国科研团队成功地实现了跨越 4 600 km 的星地量子密钥分发,标志着我国已构建出天地一体化广域量子通信网雏形。

2. 国外的研究和应用状况

2021 年,欧洲量子网络系统架构(QSAFE)联盟公布了自己量子网络架构蓝图研究的中期成果,为欧洲量子通信基础设施(EuroQCI)的实施奠定了基础。QSAFE 的联盟成员包括德国电信、西班牙电信、泰雷兹等,其将量子密钥分发(QKD)作为量子网络安全研究的核心,该研究旨在让量子安全技术发挥作用。同年,为实现可靠的远距离光纤量子通信网络,德国联邦教育和研究部(BMBF)为联合研究项目 QuantumRepeater. Link 提供 3 500 万欧元的资金。在该项目中,量子中继器的重要基础组件将被优化并集成到受保护的实验室环境之外的光纤测试网络中,其主要目标是证明基础的量子中继器系统可以在长达 100 km 的距离内成功运行。

通信园地

量子加密通信技术

网络技术的发展极大地改变了人们的生活方式,不管是出行还是工作,都带来了极大的方便。而互联网是一个虚拟的空间,无法做到有效管理,在制度完善方面还有严重缺陷。再加上人们的安全意识薄弱,对个人信息的保护不到位,就容易让不法分子有机可趁,将信息进行窃取从而获取利益。且网络技术在军队中的应用也十分普遍,一旦遭受恶意攻击,使机密信息泄露,就会对国家的安危造成严重威胁。

基于此,研究"绝对安全"的量子通信具有非常重要的现实意义。量子通信加密技术是一种利用量子相干叠加原理产生的量子保密通信的一种通信加密手段。

11.2　可见光通信

可见光通信技术是一种在白光 LED 发明及应用后发展起来的新兴的无线光通信技术。

LED 不仅可以提供室内照明,而且可以应用到无线光通信系统中满足室内个人网络需求。对白光 LED 用作通信光源时的伏安特性、光谱特性和调制特性等物理特性做深入分析,可以设计出白光 LED 调制和发射电路。

➢ 可见光通信技术;
➢ 白光 LED 光源的基本特性;
➢ LED 白光室内可见光通信的发展趋势。

【随堂测试】

量子通信

11.2.1 可见光通信技术概述

1. 可见光通信技术发展简史

微课

可见光通信

可见光通信(visible light communication,VLC)的起源最早可追溯到 19 世纪 70 年代,当时 Alexander Graham Bell 提出采用可见光为媒介进行通信,但是当时既不能产生一个有用的光载波,也不能将光从一个地方传到另外一个地方。直到 1960 年激光器发明,光通信才有了突破性的发展,但研究领域基本上集中在光纤通信和不可见光无线通信领域。

直到近几年,被誉为“绿色照明”的 LED 照明技术发展迅猛,利用 LED 器件高速点灭的发光响应特性,将信号调制到 LED 可见光上进行传输,使可见光通信与 LED 照明相结合构建出 LED 照明和通信两用基站灯,可为光通信提供一种全新的宽带接入方式。

随着白光 LED 的迅速发展,可见光通信也逐渐发展起来。

在 2000 年可见光通信刚刚兴起之时,有限的调制带宽限制了可见光通信的传输速率,起初仅有几十 kbit/s。

2010 年以后,可见光通信的速率才有了质的提升——2010 年,德国弗劳恩霍夫研究所的团队将通信速率提高至 513 Mbit/s,创造了世界纪录。

2013 年,中国复旦大学研发出 3.75 Gbit/s 离线数据传输的速率,创造了世界纪录;同年,英国众多高校的科研人员又把离线速率刷新到 10 Gbit/s。

2015 年 12 月,经中国工信部测试认证,中国“可见光通信系统关键技术研究”又获得重大突破,实时通信速率提高至 50 Gbit/s,再次展现了中国在可见光领域的先发实力。

2. 可见光通信的主要分类

LED 可见光通信可以分成室外通信和室内通信两大类。

室外 LED 可见光通信技术目前主要应用在智能交通系统(intelligent transportation systems,ITS),香港大学 G. Pang 等人在 1998 年提出了利用 LED 交通指示灯为车辆传输语音广播信号,将语音信号通过 OOK 调制加至 LED 光源,实现了低速的无线 LED 可见光传输。中川研究室的科研人员在 2003 年提出了 LED 公路照明通信系统。G. Pang 等人只对利用 LED 交通灯进行语音传输展开研究,中川研究室的科研人员则在 LED 公路照明通信系统中分析了在不同的接收方向角和视场角下信噪比的好坏,以及在一定误码率下信噪比和接收数据率的关系,认为 LED 可见光公路照明通信系统优于红外公路交通通信系统。随着智能交通系统研究的深入,又出现了 LED 交通灯、汽车前后 LED 灯之间构成的交通灯至汽车和汽车前灯至汽车尾灯这两类可见光通信系统。

室内 LED 可见光无线通信技术主要应用在室内无线宽带接入网中,2000 年,中川研究室的研究人员 TanakaYuichi 等就基于室内白光 LED 通信光源的可见光通信系统的信道进行了初步的数学分析和模拟计算,分析了白光 LED 照明灯用作室内照明用途的同时作为通信光源的可能性。其后的研究也都是类似的理论分析报道。但是已有的研究多针对 LED 照明光源布局设计,基于白光 LED 照明光源的可见光通信系统的整体设计分析还不完善。

3. 可见光通信的特点

可见光通信技术是指利用 LED 器件高速点灭的发光响应特性,将 LED 发出的肉眼察觉不到的高速速率调制的光载波信号用来对信息进行调制和传输,然后利用光电二极管等光电转换器件接收光载波信号,并获得信息使可见光通信与 LED 照明相结合构建出 LED 照明和通信两用基站灯,它是一种在白光 LED 技术上发展起来的新兴的无线光通信技术。

白光 LED 具有功耗低、使用寿命长、尺寸小、绿色环保等优点,特别是其响应灵敏度非常高,可以用来进行超高速数据通信。

而基于 LED 光源的可见光通信,与传统的射频通信和其他光无线通信相比,有以下突出优点:

① 可见光通信是绿色资源,不存在电磁辐射光源有发光强度和发光功率两个基本特性参数。白光 LED 不辐射;

② 有光就可以进行通信,无通信盲区,方便快捷;

③ 可见光不仅提供室内照明,还可以作为信号光源用以实现室内无线数据通信;

④ 无须无线电频谱认证。

【随堂测试】

可见光通信

11.2.2　白光 LED 光源的基本特性

1. 白光 LED 的开发历史

LED 是英文 light emitting diode(发光二极管)的缩写,它的基本结构是一块电致发光的半导体材料,置于一个有引线的架子上,然后四周用环氧树脂密封,起到保护内部芯线的作用,所以 LED 的抗震性能好。20 世纪 90 年代初,发红光、黄光的 GaAllnP 和发绿、蓝光的 GalnN 两种新材料的开发成功,使 LED 的光效得到大幅度提高。LED 结构如图 11.8 所示。

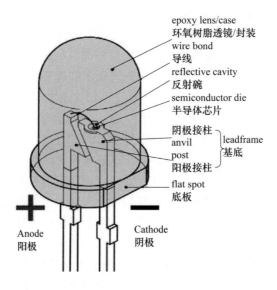

图 11.8　LED 结构图

对于一般照明而言,人们更需要白色的光源。1998 年发白光的 LED 开发成功,这种 LED是将 GaN 芯片和 YAG(钇铝石榴石)荧光粉封装在一起做成。GaN 芯片发蓝光(=465nm),高温烧结制成的含 Ce 的 YAG 荧光粉受此蓝光激发后发射出黄光,峰值 550 nm。蓝光 LED基片安装在碗形反射腔中,覆盖以混有 YAG 的树脂薄层,厚度约 200.500 nm,LED 基片发出的蓝光一部分被荧光粉吸收,另一部分与荧光粉发出的黄光混合,可以得到白光。现在,对于InGaN/YAG 白光 LED,通过改变 YAG 荧光粉的化学组成和调节荧光粉层的厚度,可以获得色温 3 500～10 000 K 的各色白光。

2. 白光 LED 的线性特性

图 11.9 所示是通过白光 LED 的调制信号与输出光功率的关系曲线。为了获得线性调制,使工作点处于输出特性曲线的赢线部分,必须在加调制信号电流的同时加一个适当的偏置电流 I_b,这样就可以使输出光信号不失真。

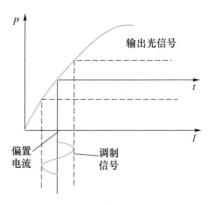

图 11.9　LED 调制特性曲线

3. LED 光源的脉冲编码数字调制

数字调制是用二进制数字信号"1"和"0"码对光源发出的光波进行调制。而数字信号大都采用脉冲编码调制,即先将连续的模拟信号通过"抽样"变成一组调幅的脉冲序列,再经过"量化"和"编码"过程,形成一组等幅度、等宽度的矩形脉冲作为"码元",结果将连续的模拟信号变成了脉冲编码数字信号。然后,再用脉冲编码数字信号对光源进行强度调制,其调制特性曲线如图 11.10 所示。

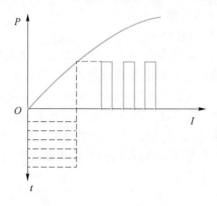

图 11.10　LED 数字调制特性

研究白光 LED 的线性特性、调制信号与输出光功率的关系,既是为了获得线性调制,也是为了给开发白光 LED 的多管驱动阵列提供参考。使工作点处于输出特性曲线的直线部分,一般需要在加调制信号电流的同时加一个适当的偏置电流 I_b,这样就可以使输出光信号不失真。

11.2.3　白光 LED 室内可见光通信的发展趋势

LED 可见光通信技术已经得到了验证并受到了许多国家的高度重视。但在实现其高速、高可靠的通信性能道路上还有许多实际问题要进一步研究,要实现此技术的实用化,未来 LED 可见光通信技术需要在以下几个方面长足的发展。

(1) 白光 LED 光源的带宽拓展技术

目前 LED 产生白光主要有两种方式:一种是由红、绿、蓝三基色合成白光;另一种是由 LED 发出的蓝光去激发磷光体发出黄光,呈暖色调,让人感觉是白光。第一种方法的优点是通过分别控制三色光电驱动电流可以改变光的颜色,但封装及驱动复杂,价格昂贵,很少用作照明;第二种方法只需要单个驱动器,实现简单,是目前最流行的方式。现有白光 LED 技术发展迅速,在提高发射功率方面进展不少,但在频率响应方面并无提升。而白光 LED 用作通信光源,其电信号都必须调制到它上面,然后往外发射。它的响应频率直接决定了通信系统可用的带宽,所以在追求大功率输出的同时,如何提升白光 LED 的频率响应、拓展其带宽,是实现高速 VLC 通信必须要解决的难题之一。目前由蓝光激发磷光体发射白光的 LED 其有效调制带宽才 3 MHz,很难直接用它实现高速的 VLC 通信,至少要提高 10 倍以上,才可能通过先进的调制技术实现高速 VLC 通信。

(2) 更高效率的调制复用技术

LED 白光束可调带宽受限不利用数据的有效高效传输,所以要实现高速的数据传输,必须更加深入地探索频带利用率高、抗干扰性能好的调制复用技术。从目前研究的热点来看,其突破口很可能是新型 OFDM,但是由于高功率很容易导致驱动功放进入非线性区产生失真,所以对 OFDM 必将进行深入研究。

(3) 上行链路的实现技术要实现

VLC 全双工通信方式,除要具有现在研究的热点下行链路外,还必须具备上行链路。目前,几乎所有的研究更多集中于下行链路的实现,很少关注上行链路的实现技术,美国的智能照明计划已考虑到了这点。研究具有发收或者收发一体功能的白光 LED 技术,即 LED 用作发射光源的同时还可以接收对方发送来的数据，LED 灯将作为发收器或者收发器实现全双工通信。在这一基础上，研究相关的驱动电路，研究全双工的实现技术、方案及合适的通信协议等，是 LED 可见光通信实用化必需解决的。

（4）电力线通信与 VLC 的融合技术

电力线通信技术简称 PLC，是利用电力线传输数据和话音信号的一种通信方式。我国最大的有线网络是输电和配电网络，如果能利用四通八达、遍布城乡、直达千家万户的 220V 低压电力线传输高速数据，无疑是解决"最后 300m/100m"最具竞争力的方案。同时也无疑会对有效打破驻地网的局部垄断，为多家运营商带来平等竞争的机会提供有力的技术武器。在电力线上提供宽带通信业务虽然刚刚兴起，但从应用模式、投资回报分析以及欧洲和北美的运营经验上看，正逐渐显示出其强大的生命力。因此，如果能把电力线通信技术与 VLC 技术有机融合起来，可以说实现了"绿色"通信。

（5）发展室外

室外 VLC 技术为智能交通系统、移动导航及定位等提供了全新的方法。这也是 VLC 向前发展的一大动力。另外，从美国的智能照明计划，我们看到研究便携式的具有 VLC 功能的器件是应用领域的热点之一。

面对全球节能减排的巨大压力，发展第四代绿色照明技术已刻不容缓，而白光 LED 照明的实现在节约能源的同时，更为高速、宽带的光无线接入提供了一种新途径，也为解决现有无线电频带资源严重有限的困境提供了一种新思路，可见光通信将很有可能成为光无线通信领域的一个新的增长点。虽然日本、德国、英国、美国等国家已经对可见光通信开展了从理论到实验的研究，但都还处于初级阶段，要实现此技术的实用化，还需要相关科研人员做更加深入的研究。

11.3　水　下　通　信

水下通信（underwater communication）是指岸上实体（人或物）与水下目标之间，亦或水下实体之间进行的数据、语言、文字、图像、指令等信息传输技术。水下通信是研制海洋观测系统的关键技术，借助海洋观测系统，可以采集有关海洋学的数据，监测环境污染、气候变化、海底异常地震及火山活动，探查海底目标，以及远距离图像传输。水下通信通常采用电磁波通信、声学通信和光学通信三种技术方式。

重点掌握

➢ 水下电磁波通信；

➢ 水下声学通信；

➢ 水下光学通信。

11.3.1　水下电磁波通信

水下电磁波通信（underwater electromagnetic wave communication）是指用水作为传输介质，把不同频率的电磁波作为载波来进行数据、语言、文字、图像、指令等信息传输的通信技术。水下电磁波通信不仅通信速度快、信息传输速率高，而且水中浮沉、沙粒等悬浮物对通信过程的影响非常小，成为不可缺少的一种水下通信技术。

1. 水下电磁波通信的主要思想

水下电磁波通信的主要思想是：在发射端设置一个具有一定匝数的线圈，接收端也设置一个具有一定匝数的线圈，利用信号在发射端线圈中引起的磁通量变化传递到接收端线圈并进行解码恢复传递的信号。电磁波通信系统的等效电路图如图 11.11 所示。

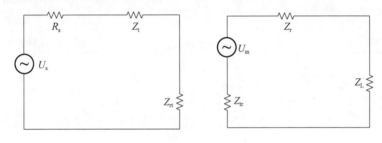

图 11.11　电磁波通信系统等效电路图

2. 水下电磁波通信面临的问题

水下电磁波通信已有多年的历史，在超低频段上的应用最为广泛。这是由于电磁波是横波，海水是良导体，对电磁波所产生的趋附效应（趋附效应指当导体中有交流电或者交变电磁场时，导体内部的电流分布不均匀，且电流集中在导体的"皮肤"部分的一种现象。实际上导线内部电流变小，电流集中在导线外表的薄层。因此导线的电阻增加，使它的损耗功率也增加。）将严重影响电磁波在水中的传输，以致在陆地上广为应用的无线电波在水下几乎无法应用。电磁波在有电阻的导体中的穿透深度与其波长直接相关，短波穿透深度小，而长波的穿透深度要大一些。因此长期以来，超大功率的长波通信成为水下电磁波通信的主要形式。不过，即使是超长波通信系统，穿透水的深度也极其有限。一般来说，长波在水中的可穿透距离为几米，甚长波为 $10\sim20$ m，超长波则可达到 $100\sim200$ m。而超低频系统耗资大，数据率低，易受干扰，难以得到好的效果。因为电磁波信号在水中衰减很大，电磁波通信在水下的传输距离非常有限，所以电磁波通信只能实现短距离的高速通信，不能满足远距离通信的要求。

11.3.2　水下声学通信

水下声学通信，简称水声通信（underwater acoustic communication），是一项利用声波在海水里传播实现水下信息收发的技术。水声通信常用的方法是扩频通信技术。

1. 水声通信概述

水声通信的优点是通信距离远、通信可靠性高。在 200 Hz 以下的低频率时，声波可以在水中传播几百千米。而声波在水中的衰减与频率的平方成正比，即使 20 kHz 时衰减也只有 $2\sim3$ dB/km，因此水下通信一般都采用声波来进行通信。

水声信道是一个典型的时变多途衰落信道，由该信道传输后的接收信号，可视为经由不同路径到达的、具有不同时延和幅度的多个分量的叠加。

虽然水声通信在浅海和深海的无线通信领域中已经得到广泛应用,但仍面临着通道的多径效应、时变效应、可用频宽窄、信号衰减严重、传输速率低、延时较长、功耗和体积大等问题,尤其是在长距离传输过程中。水声通信即使在近距离范围内,也难以达到 Mbit/s 的传输速率。水声通信的通信距离与数据传输速率之间的关系如表 11.1 所示。

表 11.1 水声通信的通信距离与数据传输速率

通信距离/m	数据传输速率/(kbit·s^{-1})	应用范围
10 000~100 000	0~2.5	深海垂直长距离通信
1 000~10 000	2.5~20	深海通信
100~1 000	20~100	中短距离通信
<100	>100	短距离通信

2. 水声通信的应用领域

水声通信作为水下重要的通信手段,已经渗透于多个领域:

① 潜艇之间的互相通信。在潜艇潜航时,其他通信方式处于失效状态,水声通信是唯一可能的通信方式。

② 水下潜器的命令和数据传送。

③ 水声反潜网络。

④ 海洋环境监测和灾难预警。

11.3.3 水下光学通信

微课

水下光学通信

水下光学通信(underwater optical communication)是以光波作为载体在水下进行信息传输的一种通信方式。

1. 水下光学通信的分类

依据传输介质的不同,水下光学通信可以分为水下光纤通信和水下激光通信。

水下光纤通信主要用海底光缆建立国家间的电信传输。而海底光缆又称海底通信电缆,是用绝缘材料包裹的导线,铺设在海底,分为海底通信光缆和海底光力光缆。海底光缆的构造如图 11.12 所示。

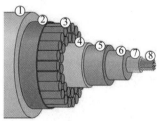

①聚乙烯层
②聚酯树酯或沥青层
③钢绞线层
④铝制防水层
⑤聚碳酸酯层
⑥铜管或铝管
⑦石蜡,烷烃层
⑧光纤束

图 11.12 海底光缆结构

水下激光通信是采用一种波长介于蓝光与绿光之间的激光,在水中传输信息的通信方式,是目前较好的一种水下通信手段。水下激光通信主要由三大部分组成:发射系统、水下信道和接收系统。水下无线光学通信的机理是将待传送的信息经过编码器编码后,加载到调制器上转变成随着信号变化的电流来驱动光源,即将电信号转变成光信号,然后通过透镜将光束以平行光束的形式在信道中传输;接收端由透镜将传输过来的平行光束以点光源的形式聚集到光检测器上,由光检测器将光信号转变成电信号,然后进行信号调理,最后由解码器解调出原来的信息。水下激光通信主要由三大部分组成:发射系统、水下信道和接收系统,其系统组成如图 11.13 所示。

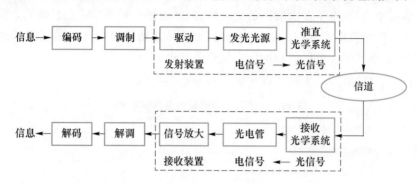

图 11.13　水下激光通信系统

2. 下光学通信的优点

与水下声学通信技术相比,光学通信技术可以克服水下声学通信的带宽窄、受环境影响大、可适用的载波频率低、传输的时延大等不足。首先,由于光波频率高,其信息承载能力强,可以实现水下大容量数据传输,目前可见光谱的水下通信实验可以达到传输千兆(Gbit/s)量级的码率;其次,光学通信具有抗干扰能力强,不易受海水温度和盐度变化影响等特点,具有良好的水下电子对抗特性;两次,光波具有较好的方向性,一旦被拦截,会造成通信链路中断,使用户及时发现通信链路出现故障,因此具有高度的安全保密性;最后,光波波长短,收发天线尺寸小,可以大幅度减少发射与接收装备的尺寸和重量,并且目前光电器件的转换效率不断提升,功耗不断降低,这非常适合水下探测系统设计对有效载荷小型化、轻量化、低功耗的要求。

美国麻省理工学院伍兹霍尔海洋研究所(WHOI)应用海洋科学与工程部(AOPE)的科学家提出利用光通信技术提高水下通信能力。目前,水下通信系统主要依靠声呐系统实现,但是声呐系统存在通信速率低、通信时延大等不足。WHOI 希望开发集成光通信能力的声呐系统,在 100 m 范围内使水下通信速率达到 10~20 Mbit/s,以支持近实时的数据交换能力,一旦距离超过 100 m,还利用声呐系统进行通信。电磁波在水中的传播距离很有限,只有可见光能在水中传播数百米。因此,WHOI 提出从海底光缆释放出无数带系绳的低功耗接收器,可在 100 m 范围内接收水下潜航器发射的信号。接收器接收信号后通过系绳内的电缆和海底光缆将数据发回地面。利用水下光通信技术,还可实现水面舰艇在 100 m 范围内控制水下潜航器。

3. 水下光学通信的缺点

水下光学通信技术的发展也存在一些制约因素。海水的光学特性与它的组分有关,可简要地分为三个方面:水介质、溶解物质和悬浮物。溶解物质和悬浮物的成分种类繁多,主要包括:无机盐、溶解的有机化合物、活性海洋浮游动植物、细菌、碎屑和矿物质颗粒等。根据前人对海水光特性的研究,光波在水下传输所受到的影响可以归纳为以下三个方面。

① 光损耗:忽略海水扰动和热晕效应,光在海水中的衰减主要来自吸收和散射影响,通常以海水分子吸收系数、海水浮游植物吸收系数、海水悬浮粒子的吸收系数、海水分子散射系数和悬浮微粒散射系数等方式体现。

② 光束扩散:经光源发出的光束在传输过程中会在垂直方向上产生横向扩展,其扩散直

径与水质、波长、传输距离和水下发散角等因素有关。

③ 多径散射:光在海水中传播时,会遇到许多粒子发生散射而重新定向,所以非散射部分的直射光将变得越来越少。海水中传输的光被散射粒子散射而偏离光轴,经过二、三、四等多次散射后,部分光子又能重新进入光轴,形成多次散射。多次散射效应是随着粒子的浓度和辐照体积的大小而变化的,由于多次散射的复杂性,很难通过分析方法得到扩散与水质参数及水下深度间精确的数学关系式。同时由于经过多次散射的光子因其与未散射光子的相关性较小,我们可以近似地把多径散射的影响作为噪声来处理。

在水下,光学通信的信道被很多因素影响,如表 11.2 所示。

表 11.2 水下光学通信信道影响因素

海水吸收(水分子、无机溶解质、黄色有机物等)
海水散射(水分子、悬浮颗粒、浮游微生物等)
海水扰动(温度、盐度、海流等引起的折射率变化)
热晕效应(海水受高温生成的蒸汽泡带来的散射)
背景光噪声不考虑

多年的海洋光学研究结果表明,海水对光的吸收和散射对光在海水中传播的衰减起主导作用,而温度与盐度对衰减系数的影响相对较小,海水衰减系数与纯水的差异主要来自海水中悬浮的粒子与溶解的物质成分。我们通常不考虑海水的扰动和热晕效应。

光的吸收主要有纯海水的吸收、溶解有机物(CDOM)的吸收、浮游植物(叶绿素)的吸收、有机碎屑(非叶绿素粒子)的吸收。光的散射主要有纯水的散射、颗粒的散射、叶绿素的散射。可见光区海水各成分的吸收散射特性如表 11.3 所示。

表 11.3 可见光区海水各成分的吸收散射特性

成分	吸收系数	散射系数
水分子	与波长关系密切,蓝绿区吸收最小	瑞利散射四次方成反比
溶解盐	与其他成分相比可以忽略	与波长无关,主要由梯度引起很小角度散射
黄色物质(溶解有机物)	吸收系数与波长是单调变化关系,比海水自身、海洋叶绿素和悬浮粒子光吸收大	可忽略
悬浮粒子	随粒子类型而变,短波处稍有增加	随水质有很大变化,与波长关系不大
浮游植物(叶绿素)	浮游植物吸收在光谱和大小上均存在很大的变动,浮游植物的吸收系数与叶绿素 a 浓度有非线性关系	与叶绿素浓度成正比,与波长成反比

综上所述,水下光学通信技术的发展主要存在下面三点制约因素:

① 水对光信号的吸收较严重;

② 水中的悬浮粒子和浮游生物使光产生较严重的散射作用;

③ 水中的自然环境光对光学信号会产生一定的干扰作用。

因此,光在海水中的传播衰减较大,无法用在中长距离的信息传递。

归纳思考

➢ 量子通信拥有"绝不泄密"的本领，它是利用量子叠加态和纠缠效应进行信息传递的新型通信方式，基于量子力学中的不确定性、测量坍缩和不可克隆三大原理提供了无法被窃听和计算破解的绝对安全性保证。由于量子具有不可再分、不可复制的特性，如果在传输中受到干扰就会改变状态，接收方就可以发现。也就是说，除了在保护通信安全的前提下，量子通信还有"反窃听"的功能。

➢ 量子隐形传态是一种传递量子状态的重要通信方式，是可扩展量子网络和分布式量子计算的基础。在量子隐形传态中，遥远两地的通信双方首先分享一对纠缠粒子，其中一方将待传输量子态的粒子（一般来说与纠缠粒子无关联）和自己手里的纠缠粒子进行贝尔态分辨，然后将分辨的结果告知对方，对方则根据得到的信息进行相应的幺正操作。纠缠态预先分发、独立量子源干涉和前置反馈是量子隐形传态的三个要素。

➢ 可见光通信技术是一种在白光 LED 发明及应用后发展起来的新兴的无线光通信技术。LED 不仅可以提供室内照明，而且可以应用到无线光通信系统中满足室内个人网络需求。对白光 LED 用作通信光源时的伏安特性、光谱特性和调制特性等物理特性做深入分析，可以设计出白光 LED 调制和发射电路。

➢ 水下通信（underwater communication）是指岸上实体（人或物）与水下目标之间，亦或水下实体之间进行的数据、语言、文字、图像、指令等信息传输技术。水下通信是研制海洋观测系统的关键技术，借助海洋观测系统，可以采集有关海洋学的数据，监测环境污染、气候变化、海底异常地震及火山活动，探查海底目标，以及远距离图像传输。水下通信通常采用电磁波通信、声学通信和光学通信三种技术方式。

【随堂测试】

水下通信

【拓展任务】

任务 1 调研现阶段量子通信的发展情况。

目的：

了解量子通信的领域科学家及其研究成果；

了解量子通信的发展历程；

了解量子通信主要的科研单位；

了解我国量子通信的主要成果。

要求：

查询资料，撰写总结报告。

任务 2 调研现阶段可见光通信的发展情况。

目的：

了解可见光通信的领域科学家及其研究成果；

了解可见光通信的发展历程；

了解可见光通信主要的科研单位；

了解我国可见光通信的主要成果。

要求：

查询资料，撰写总结报告。

任务3　网络关注调研水下通信的研究现状，并撰写调研报告。

目的：

全面了解水下通信研发情况；

了解水下通信适用的业务场景。

要求：

制订调研方案；

撰写调研提纲；

撰写调研报告。

【知识小结】

5G技术开启了"增强宽带、万物互联"的公众移动通信发展新纪元。尽管6G移动通信技术正处在初步研发阶段，但可以预计，6G将以5G为基础，进一步深化与拓展移动通信的应用范畴，提升移动互联网与广域物联网的基础服务能力，使其成为推动社会及行业数字化、移动化、网络化、智能化发展的普适性技术与基础设施，并以更强的渗透性和带动性，加速全球发展模式的转型与创新发展，最终实现"万物智联、数字孪生"的美好愿景。

量子通信是指利用量子纠缠效应通过"量子通道"来进行信息传递的一种新型的通信方式。量子通信是一种高效率和绝对安全的通信方式。它主要是光量子通信，而光量子通信主要基于量子纠缠态的理论，使用量子隐形传态(量子通道传输)的方式实现信息传递。量子通信具有保密性好等特点。

现今各国的学术界和产业界都在加深对第六代移动通信技术和量子通信的认识，不断开展相关研究工作，以期在这个关系到全局和长远发展的战略必争领域拔得头筹。我们也应该围绕国家重大战略需求和世界科学技术前沿，注重战略性和前瞻性布局，珍惜前人的研究成果，发挥自己的智慧和优势，突破一切枷锁束缚，继往开来，为人类的通信事业做出中国贡献。

【即评即测】

通信新技术

参 考 文 献

[1] 孙青华,等.通信概论[M].北京:高等教育出版社,2019.

[2] 陈嘉兴,等.现代通信技术导论[M].2版.北京:北京邮电大学出版社,2018.

[3] 何方白,蒋青,范馨月,等.现代通信概论[M].北京:人民邮电出版社,2011.

[4] 刘玉洁,高健,唐升.现代通信系统[M].5版.北京:机械工业出版社,2020.

[5] 催健双.现代通信技术概论[M].2版.北京:机械工业出版社,2015.

[6] 孙青华,李怀军,黄红艳,等.现代通信技术及应用[M].北京:人民邮电出版社,2014.

[7] 曹志刚,孙强.通信原理与应用.系统案例部分.光通信[M].北京:高等教育出版社,2015.

[8] 爱数据.万字科普:通信世界发展简史[EB/OL].(2021-12-24)[2022-03-20] http://www.itongji.cn/report/99997225? navid=1

[9] 沈嘉,索世强,等.3GPP长期演进(LTE)技术原理与系统设计[M].北京:人民邮电出版社,2008.

[10] 邢彦辰,范立红.计算机网络与通信[M].2版.北京:人民邮电出版社,2012.

[11] 张文库等.计算机网络技术基础[M].北京:电子工业出版社,2021.

[12] 陈新桥,林金才.光纤传输技术[M].北京:中国传媒大学出版社,2015.

[13] 陈海涛.光传输线路与设备维护[M].北京:高等教育出版社,2018.

[14] 中国通信协会.MSTP(多业务传送平台)[EB/OL].(2021-06-23)[2021-12-27] https://baike.baidu.com/item/MSTP/10768902? fr=aladdin.

[15] 许磊.物联网工程导论[M].北京:高等教育出版社,2018.

[16] 王元杰,杨宏博.电信网新技术 IPRAN/PTN[M].北京:人民邮电出版社,2014.